序 言 1

融合的世界、多样化的业务、持续发展的目标等多方面因素，使通信行业面临着产业重整、业务调整等新的机遇和挑战。随着行业重组，中国主要电信运营商均获得了各自的移动网络和固定电话宽带网络，各电信运营商正在积极寻找最佳的生存模式和发展空间。为了适应新的市场环境和竞争需要，战略转型被提升到前所未有的重要地位，全业务运营则成为其中最重要的组成部分。电信运营商实施战略转型的基础，在于网络的转型。为实现全业务运营，各个运营商因各自的历史、现状、竞争环境及战略实施的差别，而走进了不同的网络演进轨迹。原有运营商在获得新的固定或移动网络后，应研究如何有效整合现有网络与新的网络，充分发挥协同优势。尤其是随着三网融合的推进和 IP 技术、软交换技术的发展，运营商要探索如何实现核心网层面的融合、接入网的多样化，以降低运营成本，提高运营效率，以尽可能低的成本给用户带来无差异的通信体验。

全业务运营的脚步已经临近，随着电信网络规模越来越大，业务种类也会越来越多。如何建立各业务之间的有效联系，如何实现网络的融合，如何深入了解客户个性化通信需求，如何提供更多、更具创造性的服务，以构建差异化的竞争优势，是运营商关注的焦点。本书通过剖析国外领先运营商全业务运营的成败得失，以及全业务运营环境下的无线网技术、核心网技术、数据网技术、传送网技术及 IT 技术的发展趋势，结合固网运营商及移动运营商的战略定位，探索在全业务运营环境下的固网运营商及移动运营商网络建设策略。

叶志大

2009 年 4 月

序 言 2

电信业自诞生之日起，便以极其活跃的姿态出现在人们面前。进入 20 世纪末，在技术和市场的双重驱动下，电信业的发展更可谓是日新月异，一日千里。总体而言，整个行业的发展呈现以下几大趋势。

（1）移动通信对固定通信的替代与分流日趋加剧，通信向移动化、宽带化的方向发展已不可阻挡。

（2）产业融合态势逐渐凸显，电信网、互联网以及有线电视网的三网融合催生出众多新业务，同时也促使了电信运营商由运营语音业务为主向信息运营的转型。

（3）信息通信行业的产业链进一步延伸，各个环节之间的界限日益模糊，通信设备制造商、互联网企业、IT 企业通过各种方式渗入运营商的传统领地，整个产业在竞合的大背景下形成了一个全新而复杂的生态系统。

（4）Web 2.0、P2P 等新兴技术从基本理念上冲击着电信运营业的根基。

（5）人们对信息的需求已不仅停留在语音通话的初级层次，而是更多地体现了个性化、多元化、综合化的特征。

如上所述，电信业发展到当下，单一的固网运营商或是移动运营商已很难符合当前行业的发展要求，全业务运营成为不可避免的趋势。

对国内运营商而言，全业务运营既是机遇也是挑战。从单纯的固网运营商或是移动运营商转变为全业务运营商，绝不仅仅是新建一张网络那么简单，它将涉及网络建设、运维体系、人才培养，甚至是企业的组织架构等诸多方面的调整及重构，可以毫不夸张地说，这无疑是一项甚是复杂的系统工程。

本书作者在对全业务运营模式进行深入、细致分析的基础上，分别从固网运营商和移动运营商的角度，着重研究了他们的网络演进的思路及策略，为国内运营商建设面向全业务运营的网络提供了借鉴。

2009 年 4 月

前　言

全球通信业正驶入"融合"的快车道。固定移动融合，三网融合，甚至监管机构也在走向融合。在此背景下，全球发达电信市场的运营商均开始向全业务运营模式迈进。自第三次重组完成后，中国电信业也将全面进入全业务竞争的时代。

与原先的非全业务运营模式相比，全业务运营给公司的战略定位、人力资源、网络资源配置、市场营销、组织架构等方面都将带来重大转变，而构建一张高质量、具有良好的演进能力的面向全业务运营的网络则是运营商当前面临的首要问题。

本书的作者都是江苏省邮电规划设计院多年从事电信战略咨询、网络规划和技术研究的专业人员，本着将多年来积累的经验和对全业务运营的认识与理解提供给更多人分享的宗旨，写作了本书。本书在"战略定位指导网络发展、网络演进支撑战略实施"这一思想的指导下，在体系结构和内容安排上力图全面揭示全业务运营的本质内涵，从固网运营商和移动运营商两个完全不同的角度剖析其全业务运营的思路，最终提出面向全业务运营的网络演进策略的建议，以满足通信业界不同层次人员的需求。

本书由周晴、戴源策划和主编，黄毅、朱晨鸣负责全书的结构及内容的掌握与控制。参与固网运营商相关章节编写的有周晴、黄毅、袁源、梁雪梅、石启良、张艳、王雪涛、程永志等；参与移动运营商相关章节编写的有戴源、殷鹏、朱晨鸣、房磊、王强、徐啸峰、张敏锋、李国华、张云帆、俞力、邱墨楠等。

本书在编写期间，得到了封双荣、唐海、李新、张勇等同仁的支持和帮助，在此谨向他们表示衷心的感谢。

本书由于写作时间仓促，难免有疏漏和不妥之处，恳请广大读者不吝批评指正。

作　者

2009 年 4 月

现代通信网络技术丛书

面向全业务运营的网络演进

周　晴　戴　源　朱晨鸣
殷　鹏　黄　毅　袁　源　等　编著

人民邮电出版社

北　京

图书在版编目（CIP）数据

面向全业务运营的网络演进／周晴等编著.—北京：人
民邮电出版社，2009.9
（现代通信网络技术丛书）
ISBN 978-7-115-20019-8

Ⅰ．面… Ⅱ.周… Ⅲ.通信网－通信技术 Ⅳ.TN915

中国版本图书馆CIP数据核字（2009）第104200号

内 容 提 要

　　全业务运营是现代电信运营业的一大发展趋势，是通信业的热点话题。本书剖析了国外领先运营商全业务运营的成败得失，深入分析了全业务运营环境下网络技术与 IP 技术发展的趋势。本书依托作者在江苏省邮电规划设计院多年的电信战略咨询和网络规划经验，针对固网运营商和移动网运营商网络发展和建设的实际情况，对其全业务运营的总体目标、实施策略以及近期如何切入全业务运营提出相应的建议，给出网络融合演进策略和近期网络建设方案。

　　本书高度与深度并重，内容实用，主要读者对象为电信领域技术人员，尤其是国内各大运营商网络规划和建设部门的相关技术人员和中层干部，以及电信设备提供商、电信咨询公司的从业人员。

现代通信网络技术丛书

面向全业务运营的网络演进

◆ 编　　著　周　晴　戴　源　朱晨鸣　殷　鹏　黄　毅
　　　　　　袁　源　等
　　责任编辑　姚予疆　韦　毅

◆ 人民邮电出版社出版发行　　北京市崇文区夕照寺街 14 号
　　邮编　100061　　电子函件　315@ptpress.com.cn
　　网址　http://www.ptpress.com.cn
　　北京艺辉印刷有限公司印刷

◆ 开本：787×1092　1/16
　　印张：14.5
　　字数：349 千字　　　　　　　　2009 年 9 月第 1 版
　　印数：1－5 000 册　　　　　　2009 年 9 月北京第 1 次印刷

ISBN 978-7-115-20019-8/TN

定价：42.00 元

读者服务热线：**(010)67129264**　印装质量热线：**(010)67129223**
反盗版热线：**(010)67171154**

目　　录

第1章 概　　述

1.1　电信业运营发展回顾

1.1.1　国外电信运营业发展回顾

随着电信新技术的发展和用户使用习惯的改变，全球范围内越来越多的电信运营商都面临着传统业务收入增长速度放慢的问题。在这样的趋势下，运营商纷纷着手转型，尝试推出全业务运营，开辟有效的增收渠道，甚至积极开拓海外市场，以期缓解收入下降的趋势，其中的不少经验值得国内运营商借鉴，下面将按区域对国外电信运营商近些年的发展状况进行回顾。

1. 欧洲电信运营业发展回顾

近年来，欧洲电信各运营商都出现了固话业务收入持续下滑、IP 电话使用量上升、融合服务趋势凸显、宽带业务强劲增长的特征。在电信市场的合理监管下，欧洲各国的电信收入保持了增长的势头，市场竞争环境得到了改善。下面主要介绍欧洲几个重点国家的大型电信运营商的发展历程。

（1）德国电信

由于国内业务竞争过于激烈，德国电信近年来一直处于不稳定的发展状态中。在 2003 年业绩大幅增长后，2006 年却出现了利润下滑的局面，公司不得不通过裁员缓解危机，但即使是裁员也未能改善德国电信的经营状况。2007 年第三季度财报显示，该公司固网用户数减少了近 50 万，而宽带/固网部门的收入也由 2006 年同期的 61.67 亿欧元降至 56.26 亿欧元。与此同时，德国电信旗下的 IT 服务部门 T-Systems 的经营状态也非常不理想。

经历了几年的持续下滑，德国电信对其业务板块进行重新整合，将业务领域调整为固网、无线、互联网和通信解决方案 4 部分，同时拓展海外移动市场，确立了"成为世界性综合电信企业领导者"的宏大目标，如图 1-1 所示。为了实现这个目标，德国电信开始探索自身全业务运营之路。德国电信全业务运营的最大特色在于与其转型战略的结合，在缩减固话业务的同时大力发展移动业务，将固话、移动和互联网业务捆绑推出，实现联动增长效应。此外，德国电信还斥巨资打造光纤网络，推出 IPTV 等融合业务，寻找新的业务增长点。

德国电信转型措施主要覆盖 3 个方面，即固话、宽带和 IPTV。

① 固话：德国电信通过在固话部门裁减员工，降低业务成本，同时外包部分业务，推出了固话和移动、互联网相捆绑的套餐服务，以移动业务带动固话业务。同时，德国电信还通过资费优惠策略吸引用户使用固话业务，2007 年德国电信推出 3 种电信套餐服务——从 49.95 欧元的基本套餐一直到最高 74.95 欧元的增强型套餐，包括移动呼叫的优惠、高速互联网接入、电子邮件、安全软件等产品，并且可以无限次拨打国内固定电话。

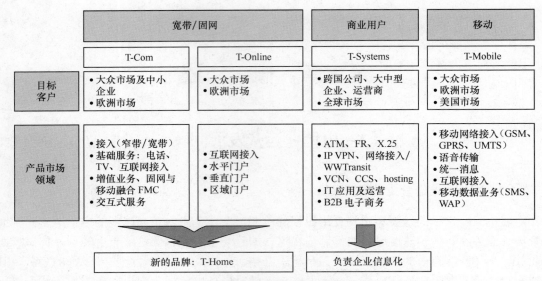

	宽带/固网		商业用户	移动
	T-Com	T-Online	T-Systems	T-Mobile
目标客户	• 大众市场及中小企业 • 欧洲市场	• 大众市场 • 欧洲市场	• 跨国公司、大中型企业、运营商 • 全球市场	• 大众市场 • 欧洲市场 • 美国市场
产品市场领域	• 接入（窄带/宽带） • 基础服务：电话、TV、互联网接入 • 增值业务、固网与移动融合 FMC • 交互式服务	• 互联网接入 • 水平门户 • 垂直门户 • 区域门户	• ATM、FR、X.25 • IP VPN、网络接入/WWTransit • VCN、CCS、hosting • IT 应用及运营 • B2B 电子商务	• 移动网络接入（GSM、GPRS、UMTS） • 语音传输 • 统一消息 • 互联网接入 • 移动数据业务（SMS、WAP）

新的品牌：T-Home	负责企业信息化

图 1-1　整合后的德国电信业务体系架构

② 宽带：德国电信认为宽带用户数的增长是固网运营商为数不多的机会之一。更高的网速将鼓励消费者接入高速互联网，并使用视频、游戏等多种功能，运营商可借此销售语音、互联网和电视的捆绑服务。为了压制竞争对手，德国电信不惜斥巨资打造速率高达 50Mbit/s 的光纤接入网，为提供新业务打造坚实的网络基础。高速网络提高了对用户的吸引力，截止到 2007 年第三季度，德国电信的宽带用户增长了 48 万户。

③ IPTV：德国电信耗费巨资建设光纤接入网的一个重要原因是推动 IPTV 业务的发展。2006 年 3 月，德国电信宣布使用微软的 IPTV Edition 软件，并在当年 6 月底之前向德国境内的柏林、汉堡、科隆和慕尼黑等 10 个城市的数百万用户提供 IPTV 服务。通过德国电信的 VDSL 网络，用户能看到 Premiere 提供的 28 个频道。2006 年 8 月，德国电信正式推出了以 "T-home" 命名的 IPTV 业务。2007 年，德国电信在其 ADSL2+（ADSL 的升级技术）网络上提供了 IPTV 服务，其下载速度最高可达 16Mbit/s，并包括 60 个电视频道、视频点播等内容，有超过 1 200 部经典电影可供选择。截至 2007 年底，德国电信的 ADSL2+网络已经覆盖了 1 700 万个庭用户。由于德国境内存在着大范围的卫星电视和有线电视覆盖，且这些电视服务大都是免费的，因此德国电信另辟蹊径，与美国派拉蒙公司签订了进口影视内容的协定，向用户提供独特的电影点播业务。

此外，德国电信还开发了手机电视（DVB-H）业务，它将普通电视节目进行压缩后，在特定的手机或者掌上电脑上播放。用户可以在手机上收看电视节目，并能够收听到 16 个电台的广播。

2007 年，美国苹果公司的智能化手机 iPhone 在全球范围内掀起了一阵热潮，德国电信移动业务部门 T-Mobile 成功地获得了 iPhone 在德国的销售特权。所有购买 iPhone 的用户都必须与 T-Mobile 签订为期两年的使用合同，这种做法有效地防止了用户的流失。

（2）英国电信

与德国电信不同，英国电信采取了"在转型中自救、以创新求发展"的道路。从 2002 年以来，英国电信将宽带业务作为今后重点发展的核心业务，提出了"通过宽带改变生活方式"的口号。经过多年的努力，英国电信宽带业务的发展取得了巨大的成功，一方面，宽带用户数实现了跨越式的增长；另一方面，英国电信向宽带业务的转型已经深入到了英国人的工作和生活当中，宽带业务成为英国经济核心的重要组成部分。

英国电信宽带业务成功的原因在于其正确的指导思想和合理的运营模式。英国电信以"优化网络、优化成本、延伸业务"为指导思想，优先建立全国宽带网，通过宽带平台为用户提供新业务、扩大宽带接入业务和发展新的增值业务，并大举推动低价宽带服务。同时英国电信以客户为导向，将客户类型划分为家庭客户和商业客户两大类。面向家庭客户推出了多种宽带套餐，套餐内容主要分为 BT 在线、BT 宽带、PC 保护和家庭娱乐四大类，满足多样化的需求。对于商业客户——英国电信主要面对中小企业，提供包括宽带内容服务、商业 DSL、拨号上网和对称宽带接入等在内的宽带接入服务。英国电信主推的 Total Broadband 套餐还提供 8Mbit/s 的下载速度、免费互联网电话、可视电话以及系列安全软件服务，此外该服务还支持室外的 Wi-Fi 免费漫游，获得英国电信的 Openzone 无线上网的免费分钟数，支持 BT Fusion 及 IPTV 服务等。

此外，英国电信还努力尝试业务创新和内容服务，作为宽带、固话业务的延伸。2004 年，英国电信宣布了改变英国宽带使用方式的 4 项创新措施（即灵活带宽、BT 富媒体、BT 通信软件和 BT 远程管理系统），这使英国电信在宽带接入方面的优势地位延伸到了内容、应用和管理业务方面。尤其是 2004 年英国电信与媒体公司合作实施的"富媒体策略"，使英国电信的数百万宽带用户享受到了可体验的媒体服务。为发展内容服务业务，英国电信还专门设立了宽带娱乐和教育部门，负责开发、授权和出售定制音乐、游戏、电视及电影等内容。英国电信还进一步成立了 BT Home、BT Vision 和 BT Movio 等宽带内容服务品牌，大力宣传游戏和娱乐业务，推进了英国电信在多媒体服务和 IPTV 网络影视业务上的发展。

在确立以宽带业务发展作为转型重点的同时，英国电信还借助行业合作的力量，通过加强与产业链上下游的密切合作并结成战略联盟的方式向客户提供服务。英国电信合作的伙伴包括微软、惠普以及全球领先的可管理的语音和数据网络服务提供商等，通过与这些企业的合作，英国电信建立起了自己的富有特色的网络平台。这些平台业务由互联网公司提供，英国电信则负责运行维护。

营销策略也是英国电信成功发展的保障。直接降价和优惠套餐等方法，对于宽带用户的增加起到了重要作用，刺激了用户对宽带业务的需求。另外，在降低资费的同时，英国电信还不断与合作伙伴推出新的宽带应用业务，并采用免费体验方式培养用户的使用和消费习惯，从而为英国电信宽带业务的成功奠定了基础。

除了向宽带业务转型，英国电信还于 2006 年积极推进使其用户向全新的全 IP 网络转移的战略。通过有计划、有步骤的逐步升级，英国电信的相关用户已经在 2008 年之前全部转移到了全 IP 网络。此外，英国电信看准了 IT 服务市场，并将发展 IT 市场作为重要的转型项目，计划通过收购专业的 IT 服务商达到快速转型的目的。

2. 美国电信运营业发展回顾

长期以来，AT&T 一直是美国电信市场上占据绝对优势地位的电信运营商。它在美国境内拥有 22 家贝尔电话公司，几乎垄断了美国州内、州际和国际电话业务。在 1984 年因反垄断法制裁一分为八之后，AT&T 不断地兼并收购，将经营范围拓展到了无线和有线电视等多个领域。1996年，美国颁布了电信法，这部电信法的宗旨是鼓励竞争，鼓励各部门融合发展，进一步开放电信市场，放宽外资进入美国电信市场的限制，更鼓励美国公司进入外国市场。电信法颁布后，美国电信市场中出现了很多新公司，但是在激烈的市场竞争中，最终存活下来的仅剩几家大公司。

到 2002 年初，美国电信业陷入了低谷，电信业问题层出不穷。对此美国联邦通信委员会出台了六大措施。这六大措施包括保持业务的连续性、铲除企业欺诈、规范企业投资行为、审慎进行电信行业重组、积极开发新业务、改革电信的经济政策和管制政策。这些措施施行后，美国电信业渐渐有了起色，运营商的财务状况好转，开始着力推动宽带和 3G 等新服务的发展。2004 年，美国电信企业间几场大规模的并购再次促使新的竞争格局形成。

以 AT&T 为例，它以经营本地、长途、无线、互联网和有线电视业务为基础，以数据业务为核心，逐步地从一个传统长途电话公司转变成为一个多业务公司。AT&T 以"建造无所不能的通信帝国"为发展目标，从业务、资费、品牌和网络 4 个方面展开了全业务运营，其具体的举措如下。

（1）创新完善的业务

AT&T 充分发挥了作为全业务运营商同时具备固定和移动网络的优势，进而创新业务，为用户提供了全方位综合化的服务，提升了客户价值和感知度。AT&T 推出的创新业务包括移动互联网业务、手机电视业务、iPhone 手机业务、多重打包业务、Wi-Fi 业务和 IPTV 业务等。其中值得一提的是 iPhone 手机业务和 IPTV 业务。前者通过独家销售苹果公司的 iPhone 手机，借助苹果公司极强的品牌知名度和用户忠诚度，不仅快速推广了 3G 业务，更获得了大量用户和巨额的利润；而 IPTV 则体现了通信与娱乐结合的趋势，在 IP 网络上实现了电视、计算机、手机的"三屏合一"。

（2）合理的资费策略

为了稳固固网业务市场，AT&T 通过大幅降低通信资费和多样化资费套餐的形式有效地减缓了固话市场的衰退。此外，它还针对电视、互联网和无线等业务提供了有丰富选择的套餐。AT&T 的长途电话套餐共有 3 种选择，包括 30 美元/月的无限国内通话基本套餐、10 美元/月的长途通话 120 美元套餐和 2 美元/月的单一费率国内长途套餐。针对有国际长途业务需求的住宅用户还设计了其他 5 种套餐，套餐从 1 美元/月到 11.99 美元/月，用户可以优惠的价格享受国际长途电话业务。AT&T 还拥有 Unity 无线套餐品牌，它能够提供多款 AT&T 社区套餐和社区家庭通话套餐，并且每款套餐都以不同长度的免费通话时长而有所区分。此外，AT&T 还有 5 款 U-verse 电视套餐，每款套餐根据网速又有 3 种价格选择。在 Internet 方面，又有动态和静态套餐可选，其中每种套餐又有不同的资费标准可供用户选择。

（3）统一的品牌运作

经过两次大规模的收购，AT&T 将原南方贝尔公司（SBC）的固话业务以及 Cingular 的移动业务都收归自己旗下，统一以"AT&T+业务名称"的方式推出系列业务品牌。这种统一品牌的方式节省了大量的广告开支，并且快速提升了客户对企业的认知度，有效地推动了公司整体业绩的增长。

（4）优质的网络建设

早在 2005 年，AT&T 就投资 40 亿美元，打造了为期三年的"光速工程"，为美国 13 个州的家庭用户部署了 FTTP 和 FTTN 设施，为发展 IP 话音、视频和高速互联网接入的捆绑服务奠定了基础。近年来，AT&T 仍旧不断加大对 IP 网络的投资力度，加快 IP 服务和解决方案的交付速度，服务于全球各大市场跨国公司的运营及应用。2008 年 6 月，AT&T 部署建设覆盖全美地区的 HSUPA 高速 3G 网络，以满足全业务运营的需求。

除 AT&T 之外，美国第二大电信运营商 Verizon 公司也通过兼并等手段，获得了提供全业务的能力。目前，Verizon 公司的业务几乎覆盖了全美，并能够提供包括话音、数据、捆绑、黄页等多种业务，其成功的营销手段也是推进其发展的重要因素。Verizon 非常重视服务质量，专门设立了用户服务中心，负责有效和快速地解决所有用户的申诉问题。同时该公司也采取了细分化策略，根据不同销售对象定制差异化的业务，同时在套餐价格上给予优惠，或采取捆绑销售的策略。Verizon 不时推出的新业务也是刺激用户消费、提高用户感知度的一个重要方面。早在 2003 年，Verizon 公司就推出了"一键通"（Push to Talk）业务，使用该业务的用户只需要按下手机侧面的一个按钮就可以接通其他用户而无需拨打电话号码。

和其他运营商一样，Verizon 深知高质量的网络才是企业得以发展的基础。在 2004 年 4 月，Verizon 就完成了全美范围内的宽带网络建设。这项工程为它带来了超过 1 000 亿美元的收入，更提高了其在全美声讯和数据服务市场上的份额。

3．日韩电信运营业发展回顾

近年来，亚洲经济飞速崛起，特别是日本、东南亚和中国及印度等国家和地区的发展，极大地带动了整个亚洲地区的发展，使得亚洲成为了与欧洲、北美并列的三大经济区之一。经济的繁荣也带动了信息产业的高速发展，印度成为了世界软件工厂，新加坡和马来西亚正迈向信息时代第二波的征程，而起步较晚的泰国也开始创建软件开发基地，中国在积极推动硬件业发展的同时，也在加速推进软件业的开发进程。这一系列的发展都推动了亚洲电信业的前进。

从整个亚洲角度来看，1995 年全亚洲固定电话用户数为 1.59 亿，仅仅占到该地区人口总数的 4.1%，2000 年初，该地区的固定电话用户数就已超过 3 亿。仅 1999 年一年，移动电话就新增了 5 000 万用户，是同期固定电话新增用户的两倍。目前，柬埔寨、中国香港、日本和韩国的移动电话用户数量已经超过了固定电话用户数量。

和欧美其他发达地区相比，整个亚洲的电信基础设施相对比较薄弱，因此在发展的初期，亚洲电信业发展的势头是非常良好的。随着电信新技术的不断涌现，新的电信业务也应运而生，尤其是以互联网、移动通信业务为代表的一批新业务，为亚洲电信市场注入了新的活力。2000 年左右，移动通信业务已经成为亚洲电信市场发展的新热点。此外 IP 数据业务、宽带业务、3G 业务和移动数据业务也成为亚洲电信市场上的热点。下面针对亚洲地区发展较好并且具有代表性的运营商的发展做简要回顾。

与亚洲其他国家电信运营商相比，日本与韩国电信运营商在业务创新（特别是移动手机增值业务）开发上的能力是无可比拟的。日韩主要运营商把准了时代的脉搏，结合娱乐业和传媒业等潮流时尚的产业，推出融合的新商业模式，在为移动用户提供丰富多彩的移动业务内容的同时，也开拓了自己的收入来源。在日韩两国，运营商拥有绝对的市场主导地位，除了敏锐捕捉市场潮流信息、了解客户需求外，运营商还通过及时开发新技术来满足产品更新的需求，同时向用户提供贴心周到的服务。在自己没有条件开发新技术的情况下，日韩运营商还灵活地采取合作方式，将它们感知到的潮流信息传达给合作伙伴，共同开发新服务，迅速抢占市场。

以日本为例，2007 年，全日本手机游戏市场份额达到 8 480 亿日元，其中运营商 KDDI 为用户提供了多达 350 款的丰富游戏。而韩国的 SKT 公司也向其用户提供了 280 款手机游戏，年销售额达到 1 500 亿韩元。更有甚者，KTF 公司给用户提供了多达 600 款的游戏选择。此外，日韩电信运营商还向用户提供了手机视频、流媒体点播、手机动漫等业务，这些业务的开展都是与其他行业的密切合作分不开的。

日韩运营商都与内容提供商保持着长期的良好合作关系，因此能够拥有大量丰富且对用户具备吸引力的业务内容，如日本的 NTT DoCoMo 就联合新力等唱片公司、松下等手机厂商合作推出手机音乐经销系统，共同利用手机这一渠道销售音乐；它们还与手机制造商深入合作，以手机定制的方式推动增值业务的发展。

此外，日韩运营商在 3G 业务的开展上也走在了世界的前列。2001 年 10 月，日本 DoCoMo 在全球第一家推出了 3G 业务，仅仅 3 年时间，DoCoMo FOMA 用户数就已经达到了 201 万。继 DoCoMo 之后，日本 KDDI 也在 2002 年 4 月推出了自己的 3G 业务，KDDI 采用了 cdma2000 1x 技术，在业务开展的 3 个月时间内，用户数就已达 164 万。目前 DoCoMo 的 FOMA 已经取得了一定程度的市场认可，但发展的速度并不像之前预期的那么理想，其原因主要在于网络覆盖范围太小，满足不了部分用户需求，而且手机终端选择余地小，手机电池待机时间短，严重影响了用户的使用感受。DoCoMo FOMA 现在能够提供的业务包括交互式业务、点对点业务、单向信息业务和多点广播业务这四大类业务，具体涵盖的业务有移动银行、电子邮件、语音邮件、数字报纸、远程教育/视频购物、视频点播、汽车导航、移动电视等。

日本的另一家运营商 KDDI 虽然晚于 DoCoMo 推出 3G 业务，但却呈现了后发制人的趋势。由于其 cdma2000 1x 与 KDDI 先前采用的系统完全兼容，基础网络只需略做升级而不需要重新建设，建设成本较小。对用户来说，可以相对低廉的价格获得支持 3G 的手机，如果不想购买新机，还可以通过更换芯片升级的方式使用 3G 业务。在业务方面，KDDI 也提供了诸如手机导航、流媒体视频等 3G 业务。

而在韩国，SKT 公司推出 3G cdma2000 1xEV-DO 业务后，受到了用户的欢迎，2G 用户向 3G 用户的转网积极性很高。同时，3G 用户使用的手机时间也比 2G 用户长了很多。

1.1.2　国内电信运营业发展回顾

从 1996 年电信业改革以来，中国的电信业走过了"以改革促发展"、"探索中成长，竞争中发展"、"量变到质变的飞跃"和"迈向全业务运营"这 4 个阶段。

1．第一阶段：以改革促发展

电信业的改革发展伴随着国家改革开放的全过程，1997 年是电信业发展的关键时刻，政府渐渐取消了对电信业发展的扶持政策，鼓励电信企业引入市场机制，通过市场手段筹措发展所需要的资金。1998 年，原信息产业部的成立将中国电信业的改革引入了一个崭新的时期。这时的电信业已经开始着手实现政企分开、破除垄断，引入以竞争为主要内容的改革。在短短三年之中，电信业的管理、运营和市场都发生了质的变化。

2. 第二阶段：探索中成长，竞争中发展

1999 年至 2001 年这 3 年间，中国电信运营业经历了一次大刀阔斧的变革。在这次变革中，中国电信被拆分成为了四大块，其中寻呼业务被转划给了原中国联通，移动通信部分独立成为现在的中国移动，而原卫星公司也同时分离了出来。这样，中国电信、原中国联通、中国移动纷纷作为主角登上了电信市场的舞台。同时，电信管制逐步合理化，使国内电信运营商开始注重苦练内功，规范运作，国内竞争市场初步形成；新技术层出不穷，新的通信方式不断涌现，也为消费者带来了更多的便利和实惠；在全球经济一体化大潮的冲击下，中国电信业逐步与国际电信市场接轨，中美签署了关于中国加入 WTO 的双边协议，使中国电信市场面临前所未有的机遇与挑战。

在此期间，资费低廉、使用方便的小灵通业务诞生在了中国电信。小灵通业务是中国电信不断创新的结果，为其创造了新的利润增长点。

1999 年 3 月，我国对部分电信业务资费做了大幅度的调整，特别是电话初装费的下调幅度最大。10 月，原信息产业部又陆续出台了进一步调整部分电信业务资费的方案。Internet 用户的电话费支出、上网费支出都有所减少，对培养用户的网络使用习惯起到了积极的作用。1999 年 8 月初，原中国网通启动了"中国高速互联网示范项目"。11 月，原中国联通着手新建 CDMA 网络，该网络能够容纳 200 万条线路，同时能够覆盖到 160 个城市。CDMA 网络的新建吸引了网络运营和设备生产商的广泛兴趣。同年 12 月，继中国电信之后，原中国网通在北京推出了面向公众的 IP 电话业务。IP 电话业务以其优惠的价格吸引了大量的用户，使众多消费者从中受益。

2000 年，在经历合并重整之后，中国电信运营市场形成了中国移动、中国电信、原中国联通、原卫星集团、原吉通、原中国网通六大电信企业并存的局面。除了这些电信运营商经营基本的电信业务之外，国内的增值业务公司已接近 3 000 家，其中包括一部分互联网服务提供商（ISP，Internet Service Provider）、互联网内容提供商（ICP，Internet Content Provider）已经获得许可证的 ISP 有 600 家左右。到了 2001 年，国内电信市场出现了激烈竞争的局面，随着中国加入 WTO，中国电信拆分为南北两家公司，为电信运营市场带来了更加激烈的竞争格局。2001 年，竞争程度最为激烈的莫过于 IP 电话市场，几乎所有的电信运营商都参与了长途电话业务的竞争。而在移动电话市场，国内仅有的两家移动运营商也开始争夺用户，并积极开展 2.5G 移动通信网的建设。2001 年上半年，原中国联通着手 CDMA 网络设备招标，而中国移动紧随其后，并后发制人，它于 2001 年 7 月投入了 GPRS 的商业试验。到 2002 年，两个移动运营商的 2.5G 网络都已开通。2001 年也是电信运营商异质竞争初现苗头的一年，移动电话以其方便携带和个人通信等特点，逐步获得了更多消费者的认可，分流了大部分固定电话用户。而 IP 技术的运用以及互联互通工作的进一步开展，也使得国内电话、国际及我国澳台地区电话等高含金量的业务被竞争分流。此外，迅猛发展的宽带接入业务也对固定电话网产生了一定的冲击。异质竞争加剧，业务被分流，中国电信业务收入增幅大幅度下滑。

3. 第三阶段：量变到质变的飞跃

到了 2002 年，电信运营商将竞争的重点转向了服务方面。此外，电信运营商从单纯地追求用户数量转变为关注运营效益。为了提高每用户平均收入（ARPU，Average Revenue Per User）值，运营商大胆创新，不断开发新业务，以期提高整个网络的运营效益。多元化的竞争格局逐渐显现，电信运营商开始积极地与虚拟运营商、增值服务提供商和厂家合作，试图提高自己的综合竞争力。

与此同时，原中国联通在 2002 年正式开始建设 CDMA 一期工程。到 2004 年，原中国联通 CDMA 1X 系统已基本覆盖全国，并推出了中高速率的新业务。CDMA 使得原联通有了大力拓展业务的用武之地。2002 年也是中国电信业宽带建设较热的一年，中国电信、原中国网通、长城宽带、聚龙网络等纷纷加入"战斗"，而原中国网通更是将宽带作为自身发展的一大战略。

2003 年和 2004 年是中国电信市场突出"做大做强"的关键之年。原中国网通在中国香港和纽约的上市对国内电信市场格局产生了深刻而持久的影响。不断上演的以分割、重组、上市为主要特征的资本运作正在成为整个市场逐步走向有效竞争、主要电信运营企业迅速壮大的内在动力。特别是在 2003 年，有一个重要现象值得关注，那就是中国成为全球首个移动电话用户数超过固定电话用户数的国家，这在某种程度上说明了网络的发展实现了质的飞跃，即从固定到移动的转变，也预示了未来移动电话对固定电话带来的冲击。此外，2003 年，宽带市场继续保持强劲发展的势头，中国宽带用户总数达到了 1 000 万。而宽带业务的内容和应用开发还比较薄弱，运营商缺乏健康有效的商务模式，在 ICP 方面还不具备有竞争力和有市场潜力的业务。

到了 2005 年，中国电信业进入了转型的时代。在移动业务对固网的取代趋势渐强的情况下，作为传统电信运营商的中国电信开始着手转型，走出了一条迈向综合信息服务运营商的转型之路。中国电信以"成为全业务提供者、互联网应用聚合者、中小企业 ICT 业务领先者，基于网络的综合信息服务价值链的主导者"为目标，致力于业务、服务、业务网络和网络技术上的全面转型。在转型中，各电信运营商都不约而同地把发展增值业务，作为重要内容。中国电信在转型中明确提出要充分发挥固网资源优势，大力发展增值业务，打造综合信息服务提供商；而原中国联通则表示要充分发挥 CDMA 的网络优势，大力发展增值业务；此外，中国移动的短信、彩铃等移动增值业务已经成为其重要的收入来源和新的经济增长点，中国移动的增值业务占总收入的比重超过了 15%。

4. 第四阶段：迈向全业务运营

2006 年是中国电信业资源整合、蓄势待发的一年。IPTV、FTTH 等技术的进展都为电信运营商提供了新的业务拓展机会。与此同时，各电信运营商依然在继续自己的转型之路。2006 年 2 月，中国电信推出新业务"号码百事通"，除了提升非语音业务之外，同时希望在通信服务领域建立"语音 GOOGLE"的霸主地位。此外，中国电信又推出了针对中小企业客户的"商务领航"，加快了由传统基础网络运营商向现代综合信息服务提供商转变。同年 12 月，中国电信又推出国内第一个面向家庭的客户品牌"我的 e 家"，为家庭客户提供了全方位综合信息服务。此外，中国电信还完成了软交换长途骨干网工程（DC1），该项目能够实现同时为话音、数据、多媒体综合型业务提供支撑，为实现固网智能化奠定基础。2006 年，原中国网通也开始针对新业务改变经验模式，明确了"向宽带通信和多媒体服务提供商转型"的目标。

作为移动运营商的中国移动，也在积极地开发新业务、新技术，同时提高网络的利用率，展开了向综合信息服务商转型的进程。而原中国联通也加快了"以技术为导向，以业务为中心"向"以市场为导向，以客户为中心"的转型步伐。

2007年，中国电信市场格局出现了明显的变化，移动运营商实行准单向收费、下调资费，用户数增长迅速，而与此同时，固网运营商的发展却出现了下滑的趋势。移动运营商由于其主营移动业务满足了用户方便快捷和个性化的通信需求而远远超越了传统固网运营商的发展，特别是中国移动，其利润和投资规模远远超过了电信、原网通、原联通三大运营商的总和，无论是在用户数还是业务收入上，都已经呈现出一家独大的局面。如若在这样发展严重不平衡的局面下继续这样的竞争，将很容易导致垄断的形成，不利于整个电信市场的健康发展。在这种情况下，电信运营商的全业务运营势在必行。

2008年，中国电信业正式展开了大刀阔斧的重组。原中国联通的CDMA网络并入了中国电信；而原中国铁通正式并入中国移动；同时原中国网通也并入了原中国联通。从此，中国电信市场呈现出电信、原联通、移动三大运营商并存的局面，且这三家运营商都拥有了全业务运营的能力。2008年中国电信业的重组意味着中国电信市场正式走向了全业务运营时代。

1.2　中国电信业运营发展展望

1.2.1　中国电信运营商面临的困境

对中国电信业来说，2008年大规模的运营商结构调整无疑对整个电信业特别是电信运营商带来了非常深刻的影响。随着2009年原中国联通、原中国网通完成合并，成立"中国联合网络通信有限公司"，运营商重组基本告一段落。重组使得新电信、新移动、新联通这三大运营商同时具备了全业务运营的能力。全业务运营给电信运营商带来了发展的良机，也给电信运营商带来了更多的挑战。

随着电信技术的发展，面对网络技术加速向宽带、无线、智能方向发展的趋势，面对无所不在的网络环境、数字化生产服务和融合化信息应用带来的商业运营模式的转变，中国联通董事长常小兵指出，当前的电信运营商要能够积极适应全业务经营后的新变化。这些变化包括全业务运营对网络带宽、电信业务更多更广的要求；电信、广电和互联网三网融合给整个产业链带来的变化；全球3G业务飞速发展给整个产业带来了更多的网络和业务发展的新机遇，新兴服务领域、新商业模式给通信业带来的新发展机会。

面对全业务运营，电信运营商竞争对手重重，随着当下电信技术与市场的发展，整个电信市场的融合趋势越来越明显。这种融合最突出的表现在于多种产业与电信业的结合。互联网业、媒体业和娱乐业的融入使得电信业进入了TIME（T指电信业，I指因特网业，M指媒体业、E指娱乐业）融合的大时代。产业的融合，使原来结构简单的单一产业链演化成为一张复杂交错的产业网，整个市场竞争环境变得更加复杂和多变。在TIME时代的大潮下，重组后的电信运营商除了要大力推进企业架构、企业文化的融合之外，更要面对全新的市场竞争环境带来的挑战，以免被TIME时代的大潮卷入发展的困境。

1. 语音业务发展对手重重

语音业务作为电信运营商最基本、最传统的业务，发展到今天，已经达到了相对较高的用户普及率和高增长率，固定电话用户数趋于饱和。而随着电信产品价格的降低，语音产品也越来越平民化，传统语音业务进入了发展的成熟期，而电信业的利润进入了缓慢下降的阶段。

随着语音市场的成熟，语音产品特别是固话的 ARPU 值不断下降，而移动语音业务和新兴的互联网语音业务不仅同样具备价格低廉的优势，而且更拥有便利性高、业务多样的特点，在语音业务市场对传统语音业务带来了较大的冲击。特别是互联网语音业务，随着互联网的发展，一些基于互联网的语音业务也对电信运营商的语音业务发起了冲击。以 Skype 为代表，2002 年该公司就推出了基于 VoIP 的业务及个人产品，为全球用户提供了免费的 PC 到 PC 的网络话音软件，以及 PC 到普通电话和移动电话的收费电话服务。这项业务一经推出就广受用户的欢迎。此外，MSN、QQ 这些国内用户熟悉的即时通信软件也具备免费视频和通话的业务，而互联网搜索巨头也着手开发了互联网电话工具 GTalk。随着互联网技术的发展，用户接入网络变得同打电话一样方便，而越来越多的用户的工作生活更加离不开计算机和网络，网络用户的普及为这些基于互联网的语音业务提供了广泛的发展空间，而互联网业务低廉甚至免费的价格优势对用户的吸引力则是电信运营商不可比拟的。

2. 移动互联网冲击短信业务

即时通信（IM，Instant Messaging）软件是顺应互联网发展起来的一项具有重要意义的创新，一经推出便以其通信的实时性和便利性而广受用户特别是年轻用户的青睐，并且迅速地在网络上流行起来，成为主流的互联网通信方式。发展初期的 IM 软件有 ICQ 和后来在国内流行起来的 QQ。随后，国际上的 IT 巨头如 AOL、微软、YAHOO 也纷纷斥巨资进入了这一领域。在国内，QQ 的市场占有率已经超过了 75%，用户总数超过 5.5 亿，其中活跃用户有 2.2 亿之多。这些用户除了通过互联网使用 QQ 与其他用户沟通外，更希望能够随时随地与自己QQ 好友交流，让好友获取自己实时的状态信息，这就为即时通信业务（IMPS，Instant Messaging and Presence Service）业务的发展提供了契机。IMPS 使得用户可以通过手机直接与 IM 用户沟通，同时可以实时更新自己的状态。使用 IMPS，用户能够随时随地使用业务，充分体现移动和实时的交流。IMPS 不仅能够方便用户随时向其他用户发送消息，更可以提供用户实时在线状态，甚至在线位置和在线联系方式等其他多元信息。IMPS 利用移动业务独有的位置信息，具备超强的功能拓展能力，若与 SMS、MMS 等业务整合，便能够带来巨大的影响力。此外 IMPS 在价格等多方面与短信业务相比都具有很多优势，其多元化的功能拓展和单一的短信相比，具备更强大的竞争力。

3. 来自终端制造商的挑战

在苹果公司推出 iPhone 手机之前，运营商可以牢牢地控制住手机终端的定制，用户使用这些终端可以直接获得运营商提供的语音、数据等增值业务。而 iPhone 则改变了这样一种模式，用户通过 iPhone 手机和与之配备的客户端软件，可以直接登录苹果公司的产品网站，购买自己感兴趣的业务。这种创新的商业模式改变了原有的模式，用户可以绕过运营商直接与终端制造商建立联系，而终端制造商与手机用户的关系则可以通过业务的定制不断地延续下去。苹果的这种创新模式给运营商带来了不小的冲击，使用 iPhone 手机后，用户可能更偏向于去苹果公司的网站购买业务，而放弃使用运营商的业务。现在，包括 NOKIA、Google 在内的 IT 巨头也开始进军终端制造领域，开发智能手机，力图在 3G 时代占据终端市场的先机。

用户对电信业务的使用和终端密切相关。以苹果公司为代表的终端制造商抓住了这一契机，通过终端抓牢用户，为用户提供更多的可拓展的业务，不仅开拓了新的具备不断发展潜力的市场，也改变了用户对电信业务的使用习惯。终端制造商通过控制终端向用户提供丰富的电信增值业务，对电信运营商开拓新市场非常不利，电信运营商必须把握机遇，利用自己网络覆盖的优势，牢牢抓住终端定制这一市场，通过定制终端与自身业务绑定的方式，在提供优良网络的同时为用户提供多种增值业务。

4. 来自广电行业的挑战

整个电信行业发展的大趋势是行业融合。而对于电信运营商本身来说，也将走向全业务运营发展之路。全业务运营要求运营商不仅具备提供基本通信服务的能力，也要能够提供影视、娱乐服务。而在这一方面，作为媒体专家的广电企业很明显站在了优势地位上。一方面，广电企业拥有大量的具有版权的影视娱乐产品，业务资源丰富；另一方面，广电企业自身的网络遍布全国，用户基础强大。因此，利用充分的网络覆盖和节目优势，广电网络可以通过数字电视点播等多种方式，为用户提供便捷和丰富的影视娱乐服务。特别是 CMMB 标准的开发，又为广电行业进军移动娱乐业务提供了机遇。而电信运营商虽然拥有覆盖广泛的高质量网络，但是却缺乏大量可用的影视娱乐内容和版权，因此电信运营商提供影视服务还必须依赖于广电行业。

1.2.2 价值链延伸是电信运营业发展的必经之路

虽然在融合的新环境下电信运营商面临重重挑战，运营商发展看似举步维艰，但是从另外一个角度思考，挑战也是契机，运营商只要把握住发展的切入点，延伸价值链，寻找新的增长点，就会发现另一片发展的沃土。面对全业务运营，电信运营商不是无路可走，而是海阔天空。随着互联网用户的不断壮大和互联网发展的成熟化，竞争也日趋激烈，运营商可以充分利用这个机会，借助其网络上的优势，在这片竞争激烈的红海中挖掘出自己的金矿，即移动互联网。移动互联网蕴含着巨大的市场潜力，发展势头不可小觑。信息通信技术也是运营商不可错过的发展方向，运营商在产业链、网络建设方面的优势都为其进入这个市场奠定了坚实的基础。此外，伴随着电信、娱乐、媒体的产业大融合，用户所使用的终端也在向融合的趋势发展，即手机、计算机和电视机可以相互接收原来彼此能够接收的信息，做到"三屏合一"，这对电信运营商来说也是一个发展的良机，电信运营商可以结合"三屏合一"这一大趋势的特点，设计出相应的产品，通过与终端制造商和业务提供商的合作，实现共赢。

1. 移动互联网

3G 时代的来临，标志着移动业务信息化时代的到来。智能终端的推出，更使得用户通过手机随时随地享用方便快捷的移动数据服务成为了可能。在这些业务中，移动互联网是最具生命力和发展潜力的业务。目前全球范围内的电信运营商都将移动互联网作为其业务发展的重点战略之一，而传统互联网也在各方的推进下加快了与移动通信网络的融合。

国内的电信运营商已经拥有了开展移动互联网业务的用户基础。3G 商用前，电信运营商就已经致力于开发准 3G 的移动增值业务，为未来的 3G 培育市场。无线音乐、手机游戏、手机邮箱、无线搜索、手机即时通信、手机博客、移动支付等移动互联网业务已经为广大移动用户所熟知和使用。

移动互联网业务的发展成功与否，取决于运营商采用的商业模式。传统的互联网具有"免费"的特性，而对于运营商来说，提供免费的移动互联网业务绝对不是其持续发展的可循之道。在移动互联网发展的进程中，运营商应扬长避短，发挥其"收费"的经营性网络的优势，同时克服互联网免费经营模式的劣势，创新产业合作模式，进一步完善价值链，以应对当前的变革与挑战。移动互联网产业的发展需要产业链各方的共同推进，运营商与终端厂商、IT 产业、互联网服务提供商等产业各方的合作是大势所趋。

电信运营商在发展移动互联网业务上具备了硬件与软件的双重优势。首先，高质量、广覆盖的移动通信网络赋予了运营商无可比拟的网络基础；而庞大的用户群给运营商提供了丰富的用户行为、用户习惯的分析样本，便于运营商掌握价值链中涉及用户层面的关键环节。运营商可以在利用自身优势的同时，开展跨行业的合作，推广相关配套业务，积极推动娱乐、信息和商务类移动互联网业务的综合发展。

电信运营商在发展移动互联网业务的过程中要注意以下几点。

（1）明确自身在价值链中的定位：产业的融合使得移动互联网产业的价值链日益延伸。运营商必须明确自己在这个价值链中管道提供者和业务整合者的定位，做到掌控与客户直接接触的关键环节，如接入门户、业务平台和终端等。

（2）推出"双模"业务，有线无线共同发展：移动互联网的一大竞争对手就是有线固定互联网，这两者相互不可取代。对于电信运营商来说，大可不必将有线网络看做限制无线网络发展的对象，而可以有线无线两手并抓，推出面对两网用户的"双模"业务，通过互补的方式最大限度地利用资源，推进共同发展，实现双赢。

（3）推进移动互联网的商务应用：电信运营商可以挖掘商务用户，瞄准企业在精准营销和个性化服务上对移动互联网的商务应用需求，改进发展环境，提高移动互联网各个环节的业务支撑能力，同时依靠行业的力量，共同推进移动互联网的商务应用，以此带动移动互联网业务全面发展。

（4）加强对客户黏性的培养：随着 Web 2.0 和移动宽带技术的发展，用户需求的个性化与互动性要求越来越突出，运营商的业务必须满足用户的这些需求，提供个性化一站式的服务。这就要求运营商必须深化原有业务功能，积极创新业务运营模式，增强信息化产品功能，加入互动元素，提高业务对用户的吸引力和用户的黏性。

2. 信息通信技术

信息通信技术（ICT，Information and Communication Technology）涵盖的范围很广，它不仅仅可提供基于宽带、高速通信网的多种业务，也能够完成信息的传递和共享，而且还是一种通用的智能工具。对于运营商来说，应该把 ICT 作为一种向客户提供的服务，这种服务是 IT（信息业）与 CT（通信业）两种服务的结合和交融，通信业、电子信息产业、互联网、传媒业都将融合在 ICT 的范围内。固网运营商向客户提供的一站式 ICT 整体服务中，包含集成服务、外包服务、专业服务、知识服务以及软件开发服务等。ICT 服务不仅为企业客户提供线路搭建、网络构架的解决方案，还减轻了企业在建立应用、系统升级、运维、安全等方面的负担，节约了企业运营成本，在企业用户中具有广泛的市场需求。

目前，大型企业对信息化的投入在固定资产中的比重呈现下降的趋势，这说明企业信息化的基本建设已经成熟，目前已经进入了深化发展、完善应用的阶段。而随着 IT 产品应用范围的拓展和应用能力的提高，企业对 IT 服务提供商能够提供的服务的需求变得越来越具体和复杂化了。企业需求的变化意味着电信运营商也要在产品开发策略上做相应的调整。电信运营商可以摆脱以往局限于系统集成服务的桎梏，将发展的触角伸向外包、灾备、视频监控服务、性能测试软件等多方面。

与专业的 IT 企业相比，电信企业在 ICT 业务上具备独一无二的差异化竞争优势，如网络资源、用户规模、系统销售和服务的渠道等。公用通信网络平台是 ICT 实现的基础，未来丰富的信息应用将在基础电信网络设施上开花结果。因此，固网运营商可以在为客户提供基础网络的同时，水到渠成地附加上各种增值的 ICT 服务和应用。在营销方面，电信运营商与广大的政企客户早已建立起良好的合作关系，其产品线长、业务众多，想要获知客户在 ICT 业务方面的利益诉求点是非常方便的。健全的营销体系也有助于电信运营商在第一时间获得客户。

然而，具备这些基础条件并不意味电信运营商就可以把 ICT 业务做好。运营商必须深入了解用户的需求，同时与具有研究能力及富有创意的合作伙伴联合开发行业信息化产品，向客户提供有针对性的 ICT 解决方案。在发展 ICT 业务这个问题上，电信运营商也面临着种种困难，如 IT 专业性不强、缺乏专业的 ICT 技术人才、行业渗透能力不够强等。对此，运营商可以采用广招成熟人才、挖掘行业需求等方式快速弥补这一方面的缺陷。

ICT 是运营商在全业务时代转型的重要突破口，主流的 ICT 业务包括了办公 OA、邮箱、自助建站、即时通信、客户关系管理、人力资源管理、进销存管理、企业彩铃、行业短信、呼叫中心、语音/视频会议、视频监控、网络传真等。运营商可以通过这些业务打入行业信息化、企业信息化市场。现阶段，电信运营商可以将重点放在企业 ICT 上，以中小企业信息化为发展动力，开展以下业务。

（1）集成服务：包括网络通信集成、网络应用集成、行业应用集成等。

（2）外包服务：通过整合资源，为客户提供网络、IT 系统的日常维护、故障处理等运维服务。外包服务业务包括网络通信外包、网络应用外包和行业应用外包。

（3）专业服务：运营商通过对市场需求的细分，整合资源，为客户提供包括灾备服务、网络维护管理、应用平台服务在内的整体的专业性服务。

（4）知识服务：本着为客户创造价值为目标，运营商可以利用自己的优势技术、业务特长，与管理专家团队合作，为客户提供规划咨询类及培训类服务，从而提高客户的网络规划、网络优化等多方面的能力。与此同时，也将信息化概念推广了出去。

（5）软件开发服务：运营商可以通过与软件企业合作，开发有针对性的行业软件产品，从而扩充自己的 ICT 产品体系。

ICT 的涵盖范围很广，对于电信运营商来说，开展 ICT 业务必然要从自己熟悉的领域入手。因此，电信运营商可以将业务发展重心放在上述的几类业务上，避免在陌生领域全面撒网。电信运营商在发展 ICT 业务的时候，要做到有的放矢，有重点、有先后地发展业务。在集成服务上，可以把网络集成、网络应用集成、行业应用平台作为重点；在专业服务上，可以把灾备和管理型业务作为重点；此外，系统集成、呼叫中心外包、综合解决方案和网络服务等业务也都可以作为 ICT 业务的重点。而对于行业应用集成、行业应用外包以及 IT 咨询、IT 软件类业务这类业务，可以有选择地进入。而 IT 教育、培训类的服务则可以作为远期发展目标，必要时运用一定的资本运作手段，收购兼并部分优秀的 IT 公司，弥补开展 IT 业务的资源缺口。

总之，开展 ICT 业务是电信运营商实现向综合信息通信服务提供商发展的必由之路。基于现有的网络资源和业务基础，运营商要创新商业模式、明确项目定位，有针对性地推出业务，全面推进 ICT 业务的发展。

3. 三屏合一

电信产业的融合可以从几个层面上来理解。一是产业的融合，即电信产业与互联网业、媒体业、娱乐业等行业的融合；二是网络的融合，即互联网、广电网、电信网的融合，甚至固定网络与移动网络的融合；三是服务和市场的融合。网络技术的发展和融合也给终端的发展带来了融合的趋势，即"手机、电视、计算机"相互融合的"三屏合一"。用户可以通过一台设备同时享受到手机、电视和计算机能够提供的服务，如拨打电话，观看电视、收发电子邮件等。"三屏合一"是实现全业务运营的最佳形式之一，运营商可以通过定制终端向用户推送影视、数据等业务，甚至可以利用"三屏"资源，展开广告营销类业务，拓展自己的业务面。而用户也可以使用个人计算机获取电视节目等信息。美国的 AT&T 公司首开"三屏合一"的先河，推出了可基于有线或无线宽带接入观看电视节目的 IPTV 服务。AT&T 以 IPTV 为主打的 U-verse 业务已经成为力推的重点业务之一，被绑定与固定和移动业务一起销售，这在一定程度上防止了传统业务的下滑。此外 AT&T 的"Homezone"也体现了"三屏合一"的概念，该服务把高速互联网服务与卫星电视服务整合到一个电视机顶盒中，能够提供数字录像、电影点播、图片、音乐以及基于网络的远程接入等服务。这项业务对于在居住地没有部署光纤的用户而言，是网络电视的一种补充。

"三屏合一"看似一个很完美的全业务解决方案，但它不是任何一家公司都有实力实现的。它的前提包括强大的网站平台、网络基础和大规模的用户群。在终端方面，还要具备手机全网运营资质。此外，还必须具备进入互动电视屏幕的技术和渠道，最后将网络、手机和电视这三者有机结合起来。对于电信运营商，其自身已经具备了强大的网络资源作为后盾，在手机用户群上也拥有巨大的储备力量。电信运营商对互联网业务和移动互联网业务的投入也使其具备了一定的互联网基础。要发展"三屏合一"，电信运营商要突破的是"电视荧屏"这一"屏"。

1.3 小　结

技术和市场的发展将整个电信业推入了 TIME 融合的大时代。曾经单一的电信产业链，已经通过交错式的融合向复杂化的生态系统演进。电信产业的转型使得产业进一步拓展，产业主体进一步增加和细分，这使得电信运营商今后面临的环境更加复杂。在 TIME 融合大潮的推进下，内容服务商和互联网、IT 企业都纷纷抢滩电信市场，给电信运营商带来了不小的冲击。要想在 TIME 时代中立于不败之地，电信运营商必须改变思路，采取新的经营策略，通过拓展新业务领域以及合作的方式积极向用户提供新的融合业务，满足用户多元化的需求，扩大业务范围，增强自身在电信市场中的竞争实力。

第2章 国内运营商全业务运营分析

2.1 全业务运营的概念

通常来讲，全业务的概念可理解为广义和狭义两种。

狭义的全业务概念从政策管制角度进行定义。根据原信息产业部对电信业务分类管理的定义和条例，全业务的基本概念是指：**利用自有的电信交换、传输设备及其他辅助设施，或者租用其他电信运营企业的电信传输等设施，为社会公众所提供的固定及移动基础电信业务及相应的增值服务**。简而言之，狭义的全业务包括移动业务、固话业务、宽带业务，同时还包括基于以上3种基本业务延伸和拓展的各类增值和信息化业务。

广义的全业务是指融合了通信、多媒体信息服务以及综合信息解决方案的综合信息服务。

全业务运营大致可以分为3个阶段：综合提供移动/固定业务能力阶段、初步融合阶段以及融合的通信/娱乐阶段。其中，每个阶段都有其不同的业务及网络特征，如图2-1所示。

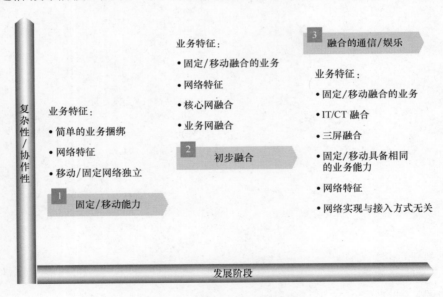

图 2-1 全业务运营的发展阶段

2.2 电信重组及全业务运营的意义

1. 电信重组有利于改善当前失衡的电信市场格局

截至 2007 年底，中国电信业整个市场的结构性失衡严重，中国移动无论是在销售收入、用户数量以及利润总额、投资规模等方面，都远远超过其他三家，在一些指标上甚至是其他三家的总和，详见表 2-1 和表 2-2。

表 2-1　　　　　　　　　　　2005—2007 年四大运营商营业收入对比表

	2005 年营业收入	2006 年营业收入	2007 年营业收入
中国移动	2 430.41 亿元	2 953.58 亿元	3 569.59 亿元
原中国联通	870.5 亿元	1 004.7 亿元	995.4 亿元
中国电信	1 625.29 亿元	1 750.9 亿元	1 786.6 亿元
原中国网通	872.32 亿元	869.2 亿元	824.88 亿元

表 2-2　　　　　　　　　　　2005—2007 年四大运营商利润收入对比表

	2005 年利润收入	2006 年利润收入	2007 年利润收入
中国移动	736.86 亿元	660.3 亿元	871 亿元
原中国联通	49.3 亿元	47.4 亿元	93 亿元
中国电信	279 亿元	272.4 亿元	237.0 亿元
原中国网通	104.83 亿元	129.6 亿元	120.9 亿元

由表 2-1 和表 2-2 可看出，四大运营商营业收入除原中国网通外三家都实现了正增长，但仅有中国移动一家公司的收入增长速度超过行业的总体增长速度，其他两家则低于行业收入整体增长速度；而从净利润指标来看，中国移动利润增长非常迅猛，原中国联通则出现利润大幅度增长，其他两家固网运营商的净利润都有不同程度的下滑。

总体来看，中国移动一枝独秀，其他三大电信运营商的年报都不理想，这显示出行业内部分化日益明显。

在竞争上，中国移动无论在存量市场还是增量市场都占有绝对的优势地位，而且龙头的地位还在日益扩大。从整个电信业来看，这将不可避免地导致优良生产要素单向集中，造成行业竞争活力和创新活力下降，从而影响行业整体竞争力的提升。

2. 开展全业务竞争是我国电信运营商适应电信全球化潮流，提高自身综合竞争力的需要

从 20 世纪 90 年代中期开始，电信技术的进步和经济全球化的兴起使电信业进入了全球化的市场环境。世界范围内电信运营管理体制进行了改革，电信竞争迅速从国内推向了全球，世界电信业由此进入了全球化阶段，各大电信巨头迅速展开了跨国并购、重组的进程。随着加入 WTO，并许诺逐步开放电信市场，为提高自身综合竞争力，我国的电信运营商需要迅速建立全业务优势，开展全业务运作。

全业务运营商较单一业务运营商具有以下几点优势。

（1）更为广阔的市场拓展空间

一家电信运营商拥有的业务经营许可越多，它可以进入的市场空间就越广，企业所面对的市场规模也就越大，收入来源也就更加广泛。同时，社会信息化、网络化程度的不断提高，使得综合业务运营商在占据整个电信业务市场较大比重的集团用户市场上具有不可比拟的优势。

（2）更加经济的资源配置与共享

各类不同的电信业务在提供给消费者时具有不同的使用特点，但是在网络层和物理层，

各类业务却存在大量共用的基础设施，一家综合业务运营商就可以通过建设一个统一的综合业务网络平台来供各业务单元共享，从而大大提高基础设施的利用效率，降低各项业务成本。

（3）更加分散的运营风险

随着通信技术的更新进步和业务开发的日新月异，新的市场热点将不断出现，从而引导用户的消费需求发生变化。经营多种通信业务的综合业务运营商的运营风险较为分散，当某一类业务出现衰退，综合运营商则可以将其经营重心转移至其他业务，创造新的利润增长点，从而保证企业的长期稳定发展。

2.3 重组后的全国电信市场竞争格局

2.3.1 重组后三家运营商的市场份额

根据电信重组方案，原中国铁通并入中国移动、原中国联通 CDMA 网络部分剥离出来给中国电信、原联通剩余部分与原中国网通合并、原卫通的基础业务与电信合并。中国形成 3 个基础电信运营商：新移动、新电信、新联通，如图 2-2 所示。新的市场格局形成后，移动业务市场、固定业务市场、宽带业务市场将形成新的竞争格局。

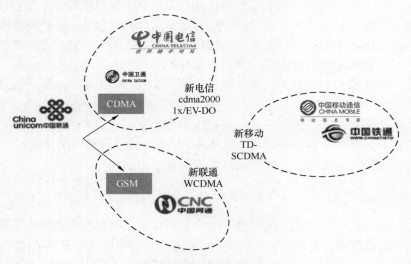

图 2-2 各大运营商重组示意图

表 2-3 和表 2-4 显示了重组后的市场格局。

表 2-3　　　电信市场重组后的用户市场格局表（数据截至 2007 年 11 月底）　　（单位：万）

	固定电话用户数	占比	移动电话用户数	占比
电信+原联通 CDMA 网络	22 703.5	61.5%	4 181.9	7.8%
原网通+原联通	12 190.8	33.0%	11 926.3	22.1%
移动+原铁通	2 036.5	5.5%	37 829.7	70.1%
总计	36 930.8	100.0%	53 937.9	100.0%

表 2-4　　　　　　　　重组后的互联网市场格局（数据截至 2007 年 11 月底）　　　　（单位：万）

	互联网拨号业务	占比	互联网专线业务	占比	互联网宽带业务	占比
电信+原联通 CDMA 网络	834.1	42.5%	0.44	6.5%	3 756.4	57.3%
原网通+原联通	816.2	41.6%	3.57	52.4%	2 329.2	35.5%
移动+原铁通	310.4	15.8%	2.80	41.1%	473.7	7.2%
总计	1 960.7	100.0%	6.81	100.0%	6 559.3	100.0%

2.3.2　重组后三家运营商的竞争力分析

经历重组之后，我国电信市场上新出现的三家运营商各有所长，当前还很难准确预见今后市场竞争的格局，但本次重组对各运营商的影响却是显而易见的，同时也为今后的竞争格局的走势定下了基调，新的运营商也将在此基础上制定各自的运营策略。

1. 新中国电信

固话业务的萎缩日趋加剧致使中国电信对移动牌照的渴望日渐强烈。在获得移动牌照之前，中国电信正探索着一条全新的转型之路，试图通过"综合信息服务"这一思路来挖掘新的利润增长点，但移动业务的缺失始终是其在运营过程中不可回避的一块短板。从这个角度来看，本轮重组充分满足了中国电信的这一诉求。尽管 CDMA 网络无论是在网络自身还是在产业链等方面均存在众多问题，尽管从原联通收购一张现有的网络存在众多实际操作上的困难，但一张移动牌照，加之 4 000 多万的现网用户，无论如何对中国电信已经是一个不错的选择。

CDMA 及 CDMA 1X 的市场价值是显而易见的。原中国联通对 CDMA 网络的几次扩容，已使 CDMA 网络有了承担 7 000 万以上用户的承载能力，是至今为止全球最大的 CDMA 网络。只是近几年受资金压力不足的困扰，原联通在 CDMA 网络上的投资出现不足，使得网络的质量出现下滑。CDMA 网络被中国电信接管后，凭借其相对充足的资本投入，CDMA 网络会在较短的时间内为中国电信带来大量新增收入，特别是在无线宽带和数据业务领域，将大幅提高中国电信的市场竞争实力。

从另外一个角度看，虽然得到了原中国联通的 CDMA 网络，但在移动语音市场上，新电信还不具备同已经具有 4 亿用户的新移动直接竞争的能力。新中国电信的优势在于其在传统固话领域的长期经营和宽带数据业务的领先优势，从这一点来看，中国电信的复兴之路，还是应该立足其固网优势，同时通过新获得的移动牌照进一步发挥其对高速互联网的深刻理解，继续走自己的综合信息服务提供商之路。收购 CDMA 网络以后，中国电信将同时提供固话业务、宽带业务及移动业务等一站式服务，可以通过捆绑销售的方式来扩大语音业务的市场份额，同时也在数据业务中占据向行业用户和集团用户渗透的先机。

从业务角度而言，"ADSL+Wi-Fi"、"入户宽带+Wi-Fi"、互联网增值业务、网络出租、基于大客户的数据传输和托管业务、IPTV 业务、固话与移动捆绑的信息业务、基于固网终端的增值业务、拓展后的商务领航、"号码百事通"、"我的 e 家"等数据业务都是中国电信可以在短时间内获得大量收入的增长点，且固网与移动的融合，使中国电信在移动互联网上彻底改变了被动局面。

此外，中国电信是国内最有技术底蕴的运营商之一，它运营时间长，经验较丰富，并在基础网络、技术和人才等多个方面具有优势。

2. 新中国移动

从重组的角度来看，本轮重组给中国移动带来的是一张固网牌照，中国移动将原中国铁通并入其中。

中国移动作为移动通信的专家，在移动通信上有明显的技术优势，然而基础资源相对电信还是较为薄弱的，建设 TD 网络还需要较长的时间，原铁通的固定网络资源主要集中在铁路沿线，缺乏全国性的骨干网。原铁通的加入并不能给移动带来显著的固网优势，对于固网这一块，移动仍需要较多的投入。

全业务运营后，移动开展 TD 业务势在必行。由于中国移动所处 TD 产业链与 CDMA 相比还不够成熟，需要给各厂商更多利润空间以扶持其发展，这意味着发展 TD 业务需要更多的资金投入。

新的中国电信和新的中国联通需要经历一个相对长的整合阶段，这个时期必然会削弱他们的竞争能力，特别是在移动通信业务上的竞争。而新的中国移动在获取固网经营牌照后，将如虎添翼，携移动巨头的发展惯性，继续维持其在移动通信市场上的优势。

但是，获权经营固网业务并不意味着中国移动需要重新铺设一张全国的固网，推进移动互联网的发展才是新移动的发展方向。从全球发展趋势看，2007 年移动数据业务收入超过 1 200 亿美元，收入占比超过 17%，移动通信和互联网结合起来创造的巨大力量正在显现。在 3G 运营商中，音乐、移动 TV、视频、移动游戏、即时通信、位置服务、移动广告等应用增长迅速，移动数据业务已经成为 3G 运营商业务收入的主要增长来源。中国移动借推进 TD-SCDMA 的机会成为中国第一个 3G 运营商，在其他运营商还在忙着整合资源的时候早已起步，在全业务竞争中占据先机。截至 2008 年 1 月，中国移动互联网活跃用户达到 5 040 万户，虽然占全部用户数比例还不足 10%，但增长速度却高达 26%。可以说，移动互联网就是中国移动的未来。

综合来看，业界人士认为中国移动面临的问题大多集中在"如何与原铁通更好地融合、进入全业务经营后如何进行定位以及如何快速推广 TD-SCDMA"等方面。

中国移动的总体定位是"移动信息专家"，这已经获得消费者很大的认可，旗下三大品牌全球通、神州行及动感地带的品牌区隔和定位都相对清晰；现在有了固网牌照，中国移动必然需要改变公司的总体定位及品牌定位，下一步必将面临如何定位、如何克服定位改变带来的风险等诸多问题。

中国移动还将面临与原铁通融合的困难。但重组给新移动带来的并不仅仅是负面影响，原铁通的并入为新移动带来了渴望已久的宽带固网和移动通信网融合的好机遇。

原铁通并入移动后，无论是市场份额还是管理水平都将得到大幅提升，原来两家公司的员工有不同的行事风格，国外一些案例表明，很多被并购公司的员工并不能很好地适应新公司，因此企业文化的真正融合需要多方努力。

3. 新中国联通

经过这次重组，新联通在相当程度上增强了自身的实力，将整个原网通的固定网络揽到怀中，新联通的全业务发展已经没有大的障碍。新中国联通也基本明确了以后 3G 的发展方向，WCDMA 作为最成熟的 3G 技术，在全球运营良好，为新联通 3G 提供了一个较好的网络基础和业务范本。轻装上阵的中国联通可以发展盈利能力较强的 GSM 网络和后续的 3G 业务，并且原中国网通一直把宽带作为企业发展三大战略之一，二者的结合昭示着颇为光明的未来。不过，与新移动和新电信相比，新联通在竞争层面也面临不少困难，公司客户群体主要为低端消费群体，客户 ARPU 值较移动和电信有明显差距。为解决自身竞争力不足的问题，新联通除了加大资源整合力度之外，还可以考虑同国际运营商的合作。在历史上，原中国联通和 SK 电信、原中国网通和西班牙电信都曾经有过深入的资本运作行动。在今后面对激烈的全业务竞争时，新联通可以考虑发挥这方面的特长，走出一条国际化的全业务之路。

2.4　全业务运营后的管制环境分析

全业务运营的目标是三大运营商同时运营移动、固定、宽带业务。全业务运营后，中国移动和中国电信将在移动和固定两个业务领域彼此互为主导运营企业和非主导运营企业。在固定电话市场，中国移动处于绝对弱势的地位，合并原铁通后，固话用户数仅有百万，远远不及新联通和新电信的用户规模；而在移动电话领域，截止到 2008 年 7 月，新联通和新电信的现有用户数仅仅分别占到新移动的三分之一和十分之一，完全无法与新移动站在同一起跑线上竞争。为了快速扶持弱势电信企业，建立均衡的竞争格局，对电信业进行监管，特别是对在移动业务占据主导市场的运营商实行非对称管制，是必然的政策选择。

2.4.1　电信监管的目的

《中华人民共和国电信条例》明确规定了我国电信监管的目的，即"规范电信市场秩序，维护电信用户和电信业务经营者的合法权益，保障电信网络和信息的安全，促进电信业的健康发展"。

2.4.2　现有电信监管的内容和手段

电信监管具体可以从市场秩序监管和企业行为监管这两方面着手。市场秩序监管包括市场准入监管（经营许可监管）、电信资费监管、电信资源监管（频谱资源监管、码号资源监管、卫星频道监管）等；企业行为监管主要涵盖了互联互通监管、服务质量监管、普遍服务监管和信息与网络安全监管等。

1. 市场秩序监管

（1）市场准入
市场准入是一种基础的市场调控方式。具体手段包括对新版业务分类，通过对注册资本金、建网义务、股权等的限制对进入市场的企业严格把关，在增值业务市场上对外资实行严格准入标准。

（2）资费政策
采取价格上限管制，改变月租费的收取方式，逐步降低月租费用，同时对漫游费用进行上限监管，最后逐步取消漫游费。

（3）资源管理

在码号资源管理上，以分配方式为主，辅助以部分码号资源的试点拍卖；在技术可行的前提下，推进携号转网。

2．企业行为监管

（1）互联互通监管

电信网方面，已经基本解决了互联互通的质量，并采取基于成本的结算方式。互联网方面，应采用基于网络价值的对等结算，通过 NAP 结算价格的下调逐步带动整体价格的下降。

（2）服务质量监管

从原来为保障通信质量的监管转向基于用户权益保障的监管。重点加强对增值业务服务质量的管理。

（3）普遍服务监管

做到进一步深入村通工程，做到自然村村村通。

（4）信息与安全监管

设定信息安全等级保护制度，逐步把信息安全等级保护落实到信息安全规划、建设、评估和运行维护等环节。

3．电信监管的手段

为达到电信监管的目的，可以通过以下 4 种手段对电信业务实施管控：法律手段、经济手段、行政手段和技术手段。

（1）法律手段：通过国家立法，授予监管机构权力，规范电信市场主体行为，以实现电信监管目标的一系列措施。

（2）经济手段：用于事前监管。为了防止发生资源配置低效和确保需要者对产品和服务的公平利用，政府机构通过被认可和许可的各种手段，对企业的进入和退出、价格、质量、企业的投资等行为进行事前控制，如价格上限监管等。

（3）行政手段：指国家行政机构采取强制性的命令、指示、规定等行政方式来调节经济活动。行政手段是短期的非常规手段，不可滥用，必须在尊重客观经济规律的基础上，从实际出发加以运用。

（4）技术手段：政府为达到监管目标所采用的技术手段，包括制定技术标准、对频率资源进行划分以及利用技术措施对被监管对象的行为进行监控。技术手段与电信行业的技术经济特点密切相关，如互联互通监测、号码可携带等都属于技术监管手段。

2.4.3　我国电信监管的现状

1．基础电信市场监管环境现状

现阶段我国电话用户规模仍处在不断扩大的过程中，其中移动电话用户和宽带用户数保持较高速度的增长，而传统基础电信业务市场趋于饱和，固定电话用户数持续减少。部分企业盈利水平下降，后续发展动力不足。

2007 年，中国移动净利润达到 870.62 亿元，几乎是中国电信、原中国网通和原中国联通三家净利润之和（450.97 亿元）的两倍。在用户数方面，2007 年中国移动新增 6 810.6 万用户，原中国联通仅增长 1 825 万，而原中国网通和中国电信用户数出现了负增长。相较于其他运营商，中国移动"一家独大"的优势相当突出，运营商之间的竞争过度和竞争不足并存。如不加以有效的监控和管制，电信市场竞争格局的失衡将继续加剧。

2. 增值电信市场监管环境

现阶段中国电信业增值业务市场的问题主要表现在安全防范与促进发展的平衡问题上。随着在网络融合的大环境催生的诸多电信增值业务的出现，大量的安全危机已经不知不觉地渗入了曾经在很多人观念中无坚不摧的电信业务运营之中。电信运营商的网络安全状况正日益严峻，来自网络的攻击持续增长，各种攻击模式层出不穷，电信网络和互联网络的安全机制普遍显得脆弱。而增值业务是电信业务增长重点，如何在发展增值业务的同时做好安全防范，是增值业务未来发展的重中之重。

2.4.4 国内全业务运营后的管制分析

电信重组完成后，中国电信市场竞争格局又为之一变，新出现的三家运营商使得中国电信市场进入全业务竞争时代。运营商的重组仅仅是此次电信改革的发端而已，新竞争格局的建立问题、创新技术的推进问题、新发展趋势的把握问题使得电信监管要面对更多的挑战。

1. 电信改革的目标

电信改革是一项长远而系统的工程，它可以被看作是一个循序渐进的过程，需要逐步分解目标，逐步完成。电信改革大体上可以分为 3 个阶段：近期、中期和远期。

（1）电信改革的近期目标：解决竞争失衡问题

重组之后，无论是在用户数和业务收入上，中国移动都还将在很长一段时间内保持对其他运营商的优势。如果没有后续相应的配套监管政策的出台，很难形成公平有效的市场竞争格局。

（2）电信改革的中期目标：显著提升电信行业自主创新能力

面对日益激烈的市场竞争，在运营商网络和技术日益趋同的情况下，自主创新越来越成为运营商角逐市场的制高点。自主创新能力作为第一竞争力，将以前所未有的力量左右着未来市场的竞争格局，是中国电信业发展的不竭动力，是实现企业战略转型目标的重要支撑。重视自主创新，才能扭转依靠低水平价格战的方式争夺客户的状况，才能从根本上提升企业在市场上的地位和竞争力，才能切实把握未来发展的主动权。

电信监管部门在电信改革过程中，需要加大扶植力度，建立起一个科学的自主创新体系，打造具有自主创新能力的、可持续发展的健康电信业。

（3）电信改革的最终目标：惠及全社会

实现国家信息化发展战略，建设信息强国。发展和实现信息化与工业化、信息化与社会进步、信息化与科技发展的融合。推进工业化的全面发展，解放和发展生产力；提高人民生活品质与素质，推进社会进步；提高自主创新能力，建设创新型国家，实现国家实施信息发展战略的最终目的。

2. 电信监管的发展趋势

电信改革的目标对电信改革提出了新的要求。在深化电信体制改革中，不仅要调整运营业竞争格局，还要完善电信监管体制，结合新型对外开放战略和区域平衡发展等因素来设计系统的电信体制改革方案。在未来的发展中，我国的电信监管将呈现4种趋势：放松监管、融合监管、不对称监管和方法逐步完善的监管。其中融合监管和不对称监管是两种重点监管方式。

（1）放松监管

从市场竞争的发展态势来看，某些监管领域将呈现渐进式放松的趋势，例如市场准入和价格监管。放松监管的实质是从重点监管电信运营商走向监管市场。

（2）融合监管

从产业发展的趋势来看，电信网、互联网和有线电视网的三网融合是全球通信业发展的共同趋势。融合使传统电信业和广播电视业的监管界限出现模糊甚至消失，要求监管机构的融合和（或）监管法规政策的融合来适应产业的融合发展。

（3）不对称监管

在融合趋势下，我国不对称监管主要包括电信和广电间的不对称以及电信业内部的不对称。前者的焦点问题是电信和广电的不对等互入，后者的核心是市场准入和企业行为。

（4）方法逐步完善的监管

我国电信监管方法将不断完善，例如，价格监管由原来的政府定价转变为价格上限的激励性管制方式。此外，由于某些领域的监管将长期存在，例如互联互通、普遍服务、网络和信息安全，随着市场环境的变化，监管措施和方法将相应调整，不断完善。

3. 电信监管的重点内容

（1）不对称监管

现代电信监管（无论是行业监管还是一般竞争性监管）的基本理念和趋势是注重事后监管，注重对竞争行为的干预。为促进市场重组后有效市场竞争的形成，需要监管部门对在业务市场上居于优势地位的主导运营商的某些行为进行重点管制，从而达到扶弱抑强，促进各市场主体之间的公平竞争。不对称监管主要包括以下8种措施。

① 站址和网络共享

现阶段我国各电信运营商基站资源互不共享，均为自建网络自用，导致大规模的重复建设和资源浪费。电信业所具有的网络规模经济的自然垄断属性决定了以竞争为导向的电信监管必须做到网络之间的资源共享。站址和网络资源共享主要包括以下4个部分。

第一，本地用户环路的网络元素非绑定，以及共址、共列。主要对在位的负有义务的市话运营商，要求其必须向提出接入请求的任何电信运营商在技术可行的条件下，以非捆绑方式，提供非歧视的网络元素接入，其价格和条件以及质量必须公正、合理。

第二，路权，主要指市话运营商向其他运营商开放电杆、管道和路由等。

第三，批发业务以及转售，主要指市话运营商公平接入其他运营商所转售的电信业务。

第四，运营商号码前选，市话运营商必须向所有提供长途电话业务的运营商提供平等拨号条件和运营商前选条件。

目前，中国移动已经基本上做到全国大部分的网络覆盖，并且拥有数量上占绝对优势的铁塔和杆路。站址和网络共享政策落实后，中国移动无疑将成为资源的最大贡献者和服务者，而中国电信和中国联通则成为最大的受益者和使用者。

站址和网络等电信资源的不对称共享将会给整个中国电信产业带来积极的影响。对于运营商来说，可以避免重复建设，降低投资成本和短期内进行网络建设的资金需求规模；对电信用户来说，运营商可以有更多的资本进行服务和产品创新，享受到更好的电信业务和福利；而对于电信产业自身来说，资源的不对称共享能够提升电信产业的整体行业利润率。然而在积极影响的背后，电信资源的不对称共享也同时给电信产业带来了一定的风险。

不对称共享给电信产业带来的风险主要表现如下。

第一，共享价格的定价复杂性和激励不足。不对称共享在共享价格上采取的是以成本为基础加上一定的利润，由企业自主协商，当协商不一致时由协调机构裁定的模式。这样的模式决定了在核算成本时，需要由运营企业、管制当局和第三方仲裁进行多边谈判最终确定合理的利润比例。而最终定制的价格将直接决定资源的提供方的共享共建供给激励，同时也决定了资源需求方选择共享共建需求激励。而当激励不足时，便会导致寻租行为的产生，从而违背不对称共享的初衷。

第二，运营商共同规避共享共建。由于不对称共享共建选择了谈判机制作为该政策的应用机制，这样便会带来运营企业之间共同规避共享共建或提高电信产品价格的风险。这就需要有公平公正的第三方对谈判进行仲裁。

第三，共享协调机构的独立性。在组织保障上，管制当局选择建立省级协调机构作为最终的仲裁机构。在具体的操作中，谈判各方的需求将是多样化的。相关专业的事情可以由相关专家组成委员会评判，最终无法调解时，管制机构再协调裁定。

仲裁机构应由管制当局和运营企业组成，同时必须具有公正透明的仲裁投票制度以避免运营企业在面临不公平裁决时发生的腐败现象。

② 资费管制

目前采取的资费管制方式是针对国内外长途业务、本地业务、区间业务、移动漫游业务做价格上限管制。在今后的发展中，将进一步放松资费监管政策，下调已有价格标准，采用价格上限监管的一系列解决方案，同时下调月租费水平，逐步取消漫游费用。在不对称管制中，对位于主导地位的运营商将采取价格上限管制，而对非主导运营商则不予管制。对非竞争业务主导运营商需要加以报批和备案。对于处于非主导地位的新电信和新联通，在合并初期建设和整合成本较大的情况下，下调月租水平和漫游费可能会给两家运营商带来更大的成本压力，不利于公平竞争，因此还需要通过其他非资费的管制手段进行调节。

③ 异网漫游

异网漫游是促进有效竞争的一个重要方式。中国移动在全国拥有数量庞大覆盖全面的移动通信网络，如果新电信和新联通的用户能够使用移动现有的网络，这将有利于提升用户体验，稳定用户群。

实现异网漫游主要方式有：通过政策确定异网漫游的期限、漫游的范围、网络的结算费用等。

异网漫游实现的关键在于结算。主要的结算方式包括成本加成法和零售折扣法。成本加成法基于成本，在网络元素的使用成本上增加一定的百分比，作为提供漫游服务运营商的收入；零售折扣法基于零售价，即使用漫游的运营商向提供漫游业务的运营商支付的费用低于提供漫游服务的运营商向其用户提供的业务价格。成本加成法对网络租赁者有利，可以较低廉的价格租用网络。相对于成本加成法，零售折扣法最终确定的价格可能较高，对网络出租者有利，从而促使租赁者自建网络。

④ 号码可携带

号码可携带是指用户可以使用原来的号码更换运营商。国外电信监管机构在实行号码可携带政策时，普遍在最初的一段时期实行了非对称管制，即主导运营商的用户可以转向非主导运营商，但是禁止非主导运营商的用户转向主导运营商。

在号码可携带政策初期，很可能采取非对称的单向号码可携带政策，即允许移动用户携号转入新电信和新联通，而后两者的用户不能够携号转入移动的网络。非对称管制的最终目标是保护消费者利益，然而目前众所周知移动的网络覆盖好、通话质量高，因此在实行单向号码可携带过程中，极有可能发生移动用户不愿转网或转网后网络使用体验较差导致退网重新申请移动号码的情况。单向号码携带禁止用户携号转入移动网络，损害了消费者自由选择的权益，是与不对称管制的目标相悖的。

⑤ 网间结算

网间结算主要是为促进互联互通，在扶持弱势运营商的同时优化平衡市场竞争格局。网间结算的重点在于移动批发市场价格。主要采取事前监管的方式，价格管制可以由政府定价，也可以采取上限管制的方式，监管的义务根据运营商的大小而有不同。

目前，我国电信业还没有实行对网间结算上的不对称管制政策。固网运营商和移动运营商之间实行的是以资费折扣为基础的非对等结算，但这是基于移动电话采取双向收费的情况。预计未来的网间结算将基于成本。

⑥ 捆绑管制

目前我国电信业对运营商的业务捆绑、账单捆绑、网络捆绑等不予监管。由于所有基础运营商都将全业务经营，因此捆绑监管意义十分有限，预计我国电信监管部门在未来相当长时间内不对运营商的捆绑行为进行监管。

⑦ 频谱与码号费用

我国已出台相关的管理办法，自 2005 年 1 月 1 日起电信码号资源有偿使用，但并没有实行非对称管制。预计未来码号资源将以分配为主，辅以部分码号资源试点拍卖，但拍卖不会成为主流管理方式。未来在频谱资源管理中将实行非对称，根据运营商各自市场实力的不同缴纳不同费用。

⑧ 市场份额

目前我国对运营商的市场份额不予监管。从行业监管的角度看，电信主管部门仍将对运营商的市场份额不予监管，因而，非对称份额监管措施将不会实施。从反垄断的角度看，运营商的市场份额将处在反垄断法监管范围内。我国《反垄断法》并不反对垄断企业本身，反对的是经济活动中的垄断行为，由于电信行业的技术经济特性，《反垄断法》具体实施中将依电信业的实际情况而定。

（2）融合监管

随着信息技术的快速发展和社会信息化需求的增加，通信网、互联网和广电网的融合以及下一代网络的产业融合已经成为产业发展主流趋势。2007 年底发布的《互联网视听节目服务管理规定》（下文简称"56号令"）与2008年1月发布的《关于鼓励数字电视产业发展若干政策的通知》（下文简称"国办一号文"）显示了国家在打破融合障碍方面的努力。

"国办一号文"指出，要加快推广和普及数字电视广播，推进三网融合，形成较为完整的数字电视产业链，实现有线电视网络由模拟向数字化的整体转换，实现电视工业由模拟向数字化的战略转变，旨在推进有线电视的数字化。而广电在数字化改造中遇到了重重困难，如资金问题和盈利模式的缺乏。目前广电网络有线电视数据化进程缓慢，截至2007年，有线数字电视用户仅1 600多万，与"十五计划"的3 000万目标相距甚远。

为了拓宽广电企业盈利空间，解决广电进行数字化和双向改造的资金瓶颈，"国办一号文"指出，允许广电企业做电信增值领域的"服务提供商"，同时允许电信在广电接入网做"网络提供商"。

此外，"56号令"第十五条指出，鼓励国有战略投资者投资互联网视听节目服务企业，鼓励互联网视听节目服务单位为移动多媒体、多媒体网站生产积极健康的视听节目。同时明确了互联网（包括移动互联网）视听节目服务的监管部门和从事互联网视听节目服务企业的资质范围，进一步规范了互联网视听节目市场。

三网融合不仅为广电网络发展创造了契机，也为电信企业发展带来了推动力、竞争和挑战。总体来看，三网融合具有以下几个特征。

① 竞合性

三网融合几乎给所有相关业务的经营主体和业务带来了竞争。有线数字电视既面临快速发展的IPTV的竞争，又面临手机电视、直播卫星数字电视（卫星电视）以及地面无线数字电视的竞争。而这些不同类型的电视都具有其各自的特点和局限性，因此从长远发展看，互联网和手机电视的发展都不能够导致电视的消亡。相反地，各种媒体方式将相互补充、共同发展，争取市场份额，从而表现出一种既竞争又合作的发展方向。

② 市场性

市场是企业发展的动力。在制度放开打消三网融合的政策壁垒后，广电企业和电信运营商要考虑的就是寻找新的盈利模式创造商机。目前广电与电信的业务合作还仅仅限于市场利益驱动下的局部联合，远称不上产业融合。因此，成功的商业模式和盈利模式是决定IPTV、手机电视，甚至包括数字电视在内的融合性业务成功与否的关键。作为融合性业务产业链的领导者，运营商需要基于不同业务特点（例如，数字电视的双向互动和增值业务创新），创造一种合理的盈利模式，让包括内容开发商等增值运营商在内的产业链各环节都有利可图，才能共同做大做强融合性业务，共同推进三网融合，共同夯实工业化和信息化融合的产业基础。

③ 制度性

政策壁垒是IPTV、手机电视、数字电视等融合性业务发展的制约因素，需要打破部门主义，进行制度创新。而"56号令"和"国办一号文"已经为三网融合带来了一线曙光，明确了国有资本可参与接入网建设。这给电信企业提供了一定的分享数字电视产业发展的机会，但只是放开了接入网而没有放开干线网，这仍然保证了有线电视网络运营商的垄断地位。另外，还明确了增值业务服务费和数字电视付费节目收视费可以一定程度上自主定价，这为提升数字电视ARPU值提供了政策支撑。

现有的三网融合相关体制和政策仍存在不完善和相互矛盾之处，部分政策缺乏可操作性。其中"国办一号文"政策主要是鼓励广电企业提供增值电信业务，支持电信参与有线接入网改造，但并没有明确提出允许电信企业提供 IPTV 的意向。而为了促进融合市场全面健康的发展，应该加大"国办一号文"的实施力度。一方面，扩大电信企业 IPTV、手机电视等牌照申请的范围；另一方面，继续扩大已有试验网络的规模，鼓励和支持广电进入增值业务市场。

广电总局、原信息产业部的"56 号令"，是要加强与三网融合相关业务市场的监管。严禁政府，尤其是地方政府部门干预企业的具体运营，鼓励而不是限制电信、广电行业的不同业务企业探索合作、合资、并购、联盟等发展模式。电信企业和广电部门可以在合理分工的基础上，充分利用各环节竞争优势和比较优势协同发展，实现合作共赢。可以预计，未来互联网市场将会更加规范，其所能够提供的视频内容也将更加丰富，同时各电信运营商也有机会投资互联网视听节目服务企业。

此次电信业的重组，在理顺现有竞争关系的同时必将进一步推动整个电信行业的开放式发展，加快国内电信运营企业的战略转型进程，推进电信业由传统的封闭式运营逐步向开放式运营过渡，由传统的以运营商为中心的思维向以客户为中心的思维转变，进而促进互联网业务与广电业务的快速发展，为三网融合创造更好的外部条件，推动电信网、互联网和广电网的实质性融合。

2.5　小　　结

全业务运营不仅给电信市场发展带来了新的挑战，也给电信市场监管带来了新的变革。面对中国电信市场固话业务量持续下降、原中国移动"一家独大"的局面以及原有的电信市场监管手段已经不能够适应市场的发展，对市场的管控力度也显得越来越薄弱。同时增值业务的发展也对市场监管提出了全新的要求。全业务运营后，不仅仅电信业务种类将有巨大的突破，参与这个市场的运营实体也将变得更加多元化和复杂化，这也为电信市场的监管带来了新挑战。电信市场监管任重而道远，当前局势下，电信监管应以解决市场竞争失衡为主，在公平的市场竞争格局上，再考虑提升电信行业的自主创新和发展，从而达到建设国家信息化的目标。为达到这样的目标，电信监管部门可以采用放松监管、融合监管、不对称监管相结合的监管方式，不断完善监管方式方法，从而建立起一套科学的、行之有效的电信监管体系。

第 3 章 国外运营商全业务运营案例研究

3.1 AT&T

3.1.1 AT&T 企业简介

美国电话电报公司（AT&T）创建于 1877 年，是美国最大的本地和长途电话公司，曾长期垄断美国长途和本地电话市场。

AT&T 在《巴伦周刊》公布的 2006 年度全球 100 家大公司受尊重度排行榜中，名列第 92 名，而在全球 500 强中，AT&T 2008 年排名为第 29 名，较 2007 年的第 86 名上升了 57 名。以下是 AT&T 的历史情况。

1877 年：电话发明人贝尔创建了 AT&T 的前身——美国贝尔电话公司。

1895 年：贝尔公司将其正在开发的美国全国范围的长途业务项目分割，建立了一家独立的公司称为美国电话电报公司（AT&T）。

1899 年：AT&T 整合了美国贝尔的业务和资产，成为贝尔系统的母公司。

1984 年：美国司法部依据《反托拉斯法》拆分 AT&T，分拆出一个继承了母公司名称的新 AT&T 公司（专营长途电话业务）和 7 个本地电话公司（即"贝尔七兄弟"），美国电信业从此进入了竞争时代。

1995 年：从公司中分离出了从事设备开发制造的朗讯科技和 NCR，只保留了通信服务业务。

1999 年：AT&T 耗资 1 100 亿美元相继买进全美最大的有线电视公司 TCI 和第五大有线电视公司 Media One Group，成为集长途电话、本地电话、移动电话、高速互联网接入、有线电视、声像娱乐于一体的"一站购齐"式超级信息服务企业，以满足用户的多样性、多层次需求，实现"全球无缝的端到端服务"。

2000 年：AT&T 又先后出售了无线通信、有线电视和宽带通信部门。

2001 年：AT&T 收购了美国破产公司 NorthPoint Communications 的大部分资产，价值约为 1.35 亿美元。

2005 年：原"小贝尔"之一的西南贝尔（SBC）对 AT&T 兼并，合并后的企业继承了 AT&T 的名称。

新 AT&T 是由原美国最大的本地电话运营商西南贝尔收购原 AT&T 后成立的，其主要收入来源是为企业和个人用户提供传统的本地和长途语音业务。通过两次大收购，西南贝尔和南方贝尔的本地固话与宽带业务，以及 Cingular 的移动通信业务，都被归于 AT&T 旗下。

3.1.2 AT&T 的战略目标

AT&T 的企业目标是成为世界上最好的通信公司，让客户可以享受到全世界最好的通信服务。新 AT&T 的远景目标是让美国乃至全球、现在和将来的用户都把它看作世界上最好的通信与娱乐的运营商。新 AT&T 和其他运营商有一个基本面上的不同，就是它把娱乐置于和通信业务同等重要的地位。

3.1.3 AT&T 的全业务发展策略

1. 把做好无线业务放在首位

无线业务是新 AT&T 最核心的业务，也是最核心的竞争能力。在业务发展策略上，新 AT&T 把移动业务和融合业务作为重中之重。目前无线业务的收入占 AT&T 总收入的 1/3，这个比例将来会继续增加。这方面的业务有很多，发展的方向也是面向宽带的，但具体是现在发展中的 3G、WiMAX 或者到 4G 乃至其他的技术还不能确定。把无线的业务结构、服务做好，尽力增加营业收入，拓宽比如像来自广告或者其他新的服务的营业收入，是新 AT&T 首先需要做的事。

通过收购南方贝尔，新 AT&T 取得了移动运营商 Cingular 的完全控股权。随后，AT&T 将集团的移动业务统一到"AT&T"的品牌下，此举对降低成本、发挥集团合力、提升整体业绩起到了关键作用。

在品牌统一后，新 AT&T 将移动业务的重点确定为：手机搜索、手机广告和手机音乐等新兴业务。

2007 年上半年，AT&T 开始了基于移动电话平台的广告业务，首先提供 411 呼叫检索服务，可以使用户通过短信查询附近的洗衣店或餐馆等。对于愿意观看广告的用户，还可以向其发送各种形式的广告。另外，AT&T 还将广告集成至检索服务中。

在此基础上，AT&T 加速向移动娱乐产品市场的拓展，目前已推出了音乐服务。

2. 推进宽带业务发展

AT&T 计划到 2008 年光纤接入覆盖的家庭为 1 800 万，覆盖服务区的一半。

AT&T 投资了几十亿美元做光纤入小区，然后利用已有的电话线宽带入户。

AT&T 推动宽带市场的发展，通过这些可以增加许多新的服务尤其是视频方面的服务，从而提高企业收入。

3. 对多种业务进行合理整合

AT&T 第三个业务发展的重点是要整合所有的服务，使得消费者用起来比现在更为方便。

（1）发挥固网和移动网的协同效应

AT&T 充分发挥固网和移动网络的协同效应，推出了用户在公司网络内无限制通话的业务。

通过收购南方贝尔，AT&T 获得了移动运营商 Cingular 百分之百的股份。将 Cingular 的移动电话网与自身的固定电话网整合，不仅节省了成本，而且为双网捆绑提供了便利。具体内容是：用户每月支付一定费用就能在家庭或企业之间无限制地使用当地和长途话音通话，或者是无限制手机通话。免除语音费用后，AT&T 将依靠宽带数据接入业务、增值业务和多媒体业务以及一体化解决方案等新模式盈利。

2007 年 1 月，AT&T 推出了名为"Unity"的新业务。用户每月支付 110 美元的订金后，即可在 AT&T 的固定和移动网络之间进行无时间限制的通话。

（2）为用户提供多样化的融合业务

AT&T 提出了"三屏（电视、计算机、手机）合一"多业务融合的发展理念。

以 IPTV 为主打的 U-verse 业务成为 AT&T 力推的重点之一，它与固定和移动业务捆绑销售，在一定程度上防止了传统业务的下滑。

AT&T 基于 U-verse 平台，整合了话音、电视、讯息和高速互联网等业务，其最具整合网络特色的示范服务之一是家庭远程监控服务。利用"手机+电视+PC"，用户可以随时监控度假屋、宠物的状态，而且可以实现家居控制，如深夜开门时自动亮灯，以及孩子放学进家门时，父母即刻接到通知。

在 U-verse TV 业务方面，高清频道数量已经超过了 Comcast 等有线电视运营商。此外，通过一个名叫 U-Bar 的信息服务，AT&T 用户还可以在电视机上查看新闻、天气、交通状况和体育赛事等。

同时，AT&T 还推出另外一项类似的融合业务"Homezone"，该服务把高速互联网服务与卫星电视服务整合到一个电视机顶盒中，可提供数字录像、电影点播、图片、音乐以及基于网络的远程接入等服务。对那些居住地没有部署光纤的用户来说，Homezone 服务是对 AT&T 基于网络的电视服务 U-verse 的一种补充。

3.1.4　AT&T 的网络发展策略

1．建设全 IP 网络，进行网络转型

在网络转型上，新 AT&T 把建设一个全 IP 网络作为自己的主要策略。在被 SBC 并购之前，老 AT&T 已经开始了向全 IP 的转型，不仅在美国本土市场不断扩大 IP 网络的服务范围，更把 IP 网络作为未来面对跨国企业客户的主要服务方式。

新 AT&T 成立后，继续加大投资 IP 网络的力度。2006 年，AT&T 用于全球网络扩展的资金达到 80 亿美元，将网络系统连接到世界 97% 的经济实体。2007 年 3 月，AT&T 宣布再投入超过 7.5 亿美元，用于加快 IP 服务和解决方案的交付速度，主要投资目标是亚太、中东和拉美地区飞速增长的经济体以及更成熟的欧洲和加拿大市场。

到 2007 年底，AT&T 已能够通过分布在 155 个国家和地区的 2 000 多个节点提供多协议标记交换（MPLS，Multi-Protocol Label Switching）接入，在 51 个国家和地区提供卫星接入和长途分机接入，在 34 个国家和地区提供数字用户线路（DSL，Digital Subscriber Line）网络接入，在 31 个国家和地区提供以太网接入。

不仅如此，AT&T 还计划通过多种途径帮助客户实现远程访问，通过 Wi-Fi 接入虚拟专用网（VPN，Virtual Private Network）是其为企业用户提供的补充接入手段。2007 年，通过与合作伙伴的漫游协议，AT&T 拥有超过 80 个国家和地区的 5.5 万个无线热点，提供 Wi-Fi 接入服务。

2．AT&T 面向全业务的目标网络架构

AT&T 认为，市场竞争与 IP 技术两股强大力量相辅相成，正改变着众多电信企业的传统经营方式。特别是 IP 技术，已经成为一股不可逆转的潮流，全球化的经济环境使客户对 IP 网络和集成服务的需求持续强劲，这将成为整个行业的发展趋势。

在此背景下，AT&T 将打造 IP 网络这一策略提升到前所未有的高度。合并后的新 AT&T 将全球战略确定为：成为"选择提供者"，即为各国政府和大型跨国公司提供覆盖全球的 IP 网络解决方案。提供业内一流的 IP 网络和基于此网络的客户解决方案，满足客户需求，借此在拓展新的利润空间的同时，推动公司的转型提升成为 AT&T 实现这一战略目标的重要措施之一。

AT&T 很早就进行寻求网络转型的改革。AT&T 原来有 11 张基础网络，从二层的 HSPS、AGN、SNA 到三层的 CBB、OpenNet、Concert IP 等，经过努力，这 11 张网络被整合成了 1 张网，建设优化一张基于 IP/MPLS 的网络，全网启动 MPLS，网络核心专注于传送，也就是 P（Provider），而将智能和业务的控制和管理主要集中在网络的边缘，也就是提供商边缘（PE，Provider Edge），接入层可以根据不同的业务和需求接入从客户边缘（CE，Customer Edge）接入 PE，从而构架一个可运营、可管理、可控制的 IP/MPLS 公共承载网络，从而真正实现了简化网络架构、优化边缘设备以及一网多业务。

AT&T 的这一做法符合目前普遍的网络演进和优化趋势，通过一张基于 IP/MPLS 的公共承载网络来提供多业务，不但符合运营商开源节流的业务策略，而且也是技术发展的必然。

3.2 沃 达 丰

3.2.1 沃达丰企业简介

沃达丰（Vodafone）是全球最大的移动通信运营商，其网络直接覆盖 26 个国家，并在另外 31 个国家与其合作伙伴一起提供网络服务。

截至 2008 年 3 月底（本节的数据均截止到该时间点），沃达丰在全球范围内总共拥有 2.6 亿移动用户，其中西欧地区移动用户数为 11.88 亿，平均用户渗透率超过 100%；而在东欧、非洲及亚太地区移动用户总数也达到了 14.17 亿，平均用户渗透率达 36%。

2008 财年（截至 2009 年 3 月底）沃达丰净利润为 30.8 亿英镑（约合 47.3 亿美元）。受全球经济疲软影响，沃达丰将土耳其、西班牙和加纳业务的资产减记 59 亿英镑（90.5 亿美元）。沃达丰的资产减记主要反映在受经济衰退影响严重的西班牙业务上，该集团同时还对土耳其业务进行了进一步的资产减记，并减记了最近收购的加纳资产的价值。

2008 财年，沃达丰自由现金流为 57 亿英镑，增长 2.5%。沃达丰预计，即使欧洲收入继续下滑，市场形势继续疲软，该集团在 2009 财年的自由现金流也将维持在 60～65 亿英镑。

沃达丰减记后 2008 年全年净利润为 30.8 亿英镑，收入增长 13%达到 410.2 亿英镑。2008 财年，沃达丰在欧洲和中欧市场的语音和信息收入出现下滑，同时，由于商业和休闲旅游活动下滑，沃达丰的漫游费收入也有所下降。尽管欧洲收入下滑，但是沃达丰在非洲和印度的业务仍然强劲，这两个地区的经济仍在增长且电信的渗透率在不断增加，给沃达丰带来了良好的发展机遇。

以下是沃达丰公司的发展历史。

1984 年：沃达丰公司创立，成立当时使用名称 Racal Telecom Limited（瑞卡尔电讯有限公司），是英国 Racal Electronics Plc.（瑞卡尔电子有限责任公司）的子公司。

1988 年：沃达丰公司 20%的资本在伦敦股票市场上市。

1991 年：沃达丰脱离其母公司瑞卡尔电子，成为一家独立公司，并正式改名为沃达丰 Group Plc.（沃达丰集团股份有限公司）。

2000 年：收购德国移动运营商 Mannesmann Mobilfunk GmBH&CoKG。

2001 年：收购爱尔兰移动电信公司，与中国移动签订《战略联盟协议》。

2005 年：收购 MobiFon S.A.（罗马尼亚）和 Oskar Mobile a.c.（捷克）。同年年底，以 45.5 亿美元的最高出价购得土耳其第二大移动公司 Telsim。

2006 年：出售 Swisscom 25% 股份，出售 Belgium's Proximus 25%股份，收购 Telsim Mobile Telekomunikasyon Hizmetleri（土耳其），出售沃达丰 KK 给 SoftBank。

2007 年：从 Tele2 AB Group 收购 Tele2 Italia SpA 和 Tele2 Telecommunication Services SLU，收购 Hutchison Essar （Indian），与 Microsoft、Yahoo!、YouTube、Google、eBay、MySpace 广泛地进行数据业务上的合作。

3.2.2 沃达丰的战略目标

沃达丰拥有完备的企业信息管理系统和客户服务系统，在发展客户、提供服务、创造价值上拥有较强的优势，其全球策略涵盖语音、数据、互联网接入服务，并且提供客户满意的服务。

2006 年以前，沃达丰坚守国际化和移动专营两大原则，通过不断地收购来扩大公司的规模，专注经营移动业务。

2006 年 5 月 30 日，沃达丰对外宣布了五大战略目标，希望借此进一步改变移动通信行业的现状并加强自身的竞争优势。这五大新战略目标如下。

（1）在欧洲，降低成本，刺激收入增长

欧洲市场是沃达丰的根基所在，该市场的移动通信服务已经相当成熟。继续保持飞速增长已经不太现实，沃达丰的对策是继续推行"一个沃达丰"计划，通过规模化的手段来降低成本。其中包括：

① 将 IT 应用开发及维护功能外包给专业 IT 公司，使这部分的成本从目前的每年 5.6 亿英镑在 3～5 年内降低 25%～30%；

② 实行网络供应链管理的集中化，使这部分的成本从目前的每年 33 亿英镑在两年内降低 8%；

③ 整合各地区的数据中心，使这部分的成本从目前的每年 3.2 亿英镑在 3～5 年内降低 25%～30%；

④ 通过裁员、精简流程等措施，使整个集团的人力成本进一步降低。沃达丰通过裁减 6 000 个职位，把大量后台办公系统外包给诸如 IBM、惠普等 IT 厂商，以此来进一步有效地降低运作成本。

在收入增长方面，沃达丰希望能鼓励现有的欧洲用户增加语音和数据服务的使用量。为此，公司推出了一系列新服务和套餐，其中包括"沃达丰护照"漫游计划、"家庭计划"等，吸引众多预付费用户转变成签约用户，来推动收入的增长。

（2）在新兴市场获得强劲的增长

在未来几年中，新兴市场的运营在沃达丰的战略中将扮演着越来越重要的角色。这是因为目前在大多数发展中国家，移动通信服务的普及率仍然很低，还有巨大的发展潜力。

近几年来，沃达丰通过多起收购交易，获得了在中欧、亚洲等更多新兴市场的移动运营资产。为此，集团成立了专门的新部门来管理这些资产，力求获得可观的增长。

此外，沃达丰还成立了固网业务部，考虑推出宽带互联网和 VoIP 业务。2006 年 5 月，沃达丰打破了一直坚守的"唯移动"策略，宣布进军固网市场，以对该公司现有的移动业务形成补充。2007 年 1 月，沃达丰正式向英国用户推出了 DSL 宽带服务。

（3）根据用户的全面通信需求创新并提供产品、服务

随着移动、宽带和互联网服务的融合，消费者对通信服务的需求也发生了很大的变化。为此，沃达丰专门成立了新的部门来应对这一趋势。向融合服务领域的转变将开发 IPTV、固定宽带及 IT 服务等新的收入来源，而沃达丰此前的"唯移动"战略阻碍了向这些领域的开拓。

沃达丰"新业务部"将重点开发"移动+"增值服务，从 3 个方面来开拓新的收入来源：

① 通过 DSL 等服务的促销，促使用户在家中或办公室里更多地使用沃达丰的服务；

② 通过在应用层面上集成移动、PC 和互联网的功能，提供无缝的互操作服务；

③ 开发基于广告的服务及业务模式，让消费者乐于接受。沃达丰认为自己以移动通信为中心的特点将成为最大竞争优势，能充分满足用户对移动性和个性化的需求。

随着网络进一步向 HSDPA 升级，"移动+"服务将具备更大的容量和更高的速率。

值得注意的是，沃达丰一直是全球最为成功的专业移动通信运营商，为了成为全球收入最高的移动通信服务供应商，集团已花费数千亿美元进行收购，不断扩大其无线王国。现在，该集团正向一个新的领域拓展，即传统的固定电话领域。为了增加销售收入，沃达丰将联合其他运营商推出固话宽带产品，从而与固话运营商争抢市场。这意味着该集团在战略上将实现一个"U"形转弯，结束以移动通信为专业的历史。

（4）有效管理服务系列，以增大回报

沃达丰集团将努力优化资产，包括剥离那些不能获得好的回报的资产以及向有利可图的领域投资，以增加股东收益。

沃达丰表示，未来将减少并购活动，以严格的标准筛选收购对象，其感兴趣的目标有：能使集团在某一地区的业务得到巩固的资产和易于控制的资产。此外，今后的收购交易还要满足相当高的投资回报率要求。

（5）调整资金结构及股东利润政策

虽然沃达丰的部分业务已经进入稳步发展的成熟阶段，但有一些业务还在高速增长。因此，集团将对不同业务采取区别对待的战略，并为此设定不同的财务目标。

这五点策略，简而言之也就是推动业务，降低成本，勇于创新。

受服务融合趋势的冲击，沃达丰在 2006 年初进行了组织架构的调整，整个集团被分为 3 个部门：一个专门开展欧洲业务，一个负责新兴市场及其他附属公司，一个面向新业务及创新。这 3 个部门在 2006 年 5 月起正式运行。

沃达丰给新的三大部门进行了清晰的定位：欧洲部门将专注于成熟市场的业务运营，通过当地以及地区性的规模效应发展运营业绩并降低成本；对于中欧、亚太等新兴市场，沃达丰希望能获得更多、更强劲的利润增长；而新业务及创新部门则希望通过介入融合业务和 IP

服务抓住新的收入源头，以此稳固沃达丰的地位。

沃达丰 2006 年初开始的对于集团机构的调整，正是对其所提出的五大战略目标的具体实施和补充。3 个部门的规划清晰地显现了沃达丰的战略转变，独立的欧洲部门也正说明了其对于欧洲市场的重视，沃达丰期望通过管理效率的提升和成本的降低来保证欧洲这个成熟市场的发展。而将其余的市场都归为新兴市场，精简管理成本，也是五大战略目标中的对于新市场的要求。而设立新业务部门，表明了沃达丰对于新业务的转变的重视，希望借助融合之后的新业务来作为企业的新的增长点，这次集团结构的调整进一步表明了沃达丰的五大战略目标。

3.2.3　沃达丰的全业务发展策略

1. 沃达丰发展全业务的背景

2006 年 5 月底，受德国和意大利资产账面价值贬值影响，沃达丰该财政年度的亏损额创下欧洲企业最高纪录，税前亏损为 148.5 亿英镑（合 280 亿美元）。

事实上，沃达丰所遇到的困境，不仅仅是其一家移动通信运营商所要面对的难题。在当前信息通信产业的全球化程度越来越高、产业日趋融合的情况下，包括消费习惯、新兴技术和管制法规在内的许多因素都发生了巨大的改变，因此，这一难题具有普遍性。沃达丰集团将如何顺应这些变革，增强自身的竞争实力，重新描绘移动通信产业的蓝图，实际上对整个行业都有所启发。

从新的战略目标的设定可以看出，沃达丰改变了原来一直牢牢把持的战略原则，即国际化和移动专营，变得更加关注那些能够真正引导增长的市场目标上。在地理区域方面，沃达丰表现出对高成长地区电信市场的信心；在业务范围方面，沃达丰开始进军组合型、融合型业务市场。沃达丰战略重心的转变表现在具体的行动上，包括了全球化扩张领域和业务策略的调整，而这些变化又都完整地映射在公司的新组织结构中。

发达地区的用户数仍然保持一定的增长速度，尤其是数据业务用户数取得了非常显著的增长，但是 ARPU 值普遍下降抵消了用户数增长带来的收入增长，其主要原因有以下 3 个方面。

（1）发达国家的移动普及率已经趋于饱和，以扩大市场规模，增加新用户来维持增长的方法受到极大的阻力。

（2）这些地区市场也同时吸引了其他有实力的竞争对手，在激烈的资费竞争和新用户争夺上，沃达丰都受到严重的挑战。

（3）监管机构持续降低接续费率也为市场发展蒙上阴影。

例如，在英国，移动普及率已经超过 100%，虽然用户数和话务量都在增长，但是由于竞争对手的资费竞争，ARPU 值继续下降。2006 财政年度，除用户数比上年增长了 6.4%以外，收入、利润和 ARPU 值都在下降，出现增量不增收的局面。

在德国，市场普及率也已经非常高了，而随着新进入者的增加，德国市场的资费竞争变得非常激烈，接续费率却在进一步降低。

在意大利，移动普及率也超过 100%，由于竞争对手在补贴和资费上采取了进攻型竞争导致这个地区市场非常激烈。

相比较而言，沃达丰在埃及、罗马尼亚、匈牙利、阿尔巴尼亚等发展中地区市场都取得了持续快速的增长。

2. 沃达丰发展全业务的策略

在全业务策略方面，沃达丰以移动业务为中心，推动"超越移动"的战略，为客户提供他们所需要的总体需求，图 3-1 清楚地显示了沃达丰的这一全业务策略。

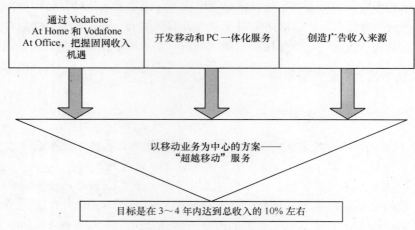

图 3-1　沃达丰全业务策略图

（1）宽带固网业务的融合

沃达丰选择的融合型业务并不是通常的固定和移动的融合（FMC），而是移动和互联网的融合。在对固定业务的态度上，则采取了替代性策略，即移动对固定的替代（FMS）。目前，沃达丰的业务策略是围绕 FMS，通过三步走的策略计划，最终实现移动业务与互联网业务的融合。

在 FMC 已经成为多数运营商的主要策略、成为产业的发展趋势之一的时候，沃达丰却提出了新的融合型业务概念，原因在于：以固网为主的传统电信运营商与新兴的移动专营的运营商面临不同的市场压力。前者是在传统电话在移动业务的冲击下，寻求既能向发展领域渗透又能充分利用原有资源的应变之法；而沃达丰等移动专营运营商没有固话基础，FMC 的融合理念显然并不适合公司的实际情况。因此，沃达丰以 IP 技术为基础，向互联网领域寻求融合和渗透，从而为用户提供更全面的综合性应用，并且达到促进收入增长的目的显然是非常理性的。

基于以上情况，沃达丰制定了全业务融合策略的步骤。

第一步：单纯的移动替代固定策略

例如，目前在德国推行的沃达丰 Zuhause 业务，在意大利推行的沃达丰 Case 业务，以及在西班牙推行的 Oficina 沃达丰业务都是让用户在家里或者办公室能够更多地使用移动电话而不是固定电话。

第二步：推出与宽带 DSL 绑定的 FMS，包括直接捆绑等

作为一个移动运营商，沃达丰通过开展固定带宽业务，实现固定、移动业务捆绑销售，从而提高用户忠诚度。在一定意义上讲，无线的带宽是有限的，而有线的带宽是无限的。因此通过有线固定业务的发展，使得业务的增长点和灵活性大大提高，可选择的业务发展模式将更多。

沃达丰于 2006 年 6 月宣布,从第三季度开始,在德国转售其子公司 Arcor 的 DSL 业务,并与名为"Homezone"的固定移动替代业务捆绑,以应对传统运营商的固定移动融合。

2006 年 9 月,沃达丰宣布正在和英国电信商谈 DSL 批发合同,并在 2006 年年底在英国推出了面向普通消费者的固定宽带业务。沃达丰的发言人称,和英国电信的合同对于沃达丰公司在英国的发展具有战略意义,是沃达丰向综合通信解决方案提供商目标迈进的关键一步。

2006 年 9 月,继宣布在德国和英国转售 DSL 业务之后,沃达丰又宣布和意大利的宽带业务提供商 Fastweb 合作,向自己在意大利的移动电话用户提供固定宽带接入业务。用户可以订购沃达丰 CasaFastweb 业务,获得最高 20Mbit/s 的宽带接入业务,该业务将覆盖意大利一半以上人口。

第三步:提供全业务解决方案,包括 Wi-Fi、VoIP 业务等

沃达丰的技术规划就是通过 IP 实现 DSL 和移动技术的融合,从而将移动业务和互联网业务融合起来,在手机上实现所有互联网功能,在 PC 上实现所有手机功能,并且让两者达到无缝连接。

(2)开发移动和 PC 一体化服务

把基于 IP 通信的移动性和 PC 整合在一起是沃达丰的又一重要思路。将现有的 PC 上的服务,通过互联网移到手机上,形成移动服务,从而将移动服务与互联网上的优势相结合。

(3)创造广告收入

移动手机广告是移动收入的主要来源之一。沃达丰通过一些创新想法,包括客户拉动、移动电视插图等的做法来提高其广告收入。

除此以外,数据类业务也是沃达丰发展的重点,因为相比规划完整且长远的业务融合策略,各种数据应用与服务早已经为沃达丰带来更切实的经济效益。2006 财政年度,沃达丰数据业务取得了强劲的增长,非语音类业务占业务收入的比重已经达到 17%。其中非消息类的数据业务收入达到 8.32 亿英镑,比上年同期增长了 61%。

这些数据类业务也是沃达丰挖掘欧洲市场增长潜力的重要工具,因为虽然市场增长乏力,但是来自欧洲地区的收入和利润占到公司总额的 80%,增值数据业务在这里倍受青睐。总体来看,沃达丰的数据类业务用户增长得非常快,到 2006 年 3 月底,沃达丰主推的主要数据类服务包括沃达丰 live、3G 网、沃达丰移动连接数据卡业务,其用户数分别达到 2 710 万、770 万和 70 万的规模。另外,沃达丰还新推出了"Blackberry","Push Email"等数据类业务,大大扩展了原有的业务运营市场。

3.2.4 沃达丰的网络发展策略

分析沃达丰的网络发展策略主要可以从 3 个方面进行:接入网、传送网以及核心网,如图 3-2 所示。

接入网方面,沃达丰以网络容量、网络覆盖以及单位成本为主要考虑因素。它的一个主要特色是利用创新的产品降低成本,同时又能够提升室内用户体验。其提出的所谓 Femtocell 的解决方案,增强室内覆盖的同时也能够降低用户的接入成本。

传送网方面,沃达丰主要考虑的因素是网络的容量以及单位比特的传送成本。基于以上原则,沃达丰致力于建设能够同时适配移动业务和固定业务的传送网,为了达到这一目标,它积极引入了电信级以太网以及 MPLS 技术。

核心网方面，沃达丰考虑的关键因素则是其业务提供的能力。为此，沃达丰正在将过去处于分离架构的核心网整合成一张融合的核心网，并且在此过程中积极探索 IMS 的应用，希望将来能够以 IMS 为核心来建设其核心网。

在无线网络的建设上，沃达丰体现出了循序渐进的思路：初期的 3G 网络暂时只覆盖当地有限的地区，而且服务范围主要限于大城市和交通干线；假如用户脱离了 3G 覆盖范围，将能自动转为 2G 的 GSM 网络。

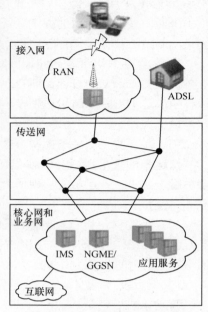

图 3-2　沃达丰网络演进主要关注点

沃达丰在英国本土内，基于原有的骨干网络，重新铺设了一张专门为大客户提供的虚拟专用宽带网络。与传统宽带网络相比，该网络带宽更宽、速度更快，能为用户提供更好、更优质的服务。此外，沃达丰公司还在该网络上，加载了更多的目前较为热门的宽带技术，包括 WiMAX、Wi-Fi 等，以满足用户的需要。这张新兴的宽带网络以 IP 技术作为骨干支撑技术，并适当引入一些传统电路域的概念，以保证整个网络的可靠性。为了提高网络的可靠性，沃达丰在一些重点城市节点的机房中，进行冗余备份，一旦主机房的设备发生故障，可以立刻切换到备用机房的设备上。

同时，沃达丰集中在英国境内各大城市内铺设 Wi-Fi 接入点，涵盖了包括酒店、机场、医院等重要的公共场所，其目的就是为了进一步推广沃达丰的商用 Wi-Fi 网络。随着英国本土大企业的增加，目前已有的宽带网络已经不能满足这些企业的发展，单独建立一张全新的、商用化的宽带网络已经成为沃达丰公司未来发展的重点。

3.3　英国电信

3.3.1　英国电信企业简介

20 世纪 80 年代以前，英国电信是在英国市场占有垄断地位的国有电信运营企业。为了打破垄断，引入竞争，提高服务质量与水平，1984 年英国政府出售了该公司 51% 的股份，从此英国电信走上了艰辛的改革历程。在不断探索中，公司的战略目标几经变迁，业务形式和组织架构也随之不断调整。

2000 年前后，欧洲移动通信业务取得了飞速的发展，英国的移动电话用户数首次超过了固定电话用户数。在整个欧洲，以固定电话为主要业务的电信公司，如法国电信和德国电信等，都处于风雨飘摇之中，前景黯淡至极。

对于英国电信来说，其处境更是举步维艰，前途叵测。此前，英国电信在国际上以收购为手段的扩张之旅无不以失败而告终，再加上竞拍 3G 牌照所付出的高昂代价，使它成为最大的债务电信公司之一。为避免走上破产的窘境，公司开始了破釜沉舟式的转型，本·弗瓦仁成为这次转型的领导人。巨大的付出换来了转型的成功，在弗瓦仁上任后的第二年（2003 年）即成功扭亏，并获得了 42 亿美元的赢利。2006 财政年度全年销售收入 195.14 亿英镑，新业务收入 62.82 亿英镑，增长了 38%；税前利润为 21.77 亿英镑，并减少净债务 75 亿英镑。英国电信已经成为移动通信时代的由固网运营商发展起来的全业务运营商。

3.3.2　英国电信的战略目标

2001 年 11 月，在将移动业务分离出去之后，英国电信成为了只拥有固定网络的运营商。缺乏移动业务支撑，传统业务不断缩水，市场竞争加剧，英国电信面临着比世界上其他运营商更糟糕的市场环境。但是，通过在战略、业务和组织架构等方面的转型调整，英国电信逆势而上，目前已经成为世界上最具活力的运营商之一。

1.　转型思路

围绕由基础固网运营商向综合服务提供商转变的战略转型核心，英国电信的战略转型思路为：以发展长期客户关系、建立"21 世纪网络"为手段；以稳定原有核心收入即传统业务收入、寻求新的业务增长点（如无线、宽带、ICT 服务等）为目标。

稳定核心收入是英国电信战略转型的目标之一。面对传统业务收入（固定电话、线路租用等）不断下降的趋势，英国电信通过提高服务质量、制定富有竞争力的新颖的市场策略、优惠资费、降低运营成本等多元方式来扭转颓势，稳定核心收入。

传统电信业务收入下降的趋势不可扭转，寻找新的业务增长点是保持公司业务收入和维持公司持续发展的必选之路。在英国电信确定的"移动、宽带和 ICT 服务" 3 个新的业务增长点中，移动业务重新回到了其战略转型目标中。2001 年移动业务剥离后，其替代固话、不断发展的趋势迫使英国电信重新意识到移动业务在电信运营商的发展中的不可或缺性。因此英国电信提出了"移动虚拟运营商"的口号，将移动业务的发展重新提上了议事日程。

不论是稳定核心收入，还是寻找新的业务增长点，目的都是要发展长期的客户关系，而长期的客户关系是建立在客户满意度之上的。为提高服务质量、提升客户满意度，英国电信采取了一系列措施，如聘请专业公司分析客户意见；建立统一的 CRM 系统，掌握准确实时的客户信息；提供端到端客户跟踪系统，在线处理客户询问和维护；针对不同用户建立不同的销售部门，采用不同的策略，做到抓大不放小。2003—2004 财政年度，该公司引入"简单而完善"的用户满意度品牌承诺，将提高用户满意度作为工作重点。英国电信推出了免费的语音信息业务"BT Answer 1571"。当用户繁忙、正接电话或者上网、不方便接电话的时候，"BT Answer 1571"会为用户保留电话信息，使用户不会错过每一个电话。用户可以拨打免费电话 1571 获得自己的电话信息。"BT Answer 1571"的推出完全体现了英国电信方便用户和提高服务水平的方针。用户得到了实惠而方便的服务，自然会对公司的服务水平感到满意。老用户被留住了，许多新用户也被吸引了过来。"BT Answer 1571"与"BT Together（BT 的一种固话套餐）"的搭配推出，使英国电信成功地稳定了自己的固定电话业务。2004 财政年度的调查结果显示，在过去的 3 个财政年度里，客户不满意度年均降低 25%左右。

在英国电信的战略蓝图中，"21 世纪网络"是一个不可或缺的核心要素之一。"21 世纪网络"旨在建立多服务相融合的单一 IP 网络，为现有的多业务提供统一的业务平台，节约业务运营和网络建设等成本，同时赋予公司一系列服务创新的能力，让用户在不断融合的通信服务面前具备控制、选择和适应能力。因此，从立足点和其深层次含义来说，"21 世纪网络"和英国电信战略转型的核心相吻合。

2. 调整公司架构

对于电信企业来说，组织架构转型属于深层次的变革。它以战略转型目标为导向，将战略目标转化成一定的体系或制度，从而确保战略转型目标和业务转型目标的实现。英国电信战略转型的目标是成为"综合信息通信服务提供商"，其核心思想是坚持以用户需求为导向的理性发展道路。

2002 年以前，英国电信的市场运营是以业务作基础的，主要有以下 5 大部分：

（1）BT Wholesale：运营公用电话网络；

（2）BT Retail：利用 BT 批发的网络发展固定电话客户；

（3）BT Openworld：提供互联网接入和内容服务；

（4）BT Ignite：运营 IP 网络；

（5）Concert：与 AT&T 的合资公司，提供全球化服务。

在战略目标的指导下，2002—2003 年，英国电信对组织机构进行了大刀阔斧的改革，按照客户群对原有的业务构架进行了调整，如图 3-3 所示。其中 BT Wholesale 作为电话网络运营者身份仍然保持不变；与 AT&T 终止合作后，全球业务和 IP 网络业务合并成新的 BT Global Services，为跨国公司提供服务；互联网业务并入 BT Retail 业务，并将 BT Retail 业务按普通住宅客户、中小商业客户、公司客户和公共部门客户进行细分，针对不同的客户提供不同的打包解决方案。组织架构的变化如图 3-3 所示。现在，英国电信已形成 BT Retail、BT Wholesale 和 BT Global Services 三大主营业务。通过业务划分，英国电信不仅在零售市场收获颇丰，而且在批发市场也成了最大的赢家。英国电信现已获得 700 多家电信运营商、互联网服务提供商等的支持，在此基础上不断加大在国际市场的开拓力度，并奠定了其在全球市场的地位。

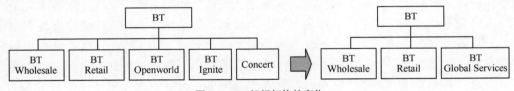

图 3-3　BT 组织架构的变化

这些组织架构的变革，成为英国电信战略转型目标和业务转型目标实现的有力保障。

3.3.3　英国电信的全业务发展策略

1. 业务转型

业务转型是英国电信向"综合信息通信服务提供商"战略转型的重要一环。英国电信在最大限度地挖掘传统业务潜力的同时，重点对移动、宽带、ICT 服务等新业务进行了开创性的探索，并初步取得了较好的效果。

（1）移动业务转型

2001 年剥离移动业务后，英国电信成为一个缺乏移动业务运营牌照的固网运营商。然而，在固网移动融合、移动替代性日趋明朗的情况下，缺乏移动业务成为阻碍运营商发展的巨大障碍。因此，重新进军移动市场，探索固网和移动融合之路，是英国电信业务转型的核心内容。

① Bluephone 业务

针对移动业务市场竞争充分和其自身拥有众多固话用户的特点，英国电信提出重返移动市场，但这并不意味着重新经营移动网络。英国电信选择的解决方案是成为"移动虚拟业务运营商"，其具体的业务实现方式是 2004 年 3 月启动的"Bluephone"项目。BT Bluephone 业务是 Bluetooth 在室内环境中作为移动电话接入制式的应用。一旦用户进入 Bluephone 基站的覆盖范围，用户的 Bluephone/GSM 双模手机就自动地切断与 GSM 网络的连接，通过 Bluephone 进入英国电信的网络。Bluephone 业务方案的产生是基于对电信市场及其自身发展特点的深刻分析的。一方面，英国移动电话资费较高，特别是跨网的移动业务之间，使用 Bluephone 业务方案可以使用户在室内利用 BT 相对便宜的网络优势大幅度降低资费，这种方式对用户有较强的吸引力；另一方面，由于英国电信没有移动运营牌照，而 Bluephone 属于非管制的无线接入技术，因此可利用 Bluephone 加强室内话务量的争夺，争取更多的移动业务客户，为实现其重返移动电话网络运营市场的目标打下坚实的客户基础。到 2004 年 3 月底，英国电信已拥有了 14.4 万的 Bluephone 用户。

② WLAN 业务

同时，英国电信依托其他运营商的移动网络和自有的 Wi-Fi 网络与固定网络开展业务。2003 年，英国电信针对企业用户推出了"BT Mobile Office"和"BT Openzone"。BT Mobile Office 通过租用其他公司的 GSM/GPRS 网络来提供 GPRS 无线接入服务，并与公司自身的 WLAN、固定数据接入等服务捆绑，形成了针对企业用户的全方位的数据业务接入服务。BT Openzone 实际上是 Wi-Fi 业务，利用了已在英国的 4 000 多处热点区域（如会议中心、旅馆、咖啡馆、机场等）和 500 多个麦当劳餐厅布置的 Wi-Fi 接入点。英国电信针对个人用户推出了"BT Mobile Home Plan"，通过租用 T-mobile 公司的 GSM/GPRS 网络向普通公众用户提供手机服务，为用户提供固话/移动电话统一账单以及免费同固定电话进行短时通话的优惠等。2004 年初，英国电信与沃达丰签订了为期 5 年的合作协议，成为沃达丰的移动虚拟运营合作伙伴。

2004 财政年度，英国电信在移动市场的收入达到 2.05 亿英镑，同比增长 107%，拥有超过 37.2 万的移动企业和个人用户，移动业务的转型取得了成功。

（2）宽带业务转型

在宽带业务的发展上，英国电信属于市场的后进入者。直到 2002 年，英国电信才确定了以宽带业务的发展和推广为重点的业务转型思路。但是，一系列行之有效的市场营销策略有力地促进了宽带业务的发展，弥补了起步晚的不足。例如：实施资费优惠政策大幅度降低宽带业务价格，从而激活市场；免费开展用户体验等活动，培养用户的使用习惯；不断推出适合市场需求的宽带应用，如可使成千内容发布者能够向数百万人发送数字信息的 BT Rich Media 平台业务，吸引宽带业务用户的发展。这些成功的市场营销策略，有力地促进了宽带业务的转型。

（3）ICT 业务转型

在寻找新业务增长点的过程中，英国电信意识到随着 IP 技术的发展，电信和 IT 市场正在不断融合。客户对电信业务的要求已经不仅仅是传统的电信业务，而更多的是综合性的信息通信业务。多年为全球性大客户提供电信服务所积累的丰富经验，成为 ICT 业务的核心。

英国电信将新型 ICT 服务视为大有可为的新市场。相对于传统的固定电话与移动电话服务，信息与通信技术相融合的产品市场要比其大 3～4 倍。2004 财政年度，英国电信 ICT 业务收入达到 27.53 亿英镑,同比增长 18%,其中合同金额更是超过了 70 亿英镑。ICT 占总业务收入的比重从 2001 财政年度的 9%提高到 2004 财政年度的 14.8%。

英国电信于 2003 年 4 月对公司内部业务架构实行了重组,组建了 BT 全球服务部(BT Global Services),负责为全球的大型商业客户提供综合性信息通信服务及全套的解决方案,包括桌面计算机和互联网的设备及软件、资料传输与线路连接、电子商务方案、业务流程外包、网络服务管理、系统整合以及信息咨询服务等。2004 年又成立了一个名为 One IT 的工作组,致力于为用户建设、设计、拓展和管理 IT 网络和通信系统。目前,NHS、联合利华、英国国防部、路透社、英国养老机构以及地方政府已经成为 One IT 的新用户。为了进一步满足用户需求,英国电信将大幅提升 ICT 项目的员工人数,计划将该项目的工作人员从目前的 700 人提升到 2006 年的 4 000 人。

2. BT Fusion

英国电信最早在 1999 年就尝试推出一种固定移动融合(FMC,Fixed-Mobile Convergence)产品,即名为 Onephone 的 DECT/GSM 电话业务,但以失败告终。2003 年 BT 又开始推出蓝牙项目,但市场反应不佳。英国电信在 2005 年 9 月正式推出新的 FMC 业务,即 BT Fusion。

BT Fusion 产品在户外就是一个普通的 GSM 电话,但在回到室内时,呼叫通过蓝牙 UMA(UMA 为非授权移动接入的简称)自动转接到 hub 上,然后经由宽带线路与其固定网络相连。当用户离开 hub 的有效覆盖区域时,呼叫可以无缝地与移动基站进行转接。英国电信与它的移动网络提供商(沃达丰)共享网络使得无缝衔接成为可能。

FMC 产品具有以下特点:

(1)家庭环境时,可以提供更为便宜的通话;

(2)在室内时,可以提供更佳的话音覆盖;

(3)不管用户是在户外使用蜂窝网络,还是在室内使用 hub 和宽带线路,都可以提供无缝体验;

(4)提供单一终端。

作为存量保有的重要手段,BT Fusion 目前仅向自己的宽带用户开放。因此如果有其他运营商的宽带用户想选用该 FMC 服务,就必须离开现网并成为英国电信的宽带用户。

BT Fusion 参照移动业务实行套餐资费,但是套餐分钟数不包含户内呼叫固定电话的量,此部分单独收费。此外套餐分钟数用完时将执行额外费率。

(1)套餐资费分两种:每月 10 英镑拨打 100 分钟,或每月 15 英镑拨打 200 分钟。此分钟数可用于拨打国内任意移动号码(不管在户外还是室内),以及在户外使用沃达丰网络时拨打国内任意固定号码。

(2)当在户内拨打国内固定号码时,执行 BT Option One 固定电话费率。即忙时(每天的工作时间)0.03 英镑/分钟;闲时(晚上和周末)第一小时 0.055 英镑/小时,随后是 0.01 英镑/分钟。

(3)套餐分钟数用完后,执行以下费率标准:拨打国内移动号码 0.30 英镑/分钟;户外拨打国内固定号码 0.10 英镑/分钟。

BT Fusion 的资费还包括 BT Mobile 方案中的免费“快速呼叫家庭”,这意味着从户外呼叫自己家里的固定号码时,如果能控制在两分钟之内,这次通话就是免费的。

英国电信采用终端补贴的方式发展 BT Fusion 业务。通常，FMC 手机和 hub 都免费赠送，但一般要求用户在网至少 12 个月。

英国电信计划首先面向公众客户推出服务，然后再向企业客户提供双模 Wi-Fi 手机服务。该产品的路线图如下。

（1）2005 年 6 月，与 400 名用户进行商用试验。

（2）2005 年 9 月，向宽带用户正式进行市场推广。

（3）2005 年第四季度，推出 Motorola Razor 手机；面向小企业和家庭客户推出套餐。

（4）2006 年上半年，推出企业解决方案（Wi-Fi）；公众客户解决方案中增加双模 Wi-Fi 手机功能。

（5）2006 年底，服务范围扩展，覆盖 BT Openzone 热点地区。

2006 年 12 月，英国电信推出面向企业用户的 Wi-Fi 版 BT Fusion。该服务可支持比 GPRS 高 5 倍以上的接入速率，可以用移动终端或固定终端接入同一语音信箱，语音通话费率仅为 0.05 英镑/小时。此外，英国电信还向个人用户推出了具有 Wi-Fi 功能的 BT Fusion 升级业务 BT Fusion Plus。英国电信为该升级业务制订了更具竞争力的资费标准，并在 2007 年联系设备商开发了更多终端。

3. 网络 IT（ICT）服务

网络 IT 服务即早期的 ICT，也是英国电信重要的企业战略。由于缺乏移动业务运营（目前作为 MNVO，移动用户规模相对有限），英国电信只能在固网领域挖掘新的增长点，这便是 New Waves 的由来。而在新一波业务中，ICT 扮演了最重要的角色。2006/2007 财政年度前 3 财政季度，ICT 业务占集团总收入的比重为 21%，对新增收入的贡献为 45%，对英国电信收入能保持 3.8%的增长起到了重要作用。

网络 IT 服务由 BT Global Services 部门负责运营，其职责是向本土和全球的跨国公司提供电信和 IT 全面解决方案。这体现了两大重要趋势：一是面向商业客户的专业化经营，2006 年英国电信在 Global Services 部门之下设置了金融、医药、政府等多个行业团队，以针对重点行业提供开发和支撑；二是对商业客户需求的满足，已从纯电信延伸至 IT，这切合了行业融合的趋势。

目前市场上的 ICT 服务大致可以分为 4 类：以网络为中心、以 IT 为中心、以应用为中心、以流程为中心。如果运营商将自身定位在以 IT 为中心，则更需要采用并购方式。这方面的代表为德国电信，该公司通过并购快速拥有了一支专业的 ICT 团队。如果运营商定位于以网络为中心，则可更多采用合作方式，英国电信属于这种类型。该公司大量自身无法完成的服务都通过合作伙伴提供。

最近几年英国电信进行了大量的行业合作，具体如下。

（1）在固网内部整合。例如收购 Infonet 和 Radianz，买断了它自己在意大利的合作伙伴 Albacom，从 Fiat 收购了 Atlanet，并且收购了在威尔士的 TNS。该类收购强化了英国电信在 ICT 领域的市场地位。

（2）与沃达丰的虚拟移动运营。2004 年英国电信把跟 O₂ 和 T-Mobile 的商业和个人客户虚拟移动运营合同换成了与沃达丰合作。作为合同的一部分，英国电信与沃达丰同意共同提供 FMC 业务。由于共享网络的需求，合作以及沃达丰的支持对于 BT Fusion 业务来说非常重要。

（3）娱乐。在过去几年英国电信一直基于自己的 Rich Media 平台建立内容传播能力。公司在 2006 年下半年向个人用户推出了 IPTV 业务，并先后与 Paramount、BBC Worldwide、Warner Music、Endemol、HIT Entertainment、Nelvana 和 Cartoon Network 等公司签订了内容合作合同。

（4）IT 和软件公司。在 ICT 外购技术、ICT 业务软件（尤其是 SME）、产品与服务、桌面支持等业务领域，英国电信单靠自身无法完成，因此主要通过与合作伙伴一起来提供。其合作伙伴有 Accenture、CSC、Microsoft、HP、ComputaCentre 等。

英国电信的主要零售战略合作伙伴包括 Accenture、Cisco、ComputaCentre 等业界领先的公司，这些公司擅长的领域分别为 ICT 外包解决方案、融合的多媒体商务网络、桌面支持、ICT 外包解决方案、存储和检索解决方案等。通过与这些伙伴的合作，BT 可以弥补自身能力的不足，为客户提供全方位的全面解决方案。

2006 年 9 月，BT Global Services 召开年度分析师大会。公司宣布已在 IT 服务和电信服务的重叠领域处于市场领先地位，并把该领域称为"网络 IT 服务"。公司网络目前已覆盖 100 多个国家和地区，预计 2007 年底将可扩展至 160 个国家和地区。而且，该网络正在向全 IP 的下一代基础设施升级。

根据计划，英国电信未来 3 年将把市场从英国及西欧向全球铺开，实现在主要 IT 服务市场的收入翻番。美国、日本、印度和中国市场将成为关键区域。

BT Global Services 还希望把节约成本作为重要议题。部门计划到 2009 年 3 月底节约 4 亿英镑，其中第三方花费的削减预计为 2 亿英镑，利用全球劳动力的优势节约 1 亿英镑，淘汰重复设置的职位和续签合同两项能节省 5 000 万英镑。

3.3.4 英国电信网络发展策略

作为全球第一家吹响转型号角的电信运营商，英国电信的前期努力已见成效。在收获果实的同时，这个先行者还进一步推进转型战略，并雄心勃勃地朝着新的领域迈进。

21CN 是英国电信于 2004 年发布的网络转型计划，2004 年投资了近 40 亿美元，2005～2009 年共将再投入 180 亿美元用于"21 世纪网络"建设，以抢占 IP 多媒体领域及 3G 时代的制高点。

通过实施 21CN，英国电信将构建一个基于 IP 和 MPLS 的融合性网络，以及基于 3GPP、支持移动的智能网络，并实现客户体验、产品创新、网络维护、成本节约等功能。技术要点如下。

（1）从多层重叠网络到一个全 IP 网络。

（2）将本地交换机换成多业务接入节点（MSAN，Multi-Service Access Node），MSAN 能够完成目前由不同的系统和硬件所完成的角色，对于网络融合来说，MSAN 非常重要。

（3）在本地交换机到客户终端之外的接入网络中铺设光纤（对新建筑）和机柜。

（4）将每个不同产品的支撑系统和网络整合成一个多功能的系统堆栈。

（5）操作流程合理化，具有一个系统就能够有效开发全 IP 网络的优点。前景是开发一个业务融合的零接触网络，软件的定义、自动运行和初始化都是由客户决定的。

除网络和技术层面的升级外，英国电信有着更深的战略目标，具体如下。

（1）转变向客户提供的业务，以及通过客户服务转变客户支撑方式。

（2）促进转变提供业务（流程）的方式及平台（网络和系统）。

（3）将业务向这个目标体系结构靠拢，并带动整体从简单的电话和线路业务向解决方案业务的转型。

通过实施 21CN 计划，英国电信争取到 2009 年将所有公众交换电话网（PSTN，Public Switched Telephone Network）用户升级到 IP 网络中去。

2006 年 11 月，英国电信对它在卡迪夫地区的 21CN 网络进行了升级试验。第一批升级计划分为 3 个阶段。从 2006 年 11 月到 2007 年 3 月为第一阶段，该阶段将对卡迪夫及其周边地区约 10%用户的语音服务进行升级。此后两个阶段中将分别有 10%的用户线路完成升级。到 2007 年 5 月，3 个阶段全部结束。

此次试验完成后，英国电信将向其他服务提供商展开咨询，其他服务提供商将会对卡迪夫试验的结果做出反馈。在此基础上把升级推广到整个国家，完成对 3 000 万条线路的升级，最终将所有 PSTN 用户迁移到升级后的 IP 网络中去。

截至 2006 年 8 月，英国电信在 21CN 网络上成功传送了 2 300 万次用户呼叫，而 2005 年底的这一数字为 1 400 万次。目前，试验平台上传送的呼叫流量大约占 PSTN 上呼叫总量的 1%。

3.4 西班牙电信

3.4.1 西班牙电信企业简介

西班牙电信（即 Telefonica）于 1942 年 4 月 1 日在马德里成立，当时它的名字叫西班牙国家电话公司，是典型的国有企业，负责全国电话的安装和维护。1950 年，该公司有职工 1.47 万，现有职工 17 万。

20 世纪 80 到 90 年代，西班牙电信公司开始走向国际舞台，主要是面向说西班牙语和葡萄牙语的拉美国家。1990 年，西班牙电信公司开始与智利和阿根廷等拉美国家合作，参与电信服务；1993 年开始使用卫星提供通信服务；1995 年开始出售 12%的股份给私人，此前全部为国有化；1995 年开始提供互联网；1995 年西班牙电信公司有 300 万移动用户；1997 年使用宽带 ADSL；1998 年是一个关键年，开始全面私有化；2000 年西班牙电信公司就已经成为世界电信市场的主要角色之一。

西班牙电信公司用户覆盖欧洲、非洲和拉丁美洲。2005 年 6 月，该公司拥有 1.45 亿用户。其中在西班牙拥有 1 600 万固定电话用户、500 万互联网用户和 1 900 万移动电话用户。

15 年前，西班牙电信公司进入拉美市场，至今包括基础设施在内的总投资达 700 亿欧元。2004 年，西班牙电信公司是巴西、阿根廷、智利和秘鲁的主要服务公司。此外，该公司在哥伦比亚、厄瓜多尔、萨尔瓦多、危地马拉、墨西哥、摩洛哥、尼加拉瓜、巴拿马、委内瑞拉、乌拉圭等国也占有重要的市场。该公司在拉美有 2 100 万固定电话用户，6 300 万移动电话用户和 600 万互联网用户。西班牙电信公司 68%的用户在国外。西班牙电信公司是世界第三大上市电信公司，有 150 万直接股东，在 17 个国家有电信服务，包括中国在内在 40 个国家拥有办事处。

3.4.2 西班牙电信的战略目标

西班牙电信是一个典型的全业务运营商，其战略口号是"加速成为更强的全方位领导者"。

3.4.3 西班牙电信全业务发展策略

由于本国市场空间有限，西班牙电信很早就开始了海外市场的拓展和全业务战略的准备，通过收购和重组，西班牙电信打下了全业务运营的基础，通过制定明确可行的发展战略，确立以用户为中心的管理思想、以客户为导向的管理模式，西班牙电信的全业务运营开展得有声有色，其经验值得我国运营商借鉴。

1. 收购重组打下全业务运营基础

西班牙电信配合其海外市场的拓展策略，从 1994 年起相继进入拉美市场和欧洲市场。为了全业务运营的顺利开展，西班牙电信于 2005 年 4 月收购了捷克最大的全业务运营商捷克电信 51.1% 的股份；同年 11 月，又花费 177 亿英镑收购了在英国、爱尔兰和德国拥有移动业务的运营商 O₂；从 2005 年开始，西班牙电信进入亚洲市场，收购了原中国网通 5% 的股份，2006 年收购中国香港电讯盈科 8% 股份。截至 2007 年底，西班牙电信在全世界 20 个国家开展业务，63% 的业务收入来自西班牙以外的国家和地区，拉美地区和欧洲地区是西班牙电信发展业务的重点。2007 年在西班牙本国的业务收入占总业务收入的 36.86%，在拉美地区的业务收入占总业务收入的 36.15%，在欧洲地区的业务收入占总业务收入的 25.78%。

为了顺利开展全业务运营，在收购 O₂ 和捷克电信及买断旗下移动子公司的股权后，西班牙电信决定把固定业务和移动业务整合到一起，根据地域条件将公司的业务重组到新部门中，打造一种全新的地区性、综合性的公司管理结构。西班牙电信根据不同区域客户所特有的文化背景、消费习惯、偏好等，将集团的业务分成了三大块：西班牙、拉丁美洲和欧洲，各区域业务部门都进行全业务运营，这样的重组能在更大程度上获得规模效益，并牢牢把握固定移动融合的机会，实现更大的增长。

2. 富有特色的全业务经营

西班牙电信是一个典型的全业务运营商，其战略口号是"加速成为更强的全方位领导者"；其目标是满足客户对通信的全方位需求，将创新从技术层面拓展到价值链的不同环节，拥有行业内最高水平的客户满意度，拥有令人自豪的员工归属感，争取在通信的各个领域做大做强；其业务领域包括固定电话、互联网业务、宽带业务、手机业务、IPTV 等。

3. 明确可行的发展战略

西班牙电信拥有明确可行的全业务发展计划，并且按照一定的步骤实施。在目标市场的选择方面，西班牙电信早期明确要去两类地区投资：一是发达国家市场，二是拉美地区。后者虽然并不发达，但是文化与西班牙接近，容易很快融入其中。最近几年，随着发达国家电信市场的逐步饱和，西班牙电信把目光放在了发展中国家市场，但是公司的侧重点还是其已经营多年的拉美地区。在业务的选择方面，西班牙电信尽管实现了全业务运营，但是在不同时期有不同的业务侧重。目前在 3G 的业务和应用方面，西班牙电信关注较多的是视频服务和下载服务，并且已经全面部署视频电话、视频邮箱、视频监控等业务。

4. 以用户为中心的管理思想

2007 年，西班牙电信市场发展的重点为"客户体验"，公司各种营销活动紧紧围绕"以用户为中心"的理念，通过"接触点"管理模式，准确发现用户的需求与期望，并针对不同的用户需求，采用了不同的解决方案。如为家庭用户提供固定电话、蜂窝移动电话等业务，涵盖娱乐、应用服务和休闲等方面；为个人用户提供移动电话服务，涵盖游戏、定位、应用服务和报警等方面，为集团客户提供固定电话、移动电话、全套解决方案以及主机托管等业务。

5. 以客户为导向的全业务经营模式

针对全业务运营，西班牙电信顺应通信市场发展趋势，开展了很多以客户为导向的特色经营活动。

6. 差异化的全业务门户网站

随着信息技术的发展和消费者对多媒体业务需求的增多，西班牙电信针对新型融合业务建立了一个专门的业务网站 emocion。这个网站为消费者提供视频和下载服务，如音乐下载、互动游戏、动漫等。emocion 的推出使客户能够更加方便、快捷地获得公司的新型业务，极大地促进了西班牙新型融合业务的发展，提高了西班牙电信的品牌知名度与业务渗透率。值得一提的是，由于音乐下载业务在年轻人中颇受关注，西班牙电信还专门创立了一个音乐下载品牌——Mplay，这项业务使用户可以通过 emocion，以相对便宜的价格购买所喜欢的音乐，目前这个品牌在西班牙年轻人心中已有很高的知名度。

7. 以家庭为对象提供业务

西班牙电信首先针对家庭用户的消费特点进行研究，找出家庭用户的消费习惯和业务使用的交叉点。针对这些交叉点进行业务组合，把家庭用户经常使用的业务捆绑成不同组合的大礼包，让客户根据自己的需求选择不同组合的套餐，而且用户可以用相同的价钱买到内容是原来两三倍的产品，从而实现利益的最大化。比如从 2006 年起，为了满足家庭用户的需求，西班牙电信推出了一项针对家庭用户的套餐，内容包括宽带服务、理财等，并提供两年内的服务质量担保和技术支持等，与此同时西班牙电信还提供全面贴心的服务，最大化消费者的满意度。

8. 以低价格业务抢占低端市场

随着资费的下调、全业务竞争的加剧，为了抢占低端用户，西班牙电信于 2007 年 8 月推出了一种新的通信品牌 Fonic，与 AldiTalk、Simyo 和 Blau.de 的低资费展开竞争。Fonic 的新客户可以通过网络定购或者去连锁超市 LIDL 购买价值 9.99 欧元的充值卡来使用该业务。客户充值可通过银行自动划账或拨打 Fonic 热线完成。Fonic 每分钟手机通话收费为 9.9 欧分，AldiTalk、Simyo 和 Blau.de 的手机通话收费为每分钟 15 欧分，Fonic 一举成为目前手机通话收费最低的品牌，在推出的第一年用户数就达到 10 万以上，有力地抢占了低端市场。

9. 方便企业的企业业务信息平台

西班牙电信紧跟通信时代的变化趋势，致力于为企业用户建立高效快捷的企业业务信息平台，提供定制化的服务，为企业客户量身打造包括邮件、电话、短信、传真、视频会议在内的一站式服务平台。例如在西班牙，西班牙电信推出了一项新的邮件服务以满足商务人士的需求，同时根据企业用户的需要，开展了很多贴近日常商务活动的业务，比如视频会议中专门使用的可视电话和无线宽带业务等。

10. IMS 网络融合

西班牙电信正在为网络融合做准备，2005 年 6 月西班牙电信在全球引入首个商用 IMS 网络，该套解决方案包括多媒体 IP 话音和 IP Centrex 功能等。IP Centrex 涵盖了一整套个人和群组服务，另外还提供多媒体服务，例如视频电话、电话会议、共享文档和网页、状态呈现及管理、即时短信、电子邮件集成和支持远程工作人员的应用等。西班牙电信于 2007 年选择阿尔卡特为 IMS 融合多媒体业务的合作对象，这个项目大大加强了现有固网及移动网通信中的即时信息、视频信箱、一键通话、一键视频、点击呼叫和即时协作等业务的功能，让用户在使用这些业务时能够对通话位置等进行查询、控制以及智能化管理。

3.4.4 西班牙电信网络发展策略

目前包括西班牙电信在内的欧洲各大运营商均在积极推进网络共享的发展策略，通过网络共享的方式，各家均可削减网络建设方面的投资，同时扩大网络的覆盖范围。

电信资源共建共享可以分为静态基础设施共享和动态基础设施共享。静态基础设施共享是指支持网络功能的那些设施，包括实体的铁塔、机房、空调、蓄电池、发电机、稳压器、火灾报警器等，除此之外还包括建设机房所占用的空间。动态基础设施共享包括实际的网络元素，例如，基本信号收发系统、基站、微波设备、传输设备等。目前西班牙电信在移动领域的共享还主要集中在基站和静态网络设施共享方面，今后将致力于动态共享的推进。

3.5 小　　结

纵观全球电信市场发展，从美洲到欧洲，从欧洲到亚洲，无一不呈现出全业务运营的发展趋势。各国运营商通过积极并购，拓展业务市场，开发新业务成功地实现了业务转型，完成了面向全业务运营的战略转变，并且大都取得了显著的成效。目前，随着电信市场的重组，我国电信市场也进入了全业务运营时代，市场的变革既是机遇也是挑战，国内电信运营商可以参考国外运营商的成功先例，结合自身实际情况，明确发展目标，制定切实可行的发展方针，同时强化最具备竞争力的关键业务，以达到稳固市场核心竞争地位的目的。

第4章 全业务运营的技术环境

4.1 概 述

电信业自诞生以来，各类通信新技术的创新与应用便一直推动着这个行业的快速发展。从 20 世纪末至今，通信技术的发展更为活跃，无论是无线网、核心网、传送网、业务网还是 IT 系统，各类新兴技术层出不穷，你方唱罢我登场，但在总体上都体现了"无线宽带化、宽带无线化"的发展趋势。这些新技术的出现为全业务运营构建了良好的物质基础，同时也给了运营商更多的技术选择。

无线网技术方面：TD-SCDMA、WCDMA 和 cdma2000 制式在全球范围内均得到了技术规模商用。高速下行分组接入（HSDPA，High Speed Downlink Packet Access）技术、高速上行分组接入（HSUPA，High Speed Uplink Packet Access）技术也已成熟，正在大规模部署；3G LTE 标准也已经确定，预计在 3～5 年内将会商用；而 4G 也已启动技术标准征询工作。

WiMAX 技术日趋成熟，现增补为 3G 标准之一，给传统 3G 技术和未来 4G 标准带来了新的挑战。由于在无线宽带上短期内没有好的替代技术和终端的普及，WLAN 技术仍有强劲的生存力。

从 3G LTE 到 4G 出现了空中接口技术的趋同现象，如各种制式均采用了正交频分复用（OFDM，Orthogonal Frequency Division Multiplexing）技术和多路输入多路输出（MIMO，Multiple Input Multiple Output）等无线宽带技术。

（1）核心网技术方面：核心网 IP 化技术成熟，已投入商用；IP 化技术正在向接入网延伸，包括 A 接口、Gb/Iu 接口 IP 化等；网络扁平化技术逐步推进；IMS 标准基本成熟，具备提供端到端解决方案的能力，全球已有商用运营，但总体上仍缺少成功案例。

（2）传送网技术技术方面：光传送网（OTN，Optical Transport Network）技术已经趋渐成熟，基本具备点对点波分复用（WDM，Wavelength Division Multiplexing）向 OTN 联网演进的条件；分组传送网（PTN，Packet Transport Network）技术有两大流派（传送多协议标签交换（T-MPLS，Transport-Multiprotocol Label Switching）、运营商骨干传送（PBT，Provider Backbone Transport）正在争夺城域网市场，力图替代多业务传输平台（MSTP，Multi-Service Transport Platform）技术；无源光网络（PON，Passive Optical Network）技术已经开始替代数字用户线路（DSL，Digital Subscriber Line）技术，千兆无源光网络（GPON，Gigabit-Capable PON）和以太网无源光网络（EPON，Ethernet PON）都已经成熟和商用。

（3）业务系统方面：业务系统 IP 化趋势日益明显；互联网迎来第二个发展高峰，P2P、Web2.0、移动互联网等技术对传统电信业务产生巨大冲击。

（4）IT 技术方面：集群、P2P、网格等分布式计算技术发展迅速，并在电信网络中有不同程度的应用；数据挖掘技术在互联网信息搜索以及电信网络与业务深度运营和精准营销的应用不断发展；面向服务的体系架构（SOA，Service-Oriented Architecture）技术日益成熟，开始得到加速推广；刀片技术和智能供电等绿色技术日益受到重视。

4.2　无线网技术

4.2.1　无线通信发展

1897 年马可尼在英格兰海峡首次成功地进行了两艘行驶船只之间的无线电通信，从此无线通信进入了人类的生活。随着对于无线通信（包括移动通信、移动宽带接入）的需求急剧地增长，人们正期待着 5W（无论任何人在何时、何地，可以跟任何人进行任何种类——语音、数据和图像等的通信）理想个人通信时代的到来。

早期的无线通信主要应用于军事或特种领域。但是近几十年来，无线通信技术在民用领域发展迅猛，先后出现了蜂窝移动通信系统、微波通信、卫星通信、固定宽带无线接入、802.x 系列无线接入标准、LMDS、MMDS、UWB 等技术，其中蜂窝移动通信系统又包括模拟移动通信（第一代移动通信系统，1G）、数字移动通信（第二代移动通信系统，2G）、第三代移动通信系统（3G）以及后 3G 技术。

从技术标准的角度看，当今陆地公用无线电通信正沿着两条主线发展：一条是 ITU 和 3GPP/3GPP2 引领的移动通信系统，从 3G 走向 E3G，再走向 B3G/4G；另一条是 IEEE 引领的无线接入系统，从无线个人域网（WPAN，Wireless Personal Area Network）到无线局域网（WLAN，Wireless Local Area Network）、无线城域网（WMAN，Wireless Metropolitan Area Network），再到无线广域网（WWAN，Wireless Wide Area Network）。

移动无线通信虽然已经历了一百多年的发展历程，但高速发展时期还是最近这一二十年时间。之所以在这段时间发展如此之快，主要归功于微电子技术的迅猛发展和构思新颖的蜂窝技术（频率复用和越区切换）的不断完善。移动通信已成为现代 IT 产业最活跃、最富有生机的领域，全世界移动通信的年增长率平均达到了 30%以上，远高于 GDP 的年增长率。移动通信不仅给人类社会带来了极大的方便，也创造了巨大的财富。目前，全球的移动通信已步入 3G 时代，而后 3G 的研发也如火如荼。

Internet 是近十年迅速发展起来的又一新兴产业，它的发展给无线宽带接入注入了新的活力，拓展了新的发展空间：无线移动办公、无线移动银行、无线移动教育……总之，无线互联网络正悄悄地进入人类社会的各个角落。IEEE 所建议的 802.x 体系，包括 802.11、802.16、802.20、802.22 等宽带无线接入技术，正是在这样的大环境下迅速发展起来的。

随着技术的不断发展和网络的日趋演进，移动通信与宽带无线接入在相互角逐的同时，也走向互补融合、共同发展，这其中最典型的就是 3G 与 WiMAX 之间的互动。WiMAX 的竞争加速了 3G 往后 3G 时代过渡的步伐，不断完善在高速数据方面的接入能力。在标准与市场的争夺中，蜂窝移动与无线接入技术势必还要延续既互补又竞争的格局。

4.2.2　蜂窝移动通信技术

1．2G 蜂窝移动通信系统

（1）GSM/GPRS/EDGE

GSM 数字移动通信系统源于欧洲。1982 年，北欧国家提交了一份建议书，要求制定 900MHz

频段的公共欧洲电信业务规范。随后欧洲电信标准学会（ETSI，European Telecommunications Standards Institute）技术委员会成立了"移动特别小组"（GSM，Group Special Mobile），来制定有关的标准和建议书。1986 年在巴黎，该小组对欧洲各国及各公司经大量研究和实验后所提出的 8 个建议系统进行了现场实验。1990 年该小组完成了 GSM900 的规范，共产生大约 130 项的全面建议书，不同建议书经分组而成为一套共 12 系列。

1991 年欧洲开通了第一个 GSM 系统，并且 GSM 更名为"全球移动通信系统"（Global System for Mobile communications），从此移动通信跨入了第二代数字移动通信时代。同年，移动特别小组还完成了制定 1 800MHz 频段的公共欧洲电信业务的规范，名为 DCS1800 系统。该系统与 GSM900 具有同样的基本功能特性，因而该规范只占 GSM 建议的很小一部分，仅将 GSM900 和 DCS1800 之间的差别加以描述，绝大部分二者是通用的，两个系统均可通称为 GSM 系统。

随后，为了实现对数据业务的支持，GSM 体制制定了 GPRS 与 EDGE 这两种标准。

通用分组无线业务（GPRS，General Packet Radio Service）由 GSM Phase 2.1 版本定义，是为适应移动数据接入需求的增长而产生的。由于 GPRS 支持中低速的数据传输，常被称作一种 2.5G 的技术，支持 9.05～171.2kbit/s 的接入速率。

增强型数据速率 GSM 演进技术（EDGE，Enhanced DataRate for GSM Evolution）介于 GPRS 与 3G 之间，也常被称作 2.75G 的技术。它在 GSM 系统中采用了多时隙操作和 8PSK 调制，能够支持 300kbit/s 的数据速率接入，匹敌 CDMA 1X。截至 2005 年 5 月，全球约 84 个 EDGE 网络投入商用，中国移动部分省市网络也早就升级到 EDGE 进行试点。作为过渡型技术，EDGE 在全球市场未形成主流。

（2）IS-95/cdma2000 1x

在 2G 时代，CDMA 技术和 GSM 技术几乎是同时开始发展的。cdma2000 标准是一个体系结构，称为 cdma2000 family，它包含一系列子标准。由 CDMA One 向 3G 演进的途径为：CDMA One（IS-95A/B）→ cdma2000 1x → cdma2000 1xEV。其中 cdma2000 1x 属于准 3G 技术，cdma2000 1x EV 之后均属于标准的三代技术。

1993 年，高通公司提出了 CDMA 第一个商用标准，被美国 TIA/EIA 定为 IS-95-A（TIA/EIA INTERIM STANDARD/95A）标准。1994 年，第一个 CDMA 商用网络在中国香港地区（香港和记电讯）开通。1995 年，CDMA（IS-95A）在韩国、美国、澳大利亚等国得到大规模应用。

从技术角度来说，IS-95A 技术完全是一种第二代移动通信技术，它主要支持语音业务。IS-95A 商用几年以后，市场对数据业务的需求逐渐显现。在这种情况下，美国电信工业协会（TIA，Telecommunication Industry Association）制定了 IS-95B 标准。IS-95B 通过将多个低速信道捆绑在一起来提供中高速的数据业务，可提供的理论最大比特速率为 115kbit/s，实际只能实现 64kbit/s。但是，从技术角度来说，IS-95B 并没有引入新技术，因此通常将 IS-95B 也作为第二代移动通信技术。

cdma2000 1x 是由 IS-95A/B 标准演进而来的，由 3GPP2 负责具体标准化工作。cdma2000 1x 在 IS-95 的基础上升级空中接口，可在 1.25M 带宽内提供 307.2 kbit/s 高速分组数据传输速率。cdma2000 成为窄带 CDMA 系统向第三代系统过渡的标准。cdma2000 在标准研究的前期，提出了 1x 和 3x 的发展策略，但随后的研究表明，1x 和 1x 增强型技术（1xEV）代表了未来发展方向。

cdma2000 1x 仅能提供准 3G 的数据业务，目前发表的版本包括：

Release 0：1999 年 10 月发布，Release 0 的主要特点是沿用基于 ANSI-41D 的核心网，在无线接入网和核心网增加支持分组业务的网络实体，单载波最高上下行速率可以达到 153.6 kbit/s。

Release A：2000 年 7 月发布，与 Release 0 相比没有网络结构上的变化，增加了对业务特征的信令支持，如新的公共信道、QoS 协商、增强鉴权、加密、语音业务和分组业务并发业务。Release A 单载波最高速率可以达到 307.2kbit/s。

2. 3G

（1）发展历程

第三代移动通信系统（简称 3G）的技术发展和商用进程是近年来全球移动通信产业领域最为关注的热点问题之一。

第三代移动通信系统（ITU 的正式名称为 IMT-2000），其前身为 1985 年提出的未来公共陆地移动通信系统（FPLMTS，Future Public Land Mobile Telecommunication System）。ITU 在 1996 年底确定了第三代移动通信系统的基本框架，包括业务需求、工作频带、网络过渡要求和无线传输技术的评估方法等，并将 FPLMTS 更名为 IMT-2000，其用意在于希望在 2000 年左右商用，其最高速率达 2 000kbit/s，工作在 2 000MHz 频段。IMT-2000 的目标如下。

① 全球统一频段、统一标准，全球无缝覆盖。

② 高频谱效率、高服务质量和高保密性能。

③ 提供多媒体业务，速率最高达到 2Mbit/s。

④ 车速环境：144kbit/s。

⑤ 步行环境：384kbit/s。

⑥ 室内环境：2Mbit/s。

⑦ 易于从第二代系统过渡和演进。

1999 年 10 月 ITU 在赫尔辛基举行的会议确定了以下 5 种 3G 方案：

① IMT-2000 CDMA DS（Direct Spread），即欧洲和日本的 UTRA FDD（WCDMA）；

② IMT-2000 CDMA MC（Multi-Carrier），即美国的 cdma2000；

③ IMT-2000 CDMA TC（Time-Code），即欧洲的 UTRA TDD 和中国的 TD-SCDMA；

④ IMT-2000 TDMA SC（Single Carrier），即美国的 UWC-136；

⑤ IMT-2000 FDMA/TDMA FT（Frequency Time），即欧洲的 DECT。

经过融合和发展，目前国际上最具代表性的 3G 技术标准有 3 种，分别是 TD-SCDMA、WCDMA 和 cdma2000。其中 TD-SCDMA 属于时分双工（TDD，Time Division Duplexing）模式，是由中国提出的 3G 技术标准；而 WCDMA 和 cdma2000 属于频分双工（FDD，Frequency Division Duplexing）模式，WCDMA 技术标准由欧洲和日本提出，cdma2000 技术标准由美国提出。

在 3G 的商用发展过程中，又发展出两大标准化论坛：一个是为 WCDMA 和 TD-SCDMA 服务的 3GPP 标准化论坛，另外一个是为 cdma2000 服务的 3GPP2 论坛。

（2）WCDMA

WCDMA 是由 3GPP 具体制定的，基于 GSM MAP 核心网，UTRAN（UMTS 陆地无线接入网）为无线接口的第三代移动通信系统。目前 WCDMA 有 Release 99、R4、R5、R6、R7 等版本。

WCDMA 采用直接序列扩频码分多址（DS-CDMA）、频分双工（FDD）方式，码片速率为 3.84Mchip/s，载波带宽为 5MHz。基于 Release 99/R4，可在 5MHz 的带宽内，提供最高 384kbit/s 的用户数据传输速率。

在 R5 引入了下行链路增强技术，即高速下行分组接入（HSDPA，High Speed Downlink Packet Access）技术，在 5MHz 的带宽内可提供最高 14.4Mbit/s 的下行数据传输速率。在 R6 引入了上行链路增强技术，即高速上行分组接入（HSUPA，High Speed Uplink Packet Access）技术，在 5MHz 的带宽内可提供最高约 6Mbit/s 的上行数据传输速率。

目前国际上基于 Release 99、R4、R5 的 WCDMA 系统已先后进入商用。

除了上述标准版本之外，3GPP 从 2004 年即开始了长期演进（LTE，Long Term Evolution，R7）的研究，基于 OFDM、MIMO 等技术，试图发展无线接入技术向"高数据速率、低延迟和优化分组数据应用"方向演进。目前在 3GPP 组织内正在进行 LTE 的标准化工作。

（3）cdma2000

cdma2000 1x 提供高速分组数据业务的能力还是有限的。在向着更高的目标迈进的道路上，又出现了 cdma2000 1xEV 技术。EV 代表"Evolution"，有两方面含义，一方面是比原有的技术容量更大而且性能更好，另一方面是和原有技术后向兼容。

韩国和日本是 cdma2000 1xEV 商用网络的领军者。2002 年 1 月韩国 SKT 开通全球首个 EV-DO 商用网，紧随其后的是韩国 KTF 与日本 KDDI。

从技术成熟度上来说，cdma2000 1xEV-DO 已经成熟并投入商用，cdma2000 1xEV-DV 还在完善的过程中，与 cdma2000 1x 同时提出的 cdma2000 3x 技术已基本被市场所抛弃。目前来看，对于大多数的 cdma2000 1x 网络，将通过升级到 EV-DO 而跨入 3G 时代。

EV-DO 的演进又可以进一步分为 Revl.0、Rev.A、Rev.B 以及 Rev.C/D 等不同阶段，Rev.A 已经进入商用。

（4）TD-SCDMA

时分同步码分多址接入（TD-SCDMA，Time Division-Synchronization Code Division Multiple Access）从 2001 年 3 月开始被正式融入 3GPP 的 R4。目前 TD-SCDMA 已有 R4、R5、R6 等版本。

TD-SCDMA 采用不需成对频率的 TDD 双工模式以及 FDMA/TDMA/CDMA 相结合的多址接入方式，使用 1.28Mchip/s 的低码片速率，扩频带宽为 1.6MHz，同时采用了智能天线、联合检测、上行同步、接力切换、动态信道分配等先进技术。基于 R4，TD-SCDMA 可在 1.6MHz 的带宽内，提供最高 384kbit/s 的用户数据传输速率。

TD-SCDMA 在 R5 引入了 HSDPA 技术，在 1.6MHz 带宽上理论峰值速率可达到 2.8Mbit/s。通过多载波捆绑的方式可进一步提高 HSDPA 系统中单用户峰值速率。TD-SCDMA 上行链路增强（HSUPA）的研究和标准制定工作目前也正在 3GPP、CCSA 等组织内进行。

在 3GPP 开展的 LTE 研究和标准化工作中，TD-SCDMA 长期演进技术的研究和标准化工作也在同步进行。

4.2.3 宽带无线接入技术

（1）Wi-Fi 技术

无线局域网（WLAN）凭着"天时、地利、人和"在 21 世纪初一跃成为热门技术。所谓"天时"，即前几年 3G 曾步入低谷，为 WLAN 腾出了发展空间；所谓"地利"，即速率高达 11Mbit/s 的 802.11b 标准适时引入并实现商用；所谓"人和"，即企业用户对移动办公的需要与日俱增。

IEEE 制定的 WLAN 标准形成了一个系列，包括 802.11a/b/d/e/f/g/h/i，到不久将出台的 802.11n。其中最出名的是 802.11b/g，其传输速度达 11～54Mbit/s，传输距离在 100～300m。Wi-Fi（Wireless Fidelity）联盟就是为了力推基于 802.11b/g 标准的 WLAN 而成立的，如今 Wi-Fi 已成为 WLAN 的代名词。

无线局域网的发展重点是公众接入 WLAN 服务（P-WLAN，或称热点 WLAN）。2007 年，全世界热点数量超过 128 000 个，占无线数据市场的 11.7%，其主要用户是企业，因为它更适合用作移动办公的是笔记本电脑，而不是手机。

在应用方面，除了原来的互联网接入或局域网接入之外，也有了新的发展。在家庭网络方面，WLAN 目前已经超过以太网解决方案，逐渐占主导地位。Wi-Fi 的无线应用从 PC 延伸到 PDA、手机，一直到数码相机和电视机，将来肯定还会有更多的延伸。

提供 IP 电话（VoWLAN）是带动无线局域网在企业内外普及的一种重要应用。将有许多服务提供商利用 Wi-Fi 提供捆绑式的话音服务，从而进一步拉动 WLAN 市场。通过 WLAN 提供话音服务的 IP 手机正在出现，并将成为 VoIP 市场成长的催化剂。用户可以在 WLAN 覆盖区域内拨打便宜或免费的 VoIP 电话，同时 Wi-Fi 技术所提供的高速接入能力可使用户尽享各种丰富多彩的宽带应用。在没有 WLAN 的地方，则可使用 GSM 或者 CDMA 进行通话。

在标准化方面，WLAN 的最新标准 802.11n 采用多进多出（MIMO）技术，可以在 20MHz～40MHz 的带宽内提供超过 100Mbit/s 的吞吐量，在超过 300 英尺[1]的距离上实现高速接入。但是，要把 WLAN 做大还必须解决其他一些问题，包括安全性、WLAN 网间的漫游、网络管理、易用性、与移动网的融合、经营方式等。

（2）WiMAX 技术

WiMAX 原是支持和推动 IEEE 无线城域网标准 802.16 走向市场而成立的一个论坛，现在已经成了 802.16 的代名词。

固定无线接入在走向宽带的同时不断增强移动性，让运营商可以解除固定宽带接入的金属线束缚。WiMAX 就是这样一个宽带无线接入（BWA，Broadband Wireless Access）标准，它主要包括固定宽带无线接入空中接口标准 802.16d 和移动宽带无线接入空中接口标准 802.16e。802.16d 的标准已于 2004 年 6 月发布，802.16e 标准也获批准，并被命名为 802.16—2005。基于 802.16d 的固定 WiMAX 于 2006 年逐步开始正式商用，而 802.16e 的商用要迟一些。WiMAX 的应用将由固定走向移动、由企业走向家庭再走向个人。

WiMAX 备受关注是因为它在宽带能力上不仅可与 DSL 和 cable-modem 相比，甚至是光纤接入技术的竞争者。WiMAX 家族的速率可高达百兆量级，其中的 802.16e 还涉及了移动领域。WiMAX 在最后一公里连接、网络回传和专用网等方面都可实现应用，既可用于城市地区，又可用于农村地区，能把 BWA 带入大众市场。因此，支持 WiMAX 的设备供应商和业务提供商越来越多。

由于 WiMAX 在标准完善、全球统一频谱、产品成熟度、互操作性和产品认证、监管政策等方面还有许多工作要做，虽然国外对它的市场前景比较看好，但在国内近期还不会迎来

---

[1] 1 英尺=0.304 8m。

发展的黄金时期。

4.2.4　其他无线接入技术

（1）本地多点分配业务（LMDS）系统

本地多点分配业务（LMDS，Local Multi-point Distribution Service），是一种宽带固定无线接入系统，其中文名称为本地多点分配业务系统。第一代 LMDS 设备为模拟系统，没有统一的标准。目前通常所说的 LMDS 为第二代数字系统，主要使用异步传输模式（ATM，Asynchronous Transfer Mode）传送协议，具有标准化的网络侧接口和网管协议。LMDS 具有很宽的带宽和双向数据传输的特点，可提供多种宽带交互式数据及多媒体业务，能满足用户对高速数据和图像通信日益增长的需求，因此 LMDS 是解决通信网无线接入问题的锐利武器。

LMDS 是一种微波宽带系统，它工作在微波频率的高端（20～40GHz 频段），组网灵活方便，使用成本低，是一种非常有前途的宽带固定无线接入新技术。从理论上讲，LMDS 在上行和下行链路上的传输容量是一样的，因此能方便地提供各种交互式应用，如会议电视、VOD、住宅用户互联网高速接入等，LMDS 也可以支持所有主要的语音和数据传输标准，如ATM、MPEG-2 等标准。

（2）MMDS

MMDS（Microwave Multipoint Distribution System）即微波多点分布式系统。这种技术是通过无线微波传送有线电视信号的一种新型传送方式，不但方便安装调试，而且由于这种技术组成的系统重量轻、体积小、占地面积少，很适合中小城市或郊区有线电视覆盖不到的地方。这种技术是一种通过视距传输为基础的图像分配传输技术，它的正常工作频段一般为2.5～3.5GHz，不需要安装太多的屋顶设备就能覆盖一大片区域，因此利用这种技术可以在反射天线周围 50km 范围内可以将 100 多路数字电视信号直接传送至用户。一个发射塔的服务区就可以覆盖一座中型城市，同时控制上行和下行的数据流。现在 MMDS 使用了传统的调制技术，但是未来的技术将是基于矢量正交频分复用（VOFDM，Vector Orthogonal Frequency Division Multiplexing）的，接收端与反射的信号相结合，生成一个更强的信号。这种技术成本低廉，常用于远离服务中心的小型企业接入网，它有时被称为 WDSL 或通称为宽带无线技术。

（3）SCDMA 技术

SCDMA（Synchronous CDMA）俗称"大灵通"，是中国拥有完全自主知识产权的无线市话技术。国家在 1 800MHz 频段给 SCDMA 划分了 20MHz 的专有频率，在 400MHz 频段划分了 3MHz 的频率。1 800MHz SCDMA 主要服务于城市、乡镇，400MHz SCDMA 主要服务于农村山区。

SCDMA 的研制起源于 1995 年，1996 年 SCDMA 移动通信试验原型系统在北京通县演示成功，1997 年 SCDMA 通过原邮电部认定，但由于受到固话和 GSM 的夹击，SCDMA 一直没有发展起来，直到 2003 年 3 月原信息产业部发布禁止 400MHz CDMA 的通报，给了 SCDMA一个机会，SCDMA 取代 400MHz CDMA 成为"村村通"工程唯一可以选择的技术，此时 SCDMA抓住了机会迅猛发展。2004 年 12 月原信息产业部发布了 SCDMA 无线接入系统的相关标准，标志着 SCDMA 无线接入系统相关技术要求和测试方法已经得到权威部门的认可。

（4）802.20 技术

IEEE 802.20 也称为移动宽带无线接入（MBWA，Mobile Broadband Wireless Access），是移动

性与峰值速率之间的完美结合。IEEE 802.20 工作组早在 2002 年就已成立，其目标是制定一种适用于高速移动环境下的宽带无线接入系统的空中接口规范。2006 年 6 月 15 日，IEEE 标准协会由于其活动的运作方式和透明度等原因暂停了 IEEE 802.20 工作组于同年 6 月至 10 月的一切活动，9 月 19 日，SASB 又恢复了"802.20"工作组的工作，并命令更换小组成员。2006 年 11 月 13 日，"IEEE 802.20"工作组于美国得克萨斯州达拉斯召开了全体会议，重新开始了标准制定活动。

4.2.5　无线接入发展趋势

（1）移动宽带化趋势明显

2004 年初 802.16/WiMAX 提出之后，整个无线通信领域开始了新一轮的技术竞争，从而加速了蜂窝移动通信技术演进的步伐。3GPP 和 3GPP2 分别在 2004 年底和 2005 年初开始了 3G 演进技术 E3G 的标准化工作。其中 3GPP 启动了长期演进（LTE）计划，提出的技术要求是：实现下行 100Mbit/s、上行 50Mbit/s 速率，频谱效率比 R6 高 2～4 倍，能更好地支持 IP 传输业务，而且成本更低。3GPP2 则提出了无线接口演进（AIE，现称 UMB）计划。AIE/UMB 原先考虑分为两个阶段，第一个阶段采用多载波 cdma2000 1xEV-DO 技术，最多 15 个载波实行捆绑，可支持下行 73.5Mbit/s、上行 27Mbit/s 速率的数据业务，即 EV-DO Rev.B。Rev.B 的初期首先实现 3 载波的捆绑，支持下行 9.3Mbit/s、上行 5.4Mbit/s 速率的数据业务；第二阶段采用增强型无线接口，将支持下行 100Mbit/s～1Gbit/s、上行 50～100Mbit/s 速率的数据业务。2008 年底，3GPP2 最终放弃了 UMB 方案，转而支持 LTE，意味着 CDMA 最终也将向 LTE 演进。

（2）融合成为趋势

移动通信和互联网是当前信息通信产业发展最快、影响最大的领域，信息通信业务呈现出宽带化、移动化、IP 化和融合化特征。总体来看，整个产业正处在重大转型期。从技术上看，信息通信技术正处于更新换代的关键时期。下一代网络（NGN，Next Generation Network）演进步伐明显加快；以 IPv6 技术为代表的下一代互联网呼之欲出；第三代移动通信技术、WiMAX 等宽带无线技术发展迅猛。从通信业务来看，正在由传统的语音业务向宽带数据业务转变；从网络层面来看，多种网络、技术和业务的融合趋势日益明显；更引人注目的是，互联网向电信网的延伸明显加速。

纵观全球电信业发展，融合正在成为不可阻挡的趋势，主要表现在：固定网与移动网之间的融合（FMC），技术的发展使融合成为可能，全球电信运营商都在努力寻求成为同时拥有固网和移动网的全业务运营商。互联网与电信网之间的融合进程也在加快，同时，三网融合日益提上议事日程，其典型业务是 IPTV 和手机电视，目前在技术上已经不存在障碍，主要的障碍是政策和体制因素。而从更广阔的视角来看，电信行业与其他更多行业的融合还在深入发展，例如与银行、影视出版等多个行业合作和开展融合业务。

（3）新技术不断应用

宽带无线接入技术的发展极为迅速，各种微波、无线通信领域的先进手段和方法不断引入，使用频段从 2.4GHz 开始向上直至 38GHz，仍在不断扩展。一方面这些技术充分利用过去未被开发，或者应用不是很多的频率资源，另一方面它们融合了在其他通信领域成功应用的先进技术如 64QAM、ATM、OFDM 等，以实现更大的频谱利用率、更丰富的业务接入能力、更灵活的带宽分配方法。

目前，宽带 OFDM 技术、3.5GHz 频段的 24 扇区天线技术、软件定义的无线电技术的应用、调制阶数和覆盖面大小可变的自适应技术、高效率频谱成型技术、自适应动态时隙分配技术、自适应信道估值与码间干扰对抗技术、自适应带宽分配及流量分级管理技术、中频与射频集成组装的紧凑型的户外单元技术和高级编码调制与收信检测技术等正成为宽带无线接入技术领域的最新技术亮点。整个宽带无线接入技术领域的发展体现出如下趋势：

① OFDM 技术开始兴起；
② 多址方式不断充实；
③ 调制方式向多状态化发展；
④ 双工方式都可选择；
⑤ 同时支持电路交换与分组交换；
⑥ 带宽动态分配；
⑦ 业务接口日趋丰富。

4.3 核心网技术

4.3.1 IP 多媒体子系统

IP 多媒体子系统（IMS，IP Multimedia Subsystem）最初是 3GPP 组织制定的 3G 网络核心技术标准，目前已被 ITU-T（国际电信联盟电信标准化部门）和 ETSI（欧洲电信标准化委员会）认可，纳入 NGN（下一代网络）的核心标准框架，并被认为是实现未来 FMC（固定/移动网络融合）的重要技术基础。目前 3GPP 在研究 IMS 应用于移动领域，同时 TISPAN（电信和互联网融合业务及高级网络协议）和 ITU-T 在 3GPP R6 研究的基础上积极推进基于 IMS 在固网应用和在网络融合领域应用的技术研究。

随着运营商的重组，电信业的竞争将进一步加剧，具体表现在 IP 电话冲击和分流传统电话业务、移动通信对固定通信的替代与分流日益明显、3G 将带来更加激烈的移动市场竞争、数据宽带多媒体业务日益增长等。

面对全业务运营商，终端用户的需求不再是单一的话音服务，而是要求在任何时间、任何地点用任意终端与任何人进行各种业务（话音、数据、视频）的通信。简单的"投资建网－放号－收入"的增长模式已经无法满足用户的通信需要。通信网络的建设必须能够很好地和产业链的建设结合在一起，以形成良性的商业模式。如果电信运营商仅满足于简单的连接和语音服务，生存的空间会越来越狭窄。近年来运营商实施的业务创新，大多围绕资费套餐展开，随着行业竞争的日益充分，电信业务降价空间将不断缩小。要真正实现长远、良性的发展，必须把着眼点放在创新的业务及应用上。

另外，随着全业务运营时代的到来，必然要求在网络和业务层面全面实现固定、移动融合。在实现移动核心网向 NGN 演进后，NGN 将进一步促进固定、移动的融合，并最终实现在 IMS 架构下的 VoIP 和多媒体业务。基于 IMS 的固定、移动融合的核心网，可以为各种接入网提供一个统一和强大的业务引擎，并提供开放的业务环境，满足不同的网络环境下各类终端业务的穿越和无缝漫游要求，真正实现一点接入、全网服务。

作为下一代融合网络的核心，IMS 是实现 IP 多媒体业务的建立、维护及管理等功能的核心网络体系结构。IMS 框架结构主要包括 3 层：应用层、会话及呼叫控制层、传送及接入层。

它的主要特点表现为：基于 IP 的多媒体业务与会话控制核心网络；支持各种融合业务的公共平台，不依赖于任何接入技术和接入方式；会话初始协议（SIP，Session Initiation Protocol）的灵活性和标准化开放接口，支持广泛业务；由多个标准组织定义并发展完善。IMS 技术以其与接入无关性、完全的业务与控制分离的重要特点受到了国际和国内的运营商的高度关注，并纷纷认为 IMS 将成为网络融合和核心控制层发展的重要技术方向之一。

IMS 使运营商能快速高效地部署各种多媒体业务，而不依赖于网络的接入方式和终端设备类型。

此外，部署 IMS 还能够节约运营商的运营成本。

随着时间的推移，运营商会部署可管理所有的接入方式和终端用户业务的公共业务控制系统，这样运营商的资本性支出（CAPEX，Capital Expenditure）和运营成本（OPEX，Operating Expense）都会降低。针对不同业务，单独部署系统或许在部署单个业务时是便宜的，但是当大量的应用需要部署时却不是经济的。

费用的节省同时也包括业务开发、业务部署的低成本和缩短产品进入市场的时间。

IMS 具备完整的 IP 核心网功能，包括会话管理、承载控制、漫游、计费、安全、服务质量管理等。其主要由 6 种类型的功能实体组成，即会话管理和路由类、计费类、数据库类、支撑实体类、网间配合类、应用服务类等，IMS 的框架结构包括 CSCF、HSS、MRF（包括 MRFC 和 MRFP）、IMS-MGW、MGCF、BGCF、AS 等功能实体，如图 4-1 所示。

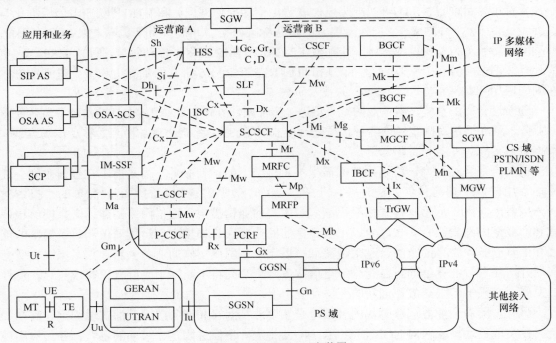

图 4-1　3GPP R7 IMS 架构图

呼叫会话控制功能（CSCF，Call Session Control Function），主要是对会话进程的控制，是整个网络的核心，支持 SIP 处理 SIP 会话。它又分为 3 个不同实体：P-CSCF（Proxy-CSCF）、I-CSCF（Interrogating-CSCF）、S-CSCF（Serving-CSCF）。

P-CSCF 是 IMS 网络中用户的第一个接触点，即接入 IMS 系统的入口，实现了在 SIP

中的 Proxy 和 UserAgent 功能，也就是验证请求、处理和转发响应，P-CSCF 起到了安全管理和隐藏接入网络差异的作用。在 R5 中，P-CSCF 还包括一个用于资源授权和管理的功能实体 PDF。

I-CSCF 是多个 IMS 网络域之间接口，负责用户信息的询问和用户 S-CSCF 的查找。I-CSCF 用于隐藏网络内部拓扑结构，同时还起到负载均衡和流量控制的作用。

S-CSCF 在 IMS 中处于核心控制地位，是 IMS 多进程控制的关键所在。它负责记录并控制用户进程状态，执行会话路由功能，并不断与应用服务和计费功能进行交互，根据规则进行增值业务路由触发与业务控制。

本地用户服务器（HSS，Home Subscriber Server）是一个存储用户和服务相关数据的数据库，是一个升级的 HLR。HSS 以 XML 形式记录了用户身份、注册信息、接入参数和服务触发信息。

媒体资源功能（MRF，Multimedia Resource Function）包括控制部分（MRFC，Multimedia Resource Function Controller）和用户平面的处理部分（MRFP，Multimedia Resource Function Processor）。

MGCF 和 IMS-MGW 是与 CS 域和 PSTN 互通的功能实体，分别负责控制信令和媒体流的互通；MRFC 和 MRFP 是实现多方会议的功能实体，控制层面的 MRFC 通过 H.248 控制 MRFP，对与承载相关的业务服务提供支持，如视频会议、用户公告等，能够完成数据媒体流的混合、媒体流的分发、承载代码的转换、计费信息的发送等。

IMS 媒体网关（IMS-MGW，IMS-Media Gateway）和媒体网关控制功能（MGCF，Media Gateway Control Function）是 IMS 和传统 CS 网络之间的网关，如 IMS 与 PSTN 之间，使得两个网络的用户可以进行通信。它能够将 CS 网络的信令与 SIP 信令相互转换，并且能够报告计费信息。

边界网关控制功能（BGCF，Breakout Gateway Control Function）也是与传统 CS 网络相关的功能实体，是 IMS 域与外部网络的分界点，是控制网关来完成信令转换，负责选择呼叫通过哪个 MGCF 到达 CS 网络。但如果选择另外一个网络作为呼叫的路径，则将会话转发到那个网络的 BGCF。

应用服务器（AS，Application Server）并不完全属于 IMS，它是架构在 IMS 之上的功能实体，能充分利用 IMS 提供的各种功能，如呼叫控制、账户管理、计费等。它主要是对外提供增值多媒体服务。基于 IMS 的 AS 能够提供很多独特的功能，如在线状态、消息和会议服务等。由于有开放的接口，因此 AS 可以由运营商提供，也可以由第三方提供。

4.3.2 固定移动融合技术

FMC（Fixed Mobile Convergence），指固定网络与移动网络融合，基于固定和无线技术相结合的方式提供通信业务。FMC 意味着网络的业务提供与接入技术和终端设备相独立。从用户角度看，FMC 的目的是使用户通过不同接入网络，享受相同的服务，获得相同的业务。其主要特征是用户订阅的业务与接入点和终端无关，也就是允许用户从固定或移动终端通过任何合适的接入点使用同一业务。FMC 可以使得用户在一个终端、一个账单的前提下，在办公室或家里使用固定网络进行通信，而在户外，则可以通过无线/移动网络进行通信。FMC 同时也包含了这样一个概念，就是在固定网络和移动网络之间，终端能够无缝漫游。对于用户而言，这也意味着简单和方便。

FMC 从本质上体现了这样一种理念：通过整合电信网络资源，以及对终端、网络、运营支撑系统等多种资源的融合，为用户提供与接入技术无关、跨网络、无缝、融合的业务体验和统一的服务体验，并降低网络建设和运营成本。为了能够达到固网移动融合的业务体验效果，可以通过任意技术实现。

通常情况下，FMC 的融合涵盖以下几个方面。

（1）核心控制的融合

从网络控制层面上看，支持固定/移动融合，无论是固定还是移动接入方式，都采用统一的业务实现模式、统一的用户管理、统一的鉴权认证、统一的计费以及统一的业务平台接口。

IP 多媒体子系统（IMS，IP Multimedia Subsystem）是控制层面最主要的融合技术，是实时多媒体会话等业务的下一代控制核心。IMS 定义了在 IP 网络中，以 SIP 为核心控制协议的 IP 多媒体业务会话控制体系，具备固定和移动及话音/视频/呈现（Presence）/即时消息（IM）业务的统一控制能力，可以真正实现固定移动核心控制网络的合二为一，为用户提供固网移动融合业务。语音呼叫连续性（VCC，Voice Call Continuous）是 IMS 的扩展，从控制层面提供了对多模终端跨 2G 网络、R4 网络及 IMS 网络时的语音业务无缝切换控制能力。

（2）运营支撑系统的融合

运营支撑系统的融合主要包括计费账务系统的融合、结算系统的融合和充值平台的融合。运营支撑系统融合的关键是要实现高度的系统集成化，把各式各样的分离业务系统融合起来、串联起来，形成统一的整体，实现内部业务流程和外部业务流程的顺畅通达和统一协调，从而实现企业管理水平、运营效率、服务能力等方面的整体提升，实现用户层面的统一计费、统一账单和业务捆绑。

（3）业务网络的融合

与目前垂直体系架构的业务提供系统不同，融合的业务提供系统将具备统一的业务执行环境和业务开发环境，从而能够同时访问控制多种网络，实现跨网络、语音/视频/数据相结合的融合业务的开发、部署和提供。目前实现业务提供系统融合的技术主要包括 4 类：综合智能网技术、SIP 业务提供技术、Parlay/OSA/OMA 开放业务接口技术、面向服务的体系结构（SOA，Service Oriented Architecture）技术。

① 综合智能网技术：该技术核心是可同时支持智能网络应用部分（INAP，Intelligent Network Application Protocol）、CAMEL 应用部分（CAP，CAMEL Application Part）等协议的综合业务控制点（SCP，Service Control Point），可以通过分别访问控制固网和移动网中的业务交换点（SSP，Service Switching Point），提供固网移动融合的智能网业务。该技术基本成熟，但能力有限，仅限于提供融合的语音增值业务，且不支持对第三方开放的能力。

② 基于 SIP 的业务提供技术：其突出代表是在 IMS 体系架构中，由呼叫会话控制功能（CSCF）与 SIPAS 协作的业务提供架构。由于 SIP（包括 IMS 核心控制架构）可做到与固定移动等接入方式无关，且扩展性好，可同时支持语音视频实时会话控制以及 Presence 和即时消息 IM 控制能力。此外 SIP 会话控制机制为 SIPAS 和 CSCF 提供了对等的多次交互机制，因而这种业务提供技术可实现业务与控制分离、固网移动融合，并具有可结合语音和视频业务、Presence 和 IM 等数据业务能力的、可灵活触发、灵活嵌套的融合业务提供能力。

③ 基于 Parlay/OSA/OMA 开放业务接口技术的业务提供系统：其核心技术特点是定义了抽象的、与具体底层网络技术细节无关的业务接口，以及面向第三方开放所需的鉴权管理

等能力，使得电信运营商可以通过该接口，将其网络能力安全可管理的提供给第三方业务提供者，从而支持第三方业务开发和业务运营。因而，这种业务提供技术可实现与具体网络无关的。结合语音、视频、数据等多种网络能力的融合业务，实现第三方互联网应用与电信业务的结合。同时，这种业务提供系统的体系架构通用性较好，可通过增加接口适配模块（如ParlaySCS）的方式，快速适应底层网络的变化，满足提供灵活多变业务的要求。

④ 基于 SOA 架构和 Web Services 中间件的业务提供系统：在 SOA 体系架构中，所有相关的业务能力被标准化为服务（Service）模块，通过定义这些服务模块之间的组合顺序（包括控制流和数据流）、动态的模块发现和获取机制，并通过更为适应于 Internet 环境的 Web Services 中间件进行信息交互，可自动并即时生成新的应用业务，且能够快速部署和运行。这种架构能够更好地满足快速多变的业务需求，实现既有能力的灵活重用，实现业务的快速开发和部署。目前 SOA 架构和 Web Services 中间件已广泛应用于企业应用和 IT 领域，并已在电信领域有所应用。但针对电信级的业务要求，目前这套架构的安全性、可运营管理性、性能、可靠性等还有待进一步提高。

（4）接入层面融合

接入层是指为用户提供接入的网络层面。对于固定接入方式和移动接入方式的融合，在网络侧主要体现在 WLAN/Bluetooth 和 GSM 的融合、WLAN 和 WCDMA 的融合等。

目前可选用无线电话规范（CTP，Cordless Telephony Profile）技术和无授权移动接入技术（UMA，Unlicensed Mobile Access）技术。CTP 是话音在蓝牙协议上进行承载传输和控制的技术框架，用户可以通过支持蓝牙和 GSM 的双模手机，在从室外移动到室内时，从 GSM 公网切换到蓝牙无线网络，通过蓝牙享用语音业务。UMA 定义了通过多种无线接入技术（如蓝牙、Wi-Fi 等）接入 GSM 网络的框架规范，使得用户可通过双模手机享用跨公共 GSM 网和室内/热点无线网络的话音和数据业务。

WLAN/Bluetooth 和 GSM 的融合方案的标准是由 UMA 组织制定的，已经被 3GPP 组织接受。如图 4-2 所示，在这种方案中，WLAN/Bluetooth 终端通过 IP 接入网连接到 GSM/GPRS 核心网，从而使用 GSM/GPRS 网络提供的业务。这种技术在英国电信已经得到商用，即 BluePhone 方案：用户拥有一个 Bluetooth 和 GSM 的双模终端，在室外通过 GSM 网络接入到 PLMN 核心网，在室内通过 Bluetooth 经 ADSL 网络接入 PLMN 核心网，用户可以享受更低的资费。

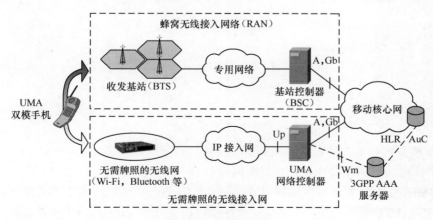

图 4-2　UMA 体系结构

（5）终端融合

终端融合是指提供可以同时在移动网和固定网上使用的单一手机或其他设备。这些设备通常称作双模手机或"组合电话"。

4.3.3 系统架构演进

2006 年 9 月，3GPP 最终确定了 LTE（也被称为演进的 UTRA 和 UTRAN（Evolved UTRA and UTRAN））的研究项目。该项研究的目标是确定 3GPP 接入技术的长期演进计划，使其可以在将来保持竞争优势，相应的工作项目在 2007 年下半年完成。

3GPP 还开展了一项平行研究：即系统架构演进（SAE，System Architecture Evolution），重点研究核心网络的演进要点。这是一个基于 IP 的扁平网络体系结构，旨在简化网络操作，确保平稳、有效地部署网络。

在 SAE 的架构中，原有分组交换（PS，Packet Switching domain）的服务 GPRS 支持节点（SGSN，Service GPRS Supporting Node）和网关 GSN（GGSN，Gateway GSN）功能被重新进行了划分，成为两个全新的逻辑网元：移动管理实体（MME，Mobility Management Entity）和服务网关（SGW，Serving Gateway），从而实现了 PS 域的承载和控制相分离。新增的公共数据网关（PDN GW，PDN Gateway）网关则用以实现各种类型的无线接入。SAE 的网络架构如图 4-3 所示。

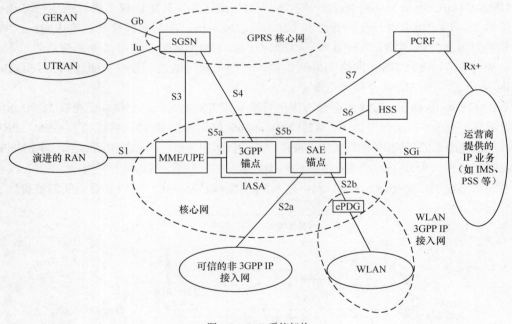

图 4-3　SAE 系统架构

SAE 中涉及的功能实体包括：MME、用户平面实体（UPE，User Plane Entity）、3GPP 锚点、SAE 锚点、可信的非 3GPP IP 接入网和 ePDG。

（1）MME：MME 管理控制面的协议，如 UE ID 的分配、安全性、鉴权和漫游控制等。

（2）UPE：UPE 管理用户面的协议，如存储 UE 上下文、终止 LET_IDLE 状态用户面、加密上下文等。

（3）3GPP 锚点：是 LTE 与传统 3G 网络的用户面数据链路的锚点，负责管理 LTE 和传统 3GPP 间的数据路由，管理 2G/3G 接入和 LTE 接入间的移动。

（4）SAE 锚点：是 3GPP 与非 3GPP 网络间的用户面数据链路的锚点，负责管理 3GPP 和非 3GPP 间的数据路由，管理 3GPP 接入和非 3GPP 接入（如 WLAN、WiMAX 等）间的移动。

（5）可信的非 3GPP IP 接入网：一种非 3GPP IP 接入网，如果 3GPP 演进分组核心网（EPC，Evolved Packet Core）系统认为一种非 3GPP IP 接入网是可以信任的，那么就认为该非 3GPP 接入网是可信的非 3GPP IP 接入网。用户设备（UE，User Equipment）通过这种接入网接入 3GPP 网络时，不需要特殊的安全通道。

（6）ePDG：具有 3GPP TS 23.234 中定义的分组数据网关（PDG，Packet Data Gateway）功能的实体，对 PDG 功能的具体修改或扩展有待于做进一步的研究。

SAE 架构中包含以下接口。

S1：演进的无线接入网（RAN，Radio Access Network）与 MME/UPE 的接口。

S2a、S2b：非 3GPP 网络与 SAE 锚点间的接口，基于互联网工程任务组（IETF，Internet Engineering Task Force）协议。当用户在 3GPP 网络和非 3GPP 网络间漫游时使用这两个接口。

S3：SGSN 与 MME 的接口，类似于传统 3G 网络中 SGSN 间的 Gn 接口。

S4：SGSN 与 3GPP 锚点间的接口，类似于传统 3G 网络中 SGSN 与 GGSN 间的 Gn 接口。

S5a：UPE 与 3GPP 锚点间的接口，基于 GPRS 隧道协议（GTP，GPRS Tunneling Protocol），用来做 Active 状态下 UPE 的重定位。

S6：归属签约用户服务器（HSS，Home Subscriber Server）与 MME/SAE PDN（公用数据网）网关的接口，完成用户接入认证，插入用户签约数据，对用户接入 PDN 进行授权，与非 3GPP 系统互联时对用户的移动性管理消息进行认证等功能。

S7：SAE PDN 网关与策略和计费规则功能（PCRF，Policy and Charging Rules Function）实体间的接口，类似于现有策略控制和计费（PCC）中的 Gx 接口。

LTE-SAE 体系结构的主要特点有：

（1）一个通用锚点和一个支持所有接入技术的网关节点；

（2）一个经过优化的用户平面体系结构，将节点类型从以前的 4 种缩减到只有 2 种（基站和网关）；

（3）所有接口均支持基于 IP 的协议；

（4）RAN 与核心网（CN，Core Network）之间的功能分离，类似于 WCDMA 与 HSPA 之间的功能分离；

（5）移动性管理实体（MME）与网关之间的控制平面/用户平面分离；集成采用基于客户端和网络的移动 IP 的非 3GPP 接入技术。

4.3.4 引入大容量分布式归属位置寄存器

全球越来越多的运营商正逐步意识到集中管理用户业务数据的重要性，以用户为中心的业务数据融合逐渐成为业界趋势。建设以用户为中心的网络，快速推出新的有吸引力的业务，使用户能够得到一致的业务体验，是提高用户 ARPU 值和忠诚度的关键措施。但目前，由于用户业务数据分散在网络中诸多不同的功能实体中，各个功能实体又都有自己的用户业务数据管理方式，从而形成了一个个"信息孤岛"，使得整个运营商的网络变得非常复杂。同时，这些各自孤立的信息很难被运营商利用起来为用户开拓增值服务，给业务创新带来了困难，这也使得运营商在多种网络下难以给用户提供一致的业务体验。

而大容量分离架构归属位置寄存器（HLR，Home Location Register）的出现为解决这些困难创造了可能。这种 HLR 的实施方案，可以将大容量数据库集中于省会，业务逻辑处理功能实体（业务前端）下放至各地市。由于数据库集中放置，用户数据的容量可以做到几千万之多。

大容量分离架构的 HLR 支持业务数据分离架构，它打破了传统 HLR 业务和数据的紧耦合，将业务处理部分独立出来成为前端（FE，Front End），数据部分独立出来统一管理形成后端（BE，Back End），可以收编现网传统 HLR，平滑演进到 HSS，并平滑演进到融合的数据中心（USC，Unified Subscriber Centre），支撑运营商融合战略；同时，数据集中管理后，新业务可以实现快速部署，增强网络竞争力。现在，移动核心网络正朝着全业务和全 IP 网络的方向发展，网络分层化、开放化及 IP 化是移动核心网演进的趋势。而分离架构 HLR 的业务逻辑与用户数据的分层、业务逻辑与用户数据间的 IP 访问，以及数据库开放灵活的接口及架构更是顺应了这些发展趋势。

同时，大容量分离架构的 HLR 能够继承现有 HLR、HSS、鉴权、授权、计费（AAA，Authentication Authorization Accounting）、移动号码携带（MNP，Mobile Number Portability）、设备识别寄存器（EIR，Equipment Identification Register）、通用用户信息（GUP，Genenic User Profile）等网络功能实体的功能，可将网络中用户的各种业务数据（包括移动通信网络、固定话音网络、宽带网络以及多媒体网络中各种功能实体所需要的用户业务数据）融合在一起，进行统一管理，并提供开放的数据接口。这样能够简化网络、缩短新业务发布时间、促进业务创新，为运营商提供有竞争力的融合业务奠定基础。

4.3.5 信令网 IP 化

随着媒体流的 IP 承载化，信令消息承载的 IP 化也成为业界关注的重点问题。在 R4 阶段，信令应用层与七号信令相同，底层承载有 TDM 和 IP 两种方式；R5 阶段以后的 IMS 网络信令消息不再是七号信令，而是基于 IP 技术的信令，如 SIP 等。从长远来看 3G 网的发展，若 R4 阶段在相当长的时期内存在，考虑到成本优势，则 IP 信令网是必然的发展趋势。

分组化是网络发展的必然趋势。暨核心网 IP 化后，七号信令网也采用 IP 承载，统一网络的承载方式，有利于简化网络结构和协议种类。

传统的七号信令网带宽有限，两个信令点之间最大带宽是 $16 \times 2\text{Mbit/s} = 32\text{Mbit/s}$。随着用户数量的增加，以及新业务的发展，传统的 TDM 链路最终会出现带宽瓶颈。同时受物理资源的限制，点到点连接占用大量中继资源，这也使现有信令网扩容相对困难。而在采用 IP 技术承载后，可以方便灵活地扩展信令节点间带宽、降低传输资源管理的复杂程度，并可能打破 TDM 链路组支持链路数量的限制。

IP 信令网是指利用 IP 作为承载技术，来传送七号信令消息的网络。IP 信令网由 IPSEP 和 IPSTP 组成。

（1）IPSEP（提供 IP 信令接口的信令点）：

① 具有独立的信令点编码；

② 通过 IP 网络端口实现七号信令消息的发送与接收；

③ 包括同时提供 IP 信令接口和 TDM 信令接口的信令点。

（2）IPSTP（提供 IP 信令接口的信令转接点）：

① 根据信令点的地址（GT/DPC），完成七号信令转接和路由的功能实体；

② 通过 IP 网络端口实现七号信令消息的发送与接收；

③ 对 SCCP 消息提供中继功能的实体；

④ 提供 SG 功能。

4.4 数据网技术

4.4.1 流量检测技术

目前，基于 P2P 技术的下载/视频、VoIP 等 IP 互联网业务应用给传统的电信企业商业模式和价值链带来了巨大的冲击，这些业务一方面大量消耗了网络资源，使得电信运营商不得不每年进行大规模网络扩容，同时这些业务也和电信运营商的业务形成了竞争关系，大量分流了电信运营商的业务收入。而这些问题正是由于传统 IP 网络本身缺乏业务层的管控能力，传统 IP 网络关注重点在于包的转发，因此一般仅仅涉及 ISO 七层模型中的下三层（物理层、链路层和 IP 层），无法对高层业务应用和用户进行识别。

IP 技术已经成为下一代电信网络的基石，这一点已经获得广泛的认可。但这里的 IP 网络已经不再是传统的 IP 网络，而是能够满足电信运营需要的电信级 IP 网络。为了解决电信级 IP 网络可控可管的问题，人们提出了流量检测技术，该技术具备对报文的深度检测分析能力和业务流行为分析能力，能够对业务数据类型、业务流量行为进行识别，并可以根据各种预先配置的控制策略对业务进行管理和干预，从而为 IP 网络提供业务管控能力。

1. 流量检测技术原理

流量检测技术基本原理是通过对数据报文进行识别，并在识别的基础上对数据报文进行流量管理，为现有网络提供业务层的管控能力。

一般工作流程如下。

（1）获取流量。由于目前 IP 骨干网络带宽粒度都较大（2.5Gbit/s，10Gbit/s 或更高），为了满足性能要求，流量检测在具体实现时一般采用多通道处理技术，将网络中的待检测业务数据报文均匀地分配到多个物理处理通道内并行处理。可以采用基于业务数据报文源/目的 IP 地址和源/目的端口号的 Hash（散列）算法实现业务数据的均匀分配。

（2）识别流量。流量检测设备对通道内的业务数据四层或以上报文字段、流量行为特征、业务状态等信息进行识别和分析统计，并与业务信息特征库中的业务特征信息进行比对，从而完成对业务数据报文的分类识别。

为了提高报文检测效率，一般对于新建连接，系统对其进行精细识别，待识别结果确定后，保存业务数据报文的 IP 五元组信息；对于后续连接，系统仅仅需要进行五元组信息比较，而不再对其进行精细识别统计，以提高报文识别工作效率。业务数据识别是流量检测技术的基础，识别的准确程度在很大程度上决定了业务控制的准确程度和有效性。

（3）控制流量。流量识别一般不会对业务流量产生影响，只需要进一步对业务流量进行控制操作，从而达到最终可控可管的目的。当业务数据报文到达业务控制模块后，系统读取策略控制库中预制的各种策略控制信息，并结合业务识别结果信息，对符合条件的业务数据进行流量管理。

2. 流量识别技术

目前，流量检测技术主要包括：
（1）数据流深度包检测技术（DPI，Deep Packet Inspection）；
（2）数据流行为特征检测技术（DFI，Deep Feather Inspection）。

DPI 技术通过对业务报文七层负荷中特定位置的特征信息进行深度检测，从而实现对数据流业务类型或者内容进行识别。例如对于基于 P2P 技术的业务流量，由于 P2P 报文会在一些固定字段呈现出特征字节序列，通过检测可以识别出这些特征，即使 P2P 应用改变端口号，也无法躲避检测。DFI 技术通过对业务数据的流量行为特征进行一段时间的统计分析，这些流量特征包括：数据流的四层信息、持续时间、数据流量速率、数据包平均大小等信息，通过和业务特征信息库的对比，进而可以实现对数据流类型的识别。

从上面的分析可以看出，由于 DFI 技术是基于统计分析结果给出的判断，必然或多或少存在一定误判率，因此在识别的精细度和准确度方面，DPI 技术均优于 DFI 技术。DPI 技术不仅可识别出大类业务（如 VoIP 业务），还可识别出同一大类业务中的不同应用协议。DFI 技术一般只支持大类流量的识别，不支持或较少支持具体分协议流量的识别，也因此无法对具体单协议业务数据进行策略控制。

但正是由于 DPI 需要对数据报文进行深入分析，其对设备性能要求是比较高的。而 DFI 技术无需对数据流进行逐包的拆解分析，只需对数据流行为进行统计，因此，DFI 技术的识别效率要高于 DPI。同时，DFI 对于识别流量特征与已知流量较为一致的加密数据时，其识别能力要高于 DPI 技术。此外，由于应用层的业务类型变化很快，DPI 技术需要经常升级其特征库，而 DFI 的升级频率相对低一些。

3. 流量控制技术

目前，流量检测技术主要采用流量整形技术和连接干扰/信令干扰技术两种流量控制技术。

流量整形技术能够根据数据流识别的结果，对数据流量采用阻塞、随机丢包，或者提供 QoS 保证等方式，对符合策略控制条件的业务数据进行流量管理和资源调度，以达到流量控制的目的。

连接干扰/信令干扰技术则是根据数据流识别的结果，针对 TCP 流量，伪造由连接对端发送的 TCP Reset/FIN 数据包，中断或者重置连接，引发 TCP 重传，从而达到流量控制的目的。针对 UDP 流量，可通过七层的协议信令进行干扰，达到流量控制的目的。

由于控制机制的差异，目前，采用流量整形技术的系统在数据流控制的准确性、平稳性方面优势较明显，其对基于包括 TCP 和 UDP 等各种 P2P 的应用都可以进行控制，且控制精度较高，效果较好，并且系统还支持对不同类型流量的 QoS 优先级进行区分。

相比之下，采用连接干扰/信令干扰技术的系统较难做到对数据流的平稳控制，其发送的干扰包也会占用一定的网络资源，特别是对基于 UDP 的应用更难以控制，控制效果一般较对 TCP 类应用的控制更差，且难以提供绝对的 QoS 保证机制。

4. 系统接入方式

流量检测技术主要采用串联接入和旁路接入两种方式接入到 IP 网络中。

串联接入方式采用二层透传的方式，或者三层互连的方式串联在链路中。采用二层透传方式时，流量检测技术对于链路两端的路由器或者交换机等网络设备是透明的，其接入不改变原有网络拓扑，不会影响到原有的网络路由信息和 IP 地址分配等。在采用三层互连方式时，系统需要配置 IP 地址，需要与链路两端的路由器或交换机等网络设备建立路由邻居关系，引发网络拓扑的改变和路由收敛，以及 IP 地址的分配信息等。串接方式使得系统成为被控链路的一个组成部分，从而导致系统自身的可靠性和性能会影响整个链路的可靠性和性能。

旁路接入方式则是通过系统的分流设备，将流量复制到流量检测技术进行离线分析。旁路方式采用的是二层分光方式，其自身的可靠性和性能不会影响到原有链路的可靠性和性能。同时，由于旁路方式不和原有链路发生实质的关系，在该方式下，系统只能选择发送连接干扰/信令干扰的方式进行数据流控制。采用旁路接入方式时，需要在链路两端的任意一个路由器上为旁路接入系统预留一个接口，旁路接入系统利用这个接口对数据流量进行连接干扰/信令干扰。

旁路接入方式对链路的影响较小，且扩展实施其他增值功能的能力较强。串接接入方式对链路安全的影响较大，系统可能成为网络上的新的故障点，且它对串接系统自身的性能和安全可靠性要求也很高。但目前采用旁路接入方式时，只能对应地使用连接干扰/信令干扰技术进行数据流控制，控制能力受到较大影响。

4.4.2 端到端的服务质量

IP 网将成为今后统一的业务承载平台，其承载的业务种类会日益繁多，涵盖了现在多个专业网络的业务，包括传统电信业务（如语音业务）、视频通话业务、流媒体业务（如视频点播和 IP TV 业务）、专线租用业务，以及传统的互联网业务（如 Web 浏览和文件下载）和非传统互联网业务（如基于 P2P 技术的各种业务）等。

QoS 顾名思义是服务的质量，其评价主体应该是使用业务的最终用户。影响最终用户业务使用体验的因素包括从物理层、链路层、网络层一直到应用层、表现层。ITU-T 和 ISO 在定义 QoS 时，对 QoS 所涉及的范围均不仅仅局限于 IP 层。狭义的 QoS 指的是 IP 层的 QoS，其主要性能描述参数包括丢包率、吞吐量、时延、抖动等指标，这些性能参数所约束的行为主体是 IP 包。

不同的业务对 QoS 要求是不一样的。

（1）对于语音业务：单向端到端时延小于 150ms（其中承载网的时延应小于 60ms）；单向抖动小于 30ms（其中承载网的抖动应小于 10ms）；丢包率小于 1%；带宽要求得到保证，平均带宽为 20～110kbit/s/每个呼叫（根据编码方式不同和不同的打包时延，其带宽需求也不相同）。

（2）对于视频通信业务：单向端到端时延小于 150ms；单向抖动小于 30ms；丢包率小于 1%；带宽根据编码方式和打包时延，确定其需要保证的带宽需求。

（3）对于 IPTV 和视频点播一类的流媒体业务：时延要求小于 1s，抖动要求小于 1s。随着高清电视业务的引入，其对带宽的需求较高，需达到 10Mbit/s 以上，且这类业务的不间断业务流持续时间较长。

保证业务 QoS 的方法有多种，包括：过量资源配置、业务区分和资源预留。IETF 为保证 IP QoS 提出了区分服务（DiffServ）模型和集成服务（IntServ）模型。

（1）过量资源配置

充足的资源保证 IP 承载网是轻载网络。试验表明，IP 网络在轻载的情况下（峰值带宽利用率在 50%以下），一般可以满足电信业务的 QoS 要求。但由于 IP 网络上承载的业务（特别是一些互联网业务）的可控可管的能力较差，同时由于病毒和黑客攻击等原因，容易在短时间内产生很大的流量冲击，导致网络负荷加大，此时 IP 包的 QoS 性能将大大下降，完全不满足电信业务的承载要求。故仅仅采用过量资源来保证 QoS 存在较大的风险，在实际应用中需要和其他 QoS 保证技术配合使用。

（2）资源预留

资源预留的基本思想是在传送业务流之前，根据业务的服务质量需求进行网络资源预留（包括带宽、CPU 处理时间片和队列），从而为该数据流提供端到端的服务质量保证。资源预留是一种传统电信业务实现思路，理论上可以严格保证业务的 QoS。

IETF 提出的 IntServ 模型采用了资源预留技术，采用面向流的资源预留协议（RSVP，Resource Reservation Protocol），在流传输路径上的每个节点为流预留并维护资源。IntServ 模型的提出要早于 DiffServ 模型，但并没有得到广泛的应用。它主要缺点是由于 RSVP 信令需要为每一个业务流进行端到端的信令建立，同时为了维持链路状态还需要大量的定期刷新信息，这会占用大量带宽资源和路由器的 CPU 处理能力，扩展性差，难以在大型 IP 网络中实施。

（3）业务区分

DiffServ 的基本思想是通过对不同的业务流（包）按照服务质量要求进行标识，划分不同等级，从而使得不同的业务流（包）能够在网络节点上获得区别对待：语音等电信级业务具有最高的服务等级；普通用户互联网业务的服务等级最低。当网络出现拥塞时，服务等级高的业务流比级别低的业务流有更加优先的转发权，从而可以有效改善电信业务流的 QoS 性能。

IETF 提出的 DiffServ 模型通过 DSCP（DiffServ Code Point）字段（6 比特）来标识业务，理论上可最多支持 64 种业务分类。但在实际应用中一般只使用 8 或 16 个业务分类。业务的标识一般在网络接入边缘完成，网络核心节点（路由器）通过 DSCP 匹配相应的每跳行为（PHB, Per-Hop Behaviour）来进行包的策略转发，PHB 主要依靠各种复杂的排队机制来实现。DiffServ 模型具体实现技术包括分类、标记、速率限制、流量整形、拥塞避免、队列调度等。由于 DiffServ 只包含有限数量的业务级别，状态信息数量少，同时不需要维持庞大的链路状态信息，其扩展性要比集成服务模型好。

但 DiffServ 模型只是改善了业务流流经的业务节点对 IP 包的处理，缺乏全局的信令机制以协调节点之间的信息传递与控制，因而其对业务 QoS 的保证也是相对的和局部的。同时当路由器完全拥塞时，即使服务等级最高的电信业务也会受到影响。

DiffServ 模型仍有许多问题亟待解决，如它只着眼于网络中的单个节点，缺乏全网观念，对业务流量的走向没有整体规划，因此很难保证在所有情况下 QoS 都能得到保证，不造成流量拥塞。如果要做到这点，必须在前期规划中要对流量流向进行预测，针对各种可能造成流量拥塞的情况预留资源；此外，在部署 QoS 策略以后还需要随时对网络流量流向进行统计分析，并不断调整设备 QoS 配置参数。

城域以太网（MEF，Metro Etherent Forum）于 2005 年提出了 Hard QoS 的概念，即所谓的"硬 QoS"。Hard QoS 对应 IntServ 模型，它借鉴了 TDM/ATM 网络的思想，通过面向连接的带宽预留协议，在业务流量沿途设备节点上预留带宽，从而达到保证传输质量的目的。由于采用 IntServ 模型要求沿途设备为每个流维护一个状态，当网络规模达到一定程度时，相应的维护开销将使核心网络设备不堪重负。对于网络规模相对较小及网络拓扑结构相对简单的城域以太网来说，部署 Hard QoS 是可行的。但这也对网络设备提出了更高的要求，例如需要支持路由协议、MPLS、RSVP 等复杂的功能，因而也提高了设备的技术门槛及成本。同时，由于 Hard QoS 技术相对复杂，也增加了网络的维护成本。

相对于 Hard QoS，MEF 还提出了 Soft QoS 的概念。Soft QoS 对应 DiffServ 模型，即边缘设备对不同业务标记不同优先级，并实施流量监管，控制进入核心层的总流量。DiffServ 的优点是简单易于实现，运营商可以跟用户签订服务等级协议，向客户提供不同级别的服务。

1. 节点 QoS 技术实现

这里所说的节点指的是 IP 流量在网络上流动时所经过的硬件设备，主要包括路由器、三层/二层交换机和宽带接入服务器（BRAS，Broadband Remote Access Server）/多业务边缘路由器（MSER，Multi-Service Edge Router）等业务控制设备。目前，节点 QoS 实现技术基本采用如下的流程：报文分类、拥塞避免、拥塞管理、流量监管和流量整形。

（1）报文分类

分类是通过数据包的某个头域字段或属性来标识不同的用户/业务流量，从而在后续的处理当中根据不同的类别进行相应的策略操作（如标记、排队、整形等）。报文分类一般按照 IP 报文头的服务类别（CoS，Class of Service）、VLAN TAG 报文的 802.1P、MPLS 报文的 EXP 域、用户的优先级、复杂流分类等字段和方法进行。网络设备中的分类处理单元将入流量整理区分成多种不同的流量类型。分类依据越灵活、分类粒度越细，则后续可进行的策略和处理则越全面和灵活，但这也给设备本身提出了很高的处理能力要求，在具体实施时需要在业务要求和处理能力上进行折中，而不是分类越精细越好。

DiffServ 方式主要通过 DSCP 字段实现业务的分类，在网络核心处根据 DSCP 字段的值执行 PHB 行为。一般将业务分为 EF、AF、BE 几类。EF 为最高优先级，分配给低时延、低抖动、低丢包的业务；AF 提供一定程度的保障，分配给定的带宽和缓存，分成 AF4～AF14 个级别，每级别定义 3 个丢弃优先级；BE 分配给尽力而为转发的业务，不提供 QoS 的保障。由于 DiffServ 模型实现简单，扩展性好，因此在现有的三层 IP 网络中应用较为广泛。

（2）拥塞避免

与在拥塞出现后才进行相应处理的拥塞管理技术（即排队技术）不同，拥塞避免机制主要是通过检测网络流量负荷，如果拥塞开始增加，将随机地丢弃数据包，从而促使信息源发现流量丢失继而降低其传输速率。

拥塞避免对不符合要求的报文进行早期丢弃，采用随机早期检测（RED，Random Early

Detection）/加权随机早期检测（WRED，Weighted Random Early Detection）技术，随机丢弃报文。WRED 算法扩展了 RED 算法以区分不同的流量，对每个流量分配相应的权重；在网络负荷增加并且可能导致拥塞时随机丢弃数据包，根据丢弃系数，先丢弃优先级低（丢弃系数高）的数据包，新到的数据包丢弃系数高，从而有效地控制和避免网络拥塞情况的出现，减少网络拥塞对优先级高的数据流量的影响。

当调度队列的长度小于设定的队列低限时，不丢弃报文；当调度队列的长度在设定的低限和高限之间时，RED/WRED 开始随机丢弃报文；当队列的长度大于设定的高限时，丢弃所有的报文。

（3）拥塞管理

对于拥塞的管理，一般采用队列技术，使得报文在路由器中按一定的策略暂时缓存到队列中，然后再按一定的调度策略把报文从队列中取出，在接口上发送出去。根据入队和出队策略的不同，拥塞管理分为以下几种：

① 先进先出队列（FIFO，First In First Out Queuing）；
② 优先队列（PQ，Priority Queuing）；
③ 定制队列（CQ，Custom Queuing）；
④ 加权公平队列（WFQ，Weighted Fair Queuing）；
⑤ 加权轮循队列（WRR，Weighted Round Robin）；
⑥ 基于类的加权公平队列（CBWFQ，Class Based Weighted Fair Queuing）。

（4）流量监管和流量整形

IP 网络是一个共享型网络，当大量的用户同时使用网络时势必对核心网络造成冲击，同时每个用户对于带宽的需求也各不相同，因而流量限制就成为了 QoS 一个必备的功能。流量限制主要通过承诺访问速率（CAR，Committed Access Rate）（流量监管）和流量整形（Shaping）两种方式实现。

流量监管是通过把超出额定速率的流量直接丢弃，以保障将流量限制在给定的带宽范围内。而流量整形则是引入一个缓存队列，把超过速率的流量通过缓存实现流量平滑，把流量限制在给定的带宽范围内；但由于流量整形采用了缓存的机制，因此会带来一定的时延和抖动。

2. 城域网 QoS 部署策略

随着网络规模的不断扩大及业务种类的不断丰富，利用 IP 网络承载全业务已成为一种必然趋势。在城域网中部署 QoS 机制，可以使其具备差异化服务能力，保障重点业务的服务质量，降低城域网扩容的压力。目前，城域网按照逻辑拓扑一般都可以分解为核心层、汇聚层、接入层，各个层面实施不同的 QoS 策略，实现对业务质量的端到端全面保障。

（1）接入层

在 QoS 整体部署模式中，接入层主要实现对业务流量的分类，并实施 QoS 的标记工作。用户/业务数据包包含多个属性域，接入层设备（如以太网交换设备）可以根据各属性域对业务流量进行分类，例如入端口、VLAN 标识、源/目的 MAC 地址或类型、802.1P 比特位、TOS/DSCP 比特位、IP 源/目的地址/子网等，实现用户与业务的区分，使用 802.1P 或 DSCP 对于数据报文实现标记，将优先级信息传递给汇聚层设备。

同时，在接入层也可以实现对用户接入速率的限制功能，针对用户的入向流量通过 CAR 机制限制，对于每一种流量，可以配置不同的流量参数（承诺信息速率（CIR，Committed Information Rate）、超出信息速率（EIR，Excess Information Rate）、峰值信息速率（PIR，Peak Information Rate），基于上述参数进行双漏桶/三色（MEF 建议）算法处理（即保证 CIR 的带宽提供，对于超出 PIR 的数据包进行丢弃操作），从而规范和满足流量的带宽消耗。针对用户的出向流量通过 CAR 或者 Shaping 进行流量限制，整形操作包括速率限制（丢弃超出 PIR 的包）和平缓整形（通过缓存转发来平滑流量，防止阻塞）。流量限制颗粒度一般精确到 K 级。

接入层设备每个端口均建议拥有多个优先级队列，并且根据单播、组播业务的区别提供单播优先级队列和组播优先级队列。每个队列对应不同的流量类型，例如 GBW-EF（确保带宽的快速转发）、GBW-AF（确保带宽的有保证转发）、DS-EF（普通快速转发）、DS-AF（普通有保证转发）、BE（尽力而为转发）等，而且每个队列拥有自己的带宽配置，以确认对该队列业务转发的最大带宽。

在队列调度方面，对于最高优先级的队列，采用严格优先级算法，不受其他流量的影响，享受绿色通道；对于中低等优先级的队列，通过加权轮询调度，以确保高优先级的队列享受的待遇高于低优先级的队列。同时通过限制严格优先级队列的带宽以避免严格优先级队列占用带宽导致低优先级队列吊死的现象。

（2）汇接层

汇聚层实现优先级的映射关系，将接入层透传上来的 802.1P 标记转化为 DSCP/EXP 优先级标签，同时通过配置相应的队列调度机制和拥塞控制机制，以保障汇聚层面网络内重要业务的传输质量。

（3）核心层

核心层主要针对数据报文中的 DSCP/EXP 字段值进行差分服务，实现网络的拥塞管理，目前主要通过基于类别的加权公平队列（CBWFQ，Class-based Weighted Fair Queuing）或者低延迟队列（LLQ，Low Latency Queuing）等队列调度机制来实施控制，同时辅以 WRED 等手段在网络开始拥塞时随机丢弃数据报文，避免网络严重拥塞情况的发生。按缺省内部网关协议（IGP，Internal Gateway Protocol）路由计算时，不同核心链路的流量差异可能会比较大，在此情况下，可以通过部署战术性的 MPLS TE 策略均衡核心网络链路的负载情况，提高网络资源的利用率。同时，可以通过带宽的超量部署实现网络的无拥塞，简化 QoS 部署成本。

需要指出的是，在城域网部署 QoS 策略更多地体现在实施层面而非设备层面。首先，需要对 QoS 建模、分析，然后提出合理的基于每接口的调度策略、基于每条链路的带宽分配比例、每类流量转发优先级等各项指标，在实际运营中还需要根据流量矩阵的变化不断进行调整，确保业务的实际流量与为这些业务预留的带宽资源的比例在合理的范围之内；其次，运营商对于城域网与骨干网的业务等级划分不一致，导致端对端策略一致性实现复杂。不同厂商设备的 QoS 互通也存在一些问题，如不同厂商设备在算法和实现上的细微差别，导致对不同业务级别的优先级、权重、丢弃处理结果有差异；而各厂商对最高等级队列是否进行带宽上限限制的理念也不一样，因此在城域网设备选型过程中最好选择 1～2 家设备，而不宜过多。

4.4.3 用户及业务的精确标识

所谓用户及业务的精确标识就是：通过宽带认证系统识别宽带上网的用户接入线路信息（用户接入以太交换机的物理端口），并与宽带账号或应用账号建立关联，并将以此形成的映射关系的正确性判别结果作为该账号通过认证的必要条件之一。

基于以太技术的接入和汇聚方式，为用户定位和识别带来了挑战。用户定位和识别是指业务网关及后台系统对用户物理定位信息的可获知能力。传统的基于 ATM 技术的 ADSL 接入，用户线端口信息会绑定到单独的 ATM PVC 并传递到 BRAS，实现用户识别和定位。

在传统以太环境中，由于 4 096 个 VLAN 数量的限制，难以实现每个用户到一个单独的 VLAN 的绑定，而是采用多用户共用一个 VLAN 接入 BRAS，BRAS 因此无法由 VLAN 信息获取特定用户线端口信息。针对此问题，目前业界存在 VLAN 堆叠、虚拟宽带接入服务器（VBAS，Virtual Broadband Access Server）和 DHCP Option 82 几种用户及业务的精确标识解决方案。

（1）可堆叠虚拟局域网（SVLAN，Selective Virtual Local Area Network）（又称 Q in Q）

随着以太网技术在运营商网络中的大量部署（即城域以太网），利用 802.1Q VLAN 对用户进行隔离和标识受到很大限制，因为 IEEE 802.1Q 中定义的 VLAN TAG 域只有 12 比特，仅能表示 4 096 个 VLAN，这对于城域以太网中需要标识的大量用户捉襟见肘，于是 SVLAN 技术应运而生。

SVLAN 最初主要是为拓展 VLAN 的数量空间而产生的，它是在原有的 802.1Q 报文的基础上又增加一层 802.1Q 标签实现，从而使 VLAN 数量增加到 4 096×4 096 个。随着城域以太网的发展以及运营商精细化运作的要求，Q-in-Q 的双层标签又有了进一步的使用场景，它的内外层标签可以代表不同的信息，如内层标签代表用户，外层标签代表业务，另外，SVLAN 报文带着两层 TAG 穿越运营商网络，内层 TAG 透明传送，也是一种简单、实用的 VPN 技术，因此它又可以作为核心 MPLS VPN 在城域以太网 VPN 的延伸，最终形成端到端的 VPN 技术。

在 802.1Q 的标签之上再打一层 802.1Q 标签，SVLAN 报文比正常的 802.1Q 报文多 4 个字节。SVLAN 的报文格式如图 4-4 所示。

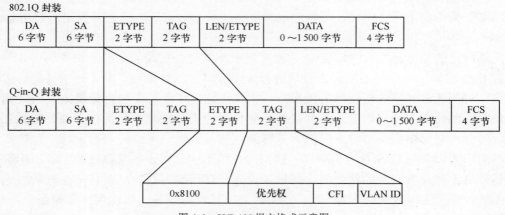

图 4-4　SVLAN 报文格式示意图

SVLAN 可以基于多种方式进行标签封装。

基于端口的 SVLAN 封装：基于端口的封装指进入一个端口的所有流量全部封装一个外层 VLAN TAG，封装方式较为呆板。

基于流的 SVLAN 封装：基于流的 Q-in-Q 封装可以对进入端口的数据首先进行流分类，然后对于不同的数据流选择是否打外层 TAG，打何种外层 TAG。

① 根据报文中的 VLAN ID 区间分流

当同一用户的不同业务使用不同的 VLAN ID 时，可以根据 VLAN ID 区间进行分流，比如 PC 上网的 VLAN ID 范围是 101～200，IPTV 的 VLAN ID 范围是 201～300，大客户的 VLAN 范围是 301～400，面向用户的设备收到用户数据后，根据 VLAN ID 范围，对 PC 上网业务打上 100 的外层标签，对 IPTV 打上 300 的外层标签，对大客户打上 500 的外层标签。

② 根据报文中的"VLAN ID＋Priority"进行分流

不同的业务有不同的优先级，当同一用户的多种业务使用相同的 VLAN ID 时，可以根据不同业务的 Priority 进行区分，然后打上不同的外层标签。

③ 根据目的 IP 进行封装

当同一台 PC 既包括上网业务，又包括语音业务时，不同业务的目的 IP 不同，可以利用访问控制列表（ACL，Access Control List）对目的 IP 进行分流，然后打上不同的外层标签。

④ 根据 ETYPE 进行 Q-in-Q 封装

当同一用户既包括以太网点对点协议（PPPOE，Point-to-Point Protocol Over Ethernet）的上网业务，又包括 IPoE 的 IPTV 业务时，可以根据 ETYPE 进行数据分流，IPoE 的协议号为 0x0800，PPPoE 的协议号为 0x8863/8864，这样，上网业务和 IPTV 业务就能打上不同的外层标签。

（2）虚拟宽带接入服务器

虚拟宽带接入服务器（VBAS）技术，该方式在以太网交换机和 BRAS 设备中增加协议模块，在 PPPoE 交互过程中增加 VBAS 协议的交互，由 BRAS 向以太网交换机发起请求报文，然后由以太网交换机向 BRAS 上报带有端口信息的响应报文。这样，用户在认证完成后，BRAS 自动获得用户所在以太网交换机设备的物理端口号，并通过以太网交换机物理端口号、VLAN ID 及 BRAS 端口号共同确定用户标识的唯一性，然后向 Radius 发起认证。

（3）DHCP Option 82

DHCP Option82 技术是通过定义 DHCP 中的 OPTION 字段，由以太网交换机将物理端口信息插入 DHCP 报文，上报给 BRAS，实现用户账号与 LAN 物理端口的一一对应。

4.4.4 MPLS VPN

MPLS VPN 是一种基于 MPLS 技术的 IP-VPN，是在网络路由和交换设备上应用 MPLS 技术，简化核心路由器的路由选择方式，利用结合传统路由技术的标记交换实现的 IP 虚拟专用网络。IP VPN 可用来构造宽带的 Intranet、Extranet 满足多种灵活的业务需求。采用 MPLS VPN 技术可以把现有的 IP 网络分解成逻辑上隔离的网络，这种逻辑上隔离的网络可以解决企业互连、政府相同/不同部门的互连的问题、也可以实现不同业务之间的相互隔离。

1. 三层 VPN

在 MPLS/BGP VPN 的模型中，网络由运营商的骨干网与用户的各个 Site 组成。所谓 VPN 就是对 Site 集合的划分，一个 VPN 对应一个由若干 Site 组成的集合。但是必须遵循如下规则：两个 Site 之间只有至少同时属于一个 VPN 定义的 Site 集合才具有 IP 连通性。

基于边界网关协议（BGP，Border Gateway Protocol）扩展实现的三层 MPLS VPN 所包含的基本组件包括如下几种。

（1）骨干网边缘路由器（PE，Provider Edge Router），存储虚拟路由转发（VRF，Virtual Routing Forwarding）实例，处理 VPN-IPv4 路由，是 MPLS 三层 VPN 的主要实现者。

（2）用户网边缘路由器（CE，Custom Edge Router），分布用户网络路由。BGP/MPLS VPN 中 CE 可以是一个路由器、三层交换机甚至一个主机，但一定是一个三层设备。一般来说 PE 和 CE 之间在三层上相隔一跳，如果中间存在一个二层网络如以太网、ATM 网等，则以太网交换机、ATM 交换机都不应当被视为 CE。如果 L3 交换机被用作 VLAN 透传也不应当被视为 CE。

如果 PE 支持 IP 隧道方式接入多角色主机，则 CE 只要与 PE 在 IP 上可达就可以了，这时它们之间可以相隔多跳。

（3）骨干网核心路由器（PRouter，Provider Router），负责 MPLS 转发。

（4）VPN 用户站点 Site，是 VPN 中的一个孤立的 IP 网络，一般来说不通过骨干网，且不具有连通性。CE 路由器通常是 VPN Site 中的一个路由器或交换设备，Site 通过一个单独的物理端口或逻辑端口（通常是 VLAN 端口）连接到 PE 设备上。

用户接入 MPLS VPN 的方式是每个 Site 提供一个或多个 CE，同骨干网的 PE 连接，在 PE 上为这个 Site 配置 VRF，将连结 PE-CE 的物理接口、逻辑接口甚至第二层隧道协议（L2TP，Layer2 Tunneling Protocol）/互联网协议安全（IPSec，Internet Protocol Security）隧道绑定到 VRF 上，但它不可以是多跳的 3 层连接。VRF 包括对应每个 VPN 的 RD 值、控制 VPN 路由的 RT 值、VPN 的名字等。将 PE 路由器上的用户端口加入相应的 VRF 路由表，将 PE 路由器的用户连接端口，如 POS、GE、ATM 加入相应 VPN 的 VRF，也可以将子端口加入 VRF。如果一个物理链路上需连接多个用户，可在此物理链路上通过二层技术将各个用户的信息隔离开，如在 GE 上的 802.1Q 中继等。在 PE 路由器的此物理端口上对应每个用户配置一个虚拟端口，每个虚拟端口可以属于不同的 VRF 路由器，彼此互相隔离。

BGP 扩展实现的 MPLS VPN 扩展了 BGP 网络层可达信息（NLRI，Network Layer Reachability Information）中的 IPv4 地址，并在其前增加了一个 8 字节的路由标识（RD，Route Distinguisher）。RD 是用来标识 VPN 的成员，即 Site。VPN 的成员关系是通过路由所携带的路由目标（RT，Route Target）属性来获得的，每个 VRF 配置了一些策略规定，如一个 VPN 可以接收哪些 Site 来的路由信息，可以向外发布哪些 Site 的路由信息。每个 PE 根据 BGP 扩展发布的信息进行路由计算生成每个相关 VPN 的路由表。

PE-CE 之间要交换路由信息一般是通过静态路由，也可以通过选路信息协议（RIP，Routing Information Protocol）、开放最短路径优先（OSPF，Open Shortest Path First）、BGP、中间系统到中间系统协议（IS-IS，Interior System to Interior System）等。PE-CE 之间采用静态路由的好处是可以减少 CE 设备可能会因为管理不善等原因造成对骨干网 BGP 路由产生震荡，影响骨干网的稳定性。路由过滤部署于所有的 PE-CE 接口上。出于安全性的考虑，在 PE 与 CE 之间做适当的访问控制，CE 不允许从 PE 以 Telnet 方式访问到 CE 路由器，即用户侧数据完全由用户侧自己进行维护处理；同时在位于局端的 PE 上，也不允许 CE 以 Telnet 方式访问到 PE。

MPLS/BGP VPN 提供了灵活的地址管理。由于采用了单独的路由表，因此允许每个 VPN 使用单独的地址空间，称为 VPN-IPv4 地址空间，RD 加上 IPv4 地址就构成了 VPN-IPv4 地址。采用私有地址的用户不必再使用网络地址转换（NAT，Network Address Translation）。NAT 只有在两个相互冲突地址的用户需要建立 Extranet 进行通信时才需要。

在 MPLS/BGP VPN 中属于同一 VPN 的两个 Site 之间转发报文使用两层标签来解决。在入口 PE 上为报文打上两层标签，第一层外层标签在骨干网内部进行交换，代表了从 PE 到对端 PE 的一条隧道。VPN 报文打上这层标签就可以沿着分层服务提供程序（LSP，Layered Service Provider）到达对端 PE。这时候就需要使用第二层内层标签，这层标签指示了报文应该到达哪个 Site 或者更具体一些到达哪一个 CE，这样根据内层标签就可以找到转发的接口。可以认为内层标签代表了通过骨干网相连的两个 CE 之间的一个隧道。

MPLS/MBGP VPN 可以简化对用户端设备的需求和用户管理、维护 Intranet/Extranet 的复杂性，每个 CE 仅需要维持一个到 PE 的路由交换协议，CE 间的路由交换传输控制路由策略由运营商根据 VPN 用户的需求来实施。由于 BGP 的策略控制能力很强，因此随之而来的是 VPN 用户路由策略控制的灵活性。

一般地，在城域网中三层 VPN 有如下几种部署方式。

（1）用户通过拨号方式，以 VLAN 方式穿越二层接入网，到达三层边缘设备 BRAS，BRAS 作为 PE 设备，城域网核心路由器作为 P 设备，提供城域网内的 VPN 业务和跨域 VPN 业务。

（2）重要专线用户，采用专线方式（MSTP、裸纤或电信级以太网等方式）直接接入 BRAS 或 BRAS 下挂的二层交换机，BRAS 作为 PE 设备，城域网核心路由器作为 P 设备。提供城域网内的 VPN 业务和跨域 VPN 业务。

（3）在初期业务量较小的情况下，可不部署专门的路由反射器 RR，由城域网核心路由器兼做；待后期业务量上升之后，城域网内可以成对设置单独的 RR 设备。

2. 二层 VPN

MPLS L2 VPN 提供基于 MPLS 网络的二层 VPN 服务。使用基于 MPLS 的 L2 VPN 解决方案，运营商可以在统一的 MPLS 网络上提供不同媒介的二层 VPN 服务，包括 ATM、FR、VLAN Ethernet、PPP 等。同时这个 MPLS 网络仍然可以提供通常的 IP 三层 VPN、流量工程和 QoS 等其他服务。

MPLS L2 VPN 就是在 MPLS 网络上透明传递用户的二层数据。从用户的角度来看这个 MPLS 网络就是一个二层的交换网络，通过这个网络可以在不同站点之间建立二层的连接。以 ATM 为例，每一个用户边缘设备 CE 配置一个 ATM 虚电路，通过 MPLS 网络与远端的另一个 CE 设备相连，与通过 ATM 网络实现互联是完全一样的。

对于 MPLS L2 VPN，网络运营商负责提供二层 VPN 用户二层的连通性，不需要参与 VPN 用户的路由计算。在提供全连接的二层 VPN 时，和传统的二层 VPN 一样（如 ATM PVC 提供的 VPN）存在 N^2 问题。每个 VPN 的 CE 到其他的 CE 都需要在 CE 与 PE 之间分配一条连接。对于 PE 设备来说在一个 VPN 有 N 个 Site 的时候，CE-PE 必需有 $N-1$ 个物理或逻辑端口连接。

在 MPLS L2 VPN 中 CE、PE、P 的概念与 BGP/MPLS VPN 一样，原理也很相似，它也是利用标记栈来实现用户报文在 MPLS 网络中的透明传送。外层标记称为 tunnel 标记，用于将报文从一个 PE 传递到另一个 PE。内层标记在 MPLS L2VPN 中称为 VC 标记，用于区分不同的 VPN 中的不同连接，接收方的 PE 根据 VC 标记决定将报文传递给哪个 CE。

由于 MPLS L2 VPN 中 PE 设备不参与用户的路由处理，因此它的可扩展性比 L3 VPN 要好得多。MPLS L2 VPN 的可扩展性只与 PE 能连接的 VPN 用户数目相关。但是作为代价，L2 VPN 的灵活性要差一些。

二层 VPN 主要有以下几种实现方式。

（1）Martini 方式

Martini 草案定义了通过建立点到点的链路来实现 L2 VPN 的方法。它以标签分发协议（LDP，Label Distribution Protocol）为信令协议来传递双方的 VC 标记，因此这种方式又被称为 LDP 方式的 L2 VPN。

LDP 扩展实现的二层 VPN 只需要对 LDP 进行简单扩展，实现简单。LDP 扩展实现的二层 VPN 可以承载 ATM、帧中继、以太网/VLAN、PPP 等，但这种实现要求 VPN 的每一个 Site 的链路层协议是相同的，即只有当所有 Site 都是以太网或 ATM 等的时候，才可以共同组成一个二层 VPN。

相对于 BGP 方式，它的缺点是只能建立点到点的 VPN 二层连接，没有 VPN 的自动发现机制。LDP 方式的 L2 VPN 着重于解决怎么在两个 CE 之间建立虚电路（VC，Virtual Circuit）的问题。它采用 VC-TYPE+ VC-ID 来识别一个 VC。VC-TYPE 表明这个 VC 的类型是 ATM、VLAN 还是 PPP。VC-ID 则用于唯一标识一个 VC。同一个 VC-TYPE 的所有 VC 中，其 VC-ID 必须在整个网络中唯一。

连接两个 CE 的 PE 通过 LDP 交换 VC 标记并通过 VC-ID 将对应的 CE 绑定起来。当连接两个 PE 的 LSP 建立成功，双方的标记交换和绑定完成后，一个 VC 就建立起来了。两个 CE 就可以通过这个 VC 传递二层数据。

（2）Kompella 方式

Kompella 草案则定义了怎样在 MPLS 网络上以端到端（CE 到 CE）的方式建立 L2 VPN。

目前，它采用 BGP 为信令协议来发送二层可达信息和 VC 标记，因此这种方式又被称为 BGP 方式的 L2 VPN。通过 MP-BGP 扩展实现的二层 VPN，需要有 BGP 扩展的支持。当链路层承载的都是 IP 时，容许使用不同的链路层协议的 Site 组成同一个 VPN。

与 LDP 方式的 L2 VPN 不同，BGP 方式的 L2 VPN 不是直接对 CE 与 CE 之间的连接进行操作，而是在整个 SP 网络中划分不同的 VPN，在 VPN 内部对 CE 进行编号。要建立两个 CE 之间的连接时，只需在 PE 上设置本地 CE 和远程 CE 的 CE ID，并指定本地 CE 为这个连接分配的 Circuit ID（例如 ATM 的 VPI/VCI）。BGP 方式的 L2 VPN 有 VPN 拓扑的概念，通过 BGP 进行自动拓扑发现，适用于全连接网络（相对 LDP 方式），当然也适应于半网状或星型网络。

（3）VPLS

虚拟专用 LAN 业务（VPLS，Virtual Private LAN Services）是一种在 MPLS 网络上提供类似 LAN 的一种业务，它可以使用户从多个地理位置分散的点同时接入网络，并相互访问，就像这些点直接接入到 LAN 上一样。VPLS 使用户延伸他们的 LAN 到 MAN，甚至 WAN 上。整个 VPLS 网络就像一个巨大的交换机，它通过在每个 VPN 的各个 Site 之间建立虚链路（PW，Pseudo Wire），并通过 PW 将用户二层报文在站点间透传。对于 PE 设备，它会在转发报文的同时学习源 MAC 并建立 MAC 转发表项，完成 MAC 地址与用户接入接口（AC）和虚链路（PW）的映射关系。对于 P 设备，只需要完成依据 MPLS 标签进行 MPLS 转发，不关心 MPLS 报文内部封装的二层用户报文。PW 通常使用 MPLS 隧道，也可以使用其他任何隧道，如通用路由封装（GRE，Generic Routing Encapsulation）、L2 TPV3、终端设备（TE，Terminal Equipment）等。PE 通常是 MPLS 边缘路由器，并能够建立到其他 PE 的隧道。

PW 隧道的建立常用有两种信令：LDP 和 MP-BGP。

采用 LDP 比较简单，对 PE 设备要求相对较低，LDP 不能提供 VPN 成员自动发现机制，需要手工配置；采用 BGP 要求 PE 运行 BGP，对 PE 要求较高，可以提供 VPN 成员自动发现机制，用户使用简单。

LDP 方式需要在每两个 PE 之间建立 remote session，其 session 数与 PE 数的平方成正比；而用 BGP 方式可以利用路由反射器（RR，Route Reflector）降低 BGP 连接数，从而提高网络的可扩展性。

LDP 方式分配标签是对每个 PE 分配一个标签，需要的时候才分配；BGP 方式则是分配一个标签块，对标签有一定浪费。

LDP 方式在增加 PE 时需要在每个 PE 上都配置到新 PE 的 PW；而 BGP 方式只要 PE 数没有超过标签块大小就不需要修改 PE 上的配置，只需配置新的 PE。LDP 和 BGP 方式比较如表 4-1 所示。

表 4-1 LDP 方式和 BGP 方式综合比较

属性 \ 信令方式	LDP 方式	BGP 方式
对 PE 的能力要求	一般	高
支持自动发现	否	是
实现复杂度	低	高
可扩展性	差	好
标签利用率	高	低
配置工作量	大	小
跨域时的限制	大	小

综合上述特点，BGP 方式适合用在大型网络核心层，且 PE 本身运行 BGP 以及有跨域需求的情况；LDP 方式适合用在 VPLS 的 Site 点比较少，且不需要或很少跨域的情况，特别是 PE 不运行 BGP 的时候。

L2 VPN 中 CE 可以是二层或三层设备。在 PE 设备上，CE 是通过 VLAN、PVC、PPP、HDLC 等链路层信息来识别的，因此 PE 和 CE 可以是直接相连的，也可以相隔一个二层网络，但不可以相隔三层设备或网络。为控制 MAC 地址的容量，VPLS 工作组草案建议用户的 CE 设备使用路由器，VPLS 技术本身支持 CE 采用二层交换机直接接入，但这样会带来 MAC 地址容量的不可控性，从而使 PE 设备的 MAC 地址的容量过载。

在 VPLS 中，由于 PE 要维护 MAC 地址表，如果 CE 是二层设备，那么 VPN 站点中的 MAC 地址都会泄漏到 PE 上，PE 负担较重，因此建议 CE 采用三层设备。

4.5 传输网技术

4.5.1 多业务传输平台技术及发展

多业务传输平台（MSTP，Multi-Service Transport Platform），将同步数字传输体制（SDH，Synchronous Digital Hierarchy）、以太网、ATM、通过 SDH 直接传送 IP 分组（POS，Packet Over SDH）等多种技术进行有机融合，以 SDH 技术为基础，将多种业务进行汇聚并进行有效适配，实现多业务的综合接入和传送，实现 SDH 从纯传送网转变为传送网和业务网一体化的多业务平台。从传输网络现状来看，大部分的城域传输网络仍以 SDH 设备为主，基于技术成熟性、可靠性和成本等方面综合考虑，以 SDH 为基础的 MSTP 技术在城域网应用领域扮演着十分重要的角色。随着近年来数据、宽带等 IP 业务的迅猛增长，MSTP 技术的发展主要体现在对以太网业务的支持上，以太网新业务的要求推动着 MSTP 技术的发展。为了满足客户层对以太网业务性能的要求，经历了频繁更新换代的 MSTP 将 MPLS 和弹性分组环（RPR，Resilient Packet Ring）融入其中，有效提高了以太网的业务性能和组网能力。

1. RPR

RPR 技术是一种新型的媒体访问控制（MAC）层协议，它基于环型结构优化数据业务的传送，能适应多种物理层（如 SDH、以太网、密集波分复用（DWDM，Dense Wavelength Division Multiplexing）等），能同时支持语音、数据和图像等多业务类型。

RPR 具备信号 QoS、带宽公平算法和保护倒换三大功能。在 MSTP 中嵌入 RPR，主要是利用其带宽公平机制，通过公平算法调整带宽使用量，保证环上所有节点的公平性，达到环路带宽动态调整和共享的目的。

RPR 可以利用 SDH 的通道跨越复杂的 SDH 网络，基本上不受地域和网络拓扑的限制，通过网络规划预留 SDH 通道资源或 VCat+LCAS 联合，实现带宽灵活调配，形成面向数据业务传送的虚拟传送网络。另外，由于 RPR 占用的 SDH 通道带宽可根据需要灵活配置，随着未来数据业务不断增长，可在 SDH 网络中逐步增加分配给 RPR 的带宽，相应减少窄带语音等 TDM 业务的带宽，这样，无需更新设备就可不断拓展网络应用。

2. MPLS

二层交换虽然能在功能上满足用户需求，但以太网业务的无连接性质难以保障 QoS。为了将真正的 QoS 引入以太网业务，需要在以太网与 SDH 间引入一个智能适配层，处理以太网业务的 QoS 问题。MPLS 技术的特点是在数据传送之前要先建立标签交换路径（LSP，Label Switched Path），具有某个标签的数据一定会沿着预先建立的路径传输，从而达到面向连接。另外，作为 MAC 层的技术，RPR 缺少业务层定义，根本无法提供端到端的以太网业务，更无法提供跨环的以太网业务。因此，RPR 技术必须与一种端口识别技术结合，这种技术可以是 IEEE 802.1D、IEEE 802.1Q、MPLS 等，目前人们比较看好 MPLS 技术与 RPR 的结合。

IEEE 802.1D 和 IEEE 802.1Q 是桥接技术，大量使用桥接技术会消耗大量带宽，破坏 RPR 的空间重用，而且无法提供业务隔离功能。MPLS 与 RPR 结合则可以提供端到端的 QoS，解决 VLAN 扩展，实现业务隔离以及更灵活的业务功能，并提供新型的以太网业务，如 L2 VPN。

传统的 MPLS 技术应用于 IP 数据包，只能与二层技术一起提供单一的二层业务，如果要提供多种二层业务，MPLS 网络中必须对二层业务进行仿真和 MPLS 封装，建立虚电路，例如 Martini MPLS 技术或 EoMPLS。EoMPLS 采用双层 MPLS 标签——隧道标签和 VC 标签，隧道标签用于标识业务在网络中的传送通道，称为隧道标签交换通道；VC 标识隧道 LSP 中的小虚电路，用于业务隔离和复用。LSP 有动态和静态两种方式，静态 LSP 通过网管配置建立，动态 LSP 通过信令协议方式建立。如果采用动态方式，就会涉及三层路由功能。目前国内对 MSTP 只能实现二层以下的功能；因此，现阶段只能考虑通过 Martini 草案实现静态 MPLS 功能，但各厂家采用的网管不同，实现的 MPLS 功能还存在一些问题。

3．MSTP 技术的发展方向

经过近几年的发展和应用，基于 SDH 的 MSTP 已成为本地传输网最合适的主流技术。如何进一步提高网络资源利用率和网络服务质量是运营商最关心的问题。随着网络中数据业务比重逐渐增大，要适应数据业务不确定性和不可预见性的特点，MSTP 技术必须进一步优化数据业务传送机制，逐步引进智能特性，向自动交换光网络（ASON，Automatically Switched Optical Netwok）演进和发展。

ASON 是指在选路和信令协议控制下完成自动交换功能的新一代智能光网络，是具备分布式智能的光传送网。MSTP 作为节点设备，在用户网络接口（UNI，User Network Interface）侧，接口类型丰富，接入灵活；在网络节点接口（UNI，User Node Interface）侧，业务与通道和带宽的互动性较差。MSTP 引入 ASON 中的 G.MPLS 协议后，控制平面可实现一层 VC 通道自动连接，结合链路容量调整机制（LCAS，Link Capacity Adjustment Scheme）对通道的加减法运算功能，实现业务与 VC 通道和带宽的互动。MSTP 与 ASON 的融合，减少了网络运行维护的人工干预，实现了业务端到端的自动提供、网络可用资源的自动识别、故障的自动定位和恢复，降低了网络生命周期成本。目前，尽管 ASON 尚未标准化，但重大技术障碍已不存在，在未来几年内，ASON 将走向实用化，光传送网引入 ASON 是必然趋势。

4.5.2 自动交换光网络技术及发展

对于传送网来说，未来的光网络业务远不只是一个更大的波长管道，还必须加快业务部署速度，及时对用户需求予以反映，同时拓宽业务范围，提高 QoS，开发具有利润增长点的新应用。ASON 的特点使其有别于传统的传送网概念，传统的传送网只涉及信号的传送、复用、交叉连接、监控和生存性处理，不含交换功能，而 ASON 除了具备以上功能外，还能实现动态、自动地实现传送、交换和建立连接的功能；同时，为了满足目前电路交换和分组交换业务的需求，ASON 同时引入了信令和路由的概念，以吸取两类网络的优点同时又避免它们各自的缺点；此外，ASON 支持多种客户信号，是一种独立于客户和技术的网络。总的来说，其主要的技术特点如下。

（1）基于多种粒度的交叉重组和大容量的疏导

ASON 的交换颗粒基础为 VC4/VC4-nc/波长/光纤，其接口可以是 STM-1/4/16/64、FE、

GE、10 吉比特以太网等多种类型，因此可以接入各种类型接口的业务，同时可进行多种颗粒的交叉重组，实现任意级联、虚拟容量、虚环保护和网状网恢复等多种方式，进行多种业务的疏导和重组。

（2）信令及路由协议和分布式网络智能

光网络的分布式智能完全依赖于光路由信令协议，光路由信令协议是 IP 网络中的 OSPF 协议的扩展，在每一个网元中保留了全网的拓扑结构图，将网络智能分布到网元上。分布式智能具有邻居发现（便于网络的扩展）、链路状态更新（实现分布式路由计算，采用类似于 OSPF 算法）、路由计算、光通路管理和端到端的保护等功能。

（3）动态带宽分配和带宽调整

ASON 定义了两种标准接口：UNI 接口目前已经标准化，外部网络节点接口（E-NNI，External-Network Node Interface）目前尚未完全标准化。由于目前 IP 网络的流量分布不均匀，且动态变化，而传统的 SDH 带宽比较固定，往往会出现网络拥塞等现象，QoS 无法保证，采用 ASON 组网后，可采用动态分配带宽，并通过网络接口，调整网络带宽的分布，起到帮助 IP 网解决 QoS 的作用。

（4）多种组网和保护方式

支持网状网或环网等多种拓扑，可根据实际情况灵活选用，而且易于互相转换；相应的保护方式多种多样，除了传统的 1+1、1:1 的线性保护外，还可支持环保护和虚拟保护环、区段保护、动态恢复以及保护和恢复的结合等。

（5）多厂家互操作支持

ASON 网络的分布式智能，采用符合行业和国际标准的控制平面协议实现，可以适用于不同的传送技术，可实现不同厂家光网络设备的互操作性，实现多厂家环境下的连接控制，完成快速的端到端业务提供。

总之，ASON 网络与传统网络相比，其优势在于可对业务在网络的任意节点间灵活部署，网络资源动态分配，提高网络资源利用率，增强了网络的灵活性和生存性。

1. ASON 的体系结构

在 ASON 的整体结构中，层次模型关系是一个非常重要的方面。网络的层次结构如图 4-5 所示。

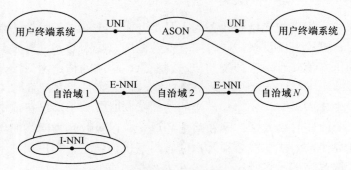

图 4-5 基于 RPR/MPLS 的协议栈图

ASON 由请求代理（RA）、光连接控制器（OCC，Optical Connection Controller）、管理

域（AD，Administrative Domain）和接口等 4 类基本网络结构元件构成。其中 RA 通过 OCC 协商请求接入终端（TP，Termination Point）内的资源；OCC 的逻辑功能是负责完成连接请求的接受、发现、选路和连接；管理域所包含的实体不仅包含在管理域，而且也分布在传送平面和管理平面；接口主要完成各网络平面和功能实体之间的连接。

ASON 设计的目的是为了实现大范围全局性整体网络。因此，ASON 在结构上采用了层次性的可划分为多个自治域的概念性结构。这种结构可以允许设计者根据多种具体条件限制和策略要求来构建一个 ASON。在不同自治域之间的互作用是通过标准抽象接口来完成的，而把一个抽象接口映射到具体协议中就可以实现物理接口，并且多个抽象接口可以同时复用在一个物理接口上。

通过引入自治域的概念，使 ASON 具备了良好的规模性和可扩展性，保证了将来网络平稳升级。标准接口的引入使多厂商设备的互联互通成为可能。因此，标准的接口就成为 ASON 中一个非常关键的方面。另外通过内部网络节点接口（I-NNI，Internal Network Node Interface）的引入，使得 ASON 具备良好的层次性结构：通过 E-NNI 接口来传递网络消息，可以满足不同自治域之间的消息互通的要求；通过对外引入 I-NNI，就能屏蔽网络内部的具体消息，保证了网络安全性需求；而标准的 UNI（用户网络接口）的引入，使得用户具备统一的网络接入方式。

2．ASON 的关键技术

ASON 由智能化的光网络节点所构建的光传送网以及对光传送网进行控制管理的光信令控制网络构成，即所谓的硬光技术和软光技术。硬光技术指物理层的光技术和硬件设备；软光技术指控制光通道的建立、删除、查询等操作和提供服务所需的软件，即智能化。

（1）传送平面的技术

传送平面由作为交换实体的传送网网元（NE，Network Element）组成，主要完成连接建立/删除、交换（选路）和传送等功能，为用户提供从一个端点到另一个端点的双向或单向信息传送，同时，还要传送一些控制和网络管理信息。ASON 的传送平面具备了高度的智能。这些智能主要通过智能化的网元光节点来体现。

ASON 的总体需求框架标准 G.8080 明确指出 ASON 节点应具有多粒度交叉、多业务接入的能力，实际上应是一种具有疏导交叉功能的节点。如果把智能光网络看成是可运营的网络，那么必须能够灵活地为用户提供业务服务。因此，在未来相当长的一段时间内，ASON 节点不可能是全光的（以波长为粒度提供给用户实在是太大了），业务接入、汇聚最好由电的交叉连接来完成（业务汇聚层）。对于 ASON 的传送平面的核心交换结构，全光方式和光电光方式各有其优缺点。

（2）管理平面的技术

管理平面对控制平面和传送平面进行管理，在提供对光传送网及网元设备的管理的同时，实现网络操作系统与网元之间更加高效的通信功能。管理平面的主要功能是建立、确认和监视光通道，并在需要时对其进行保护和恢复。由于 ASON 在传统光网络的基础上新增了一个功能强大的控制平面，因此给智能光网络的管理带来了新需求。

网管系统对控制平面的管理需求主要分为以下几个方面。

① 网管系统对控制平面初始网络资源的配置，包括配置控制模式和传输资源的绑定模式（如控制代理和传送网元的关系）。

② 网管系统对控制平面的控制模块的初始参数配置，包括控制模块路由功能的命名和地址参数的配置、信令控制模式和初始参数的配置、资源管理模块初始网络资源参数的配置、用户网络接口和网络节点接口的参数配置。

③ 3 种连接的管理过程中控制平面和管理平面之间的信息交互、包括软永久连接（SPC，Soft Permanent Connection）建立过程中管理平面和控制平面之间的信息交互、交换连接（SC，Switched Connection）建立完成以后控制平面对管理平面的信息上报过程、控制平面和管理平面协同完成对 SC 以及 SPC 的管理过程。

④ 控制平面本身的性能和故障管理，使用定期上报的机制。如果规定时间内没有收到控制平面的上报信息，就认为控制节点或者节点内部的控制模块发生了故障。

⑤ 实现对支撑控制平面的数据通信网络（DCN，Data Communication Network）的管理和对控制通道的管理和维护。

传送平面的管理与传统的光网络管理的内容类似，主要完成传送网络资源的配置管理、性能管理，以及故障管理等内容。

（3）控制平面的技术

ASON 控制平面主要实现基本功能和核心功能，关键技术很多，包括信令、路由和呼叫、连接的控制、网络的生存性、接口技术等。这里主要论述接口技术。

控制面中的功能块之间的通信是通过标准的接口信令方式实现的。这些接口代表了控制面实体间的逻辑关系并且由跨越这些实体间的信息流来规定。因此可以说，ASON 具体实施的关键是对接口的定义和具体接口之间的协议方案。这些接口可以灵活地支持不同的网络模型和网络连接。具体包括如下内容。

① UNI：UNI 是用户与网络间的接口，是不同域、不同层面之间的信令接口。通常在这个接口传递的信息包括：呼叫控制、资源发现、连接控制和连接选择。UNI 不支持选路功能，它主要完成两类功能。其中基本功能包括路由功能、信令功能、链路管理功能和单元接口技术等，而核心功能则包括网络连接控制、网络生存性、新型业务等。控制面中的功能块之间的通信将通过标准的接口信令方式来实现。智能光网络中的接口类型如图 4-6 所示。这些接口可以灵活地支持不同的网络模型和网络连接。主要任务包括：连接的建立、连接的拆除、状态信息交换、自动发现和实现用户业务传送。

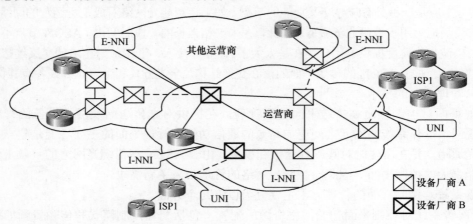

图 4-6　智能光网络中的接口类型图

② E-NNI：E-NNI 属于不同管理域且无托管关系的控制面实体之间的双向信令接口。E-NNI 接口信令将屏蔽网络内部的拓扑等信息，它支持选路功能。通过这个接口信令，ASON 可以被划分为几个子网管理域，E-NNI 可以实现这几个域间的端到端的连接控制。

③ I-NNI：I-NNI 属于同一管理域或多个具有托管关系的管理域的控制面实体之间的双向信令接口。该接口需要重点规范的是信令与选路，它将提供网络内部的拓扑等信息，其所传递的信息将被来进行选路和确定路由。通过这个接口信令，ASON 可以实现域内的端到端的连接控制。

4.5.3 光传送技术及发展

OTN 技术是在 SDH 和 WDM 技术的基础上发展起来的，兼有两种技术的优点，从电域和光域来看，又可以分为光传送体系（OTH，Optical Transport Hierarchy）和可重构的光分插复用设备（ROADM，Reconfigurable Optical Add-drop Multiplexer）两种方式。

1. OTH 技术和标准

OTH 的主要优势体现在：支持比 SDH 更加强大的维护管理能力；支持大颗粒业务的交叉和传送（ODU1～ODU3）；组网不受传送距离限制，支持灵活组网、调度和保护恢复能力。存在的主要问题：不适合小颗粒容量业务调度，受器件的影响目前商用交叉矩阵的容量最大为 320Gbit/s，因此调度业务量还不能太大，同时一些生存性相关的保护和恢复技术也正处在发展中。作为 ITU-T 提出的一项新技术，OTN 从 1997 年开始了标准化的工作，目前已经形成了一套完整的体系结构，如图 4-7 所示。

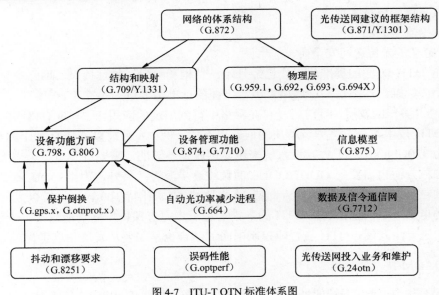

图 4-7　ITU-T OTN 标准体系图

OTH 的标准体系可以分为以下几个方面。

（1）体系结构

G.871 定义了光传送网建议的框架结构。G.872 使用 ITU-T G.805 建议书的建模方法描述了光传送网的体系结构，从网络角度描述光传送网功能，内容包括光网络的分层结构、客户特征信息、客户/服务器关联、网络拓扑和层网络功能提供光信号传输、复用、选路、监控、性能评估和网络生存性。

（2）结构和映射

G.709 定义了光传送网络的网络节点接口，G.7041 定义了通用成帧协议，G.7042 定义了虚级联信号的自动链路容量调整方案。《光传送网（OTN）接口》（G.709）规范了在光传送网点到点、环形和网状网结构下的 OTH 支持的操作和管理，定义了在光网络子网内和子网之间的光传送网接口，包括 OTH、支持多波长光网络的开销功能、帧结构、比特率、客户信号的映射格式等。

（3）功能特性方面

G.798 定义了传输网络设备功能描述。这些功能包括光传输段终结和线路放大功能、光复用段终结功能、光通路终结功能、光通路交叉连接功能等。

（4）物理接口方面

G.959.1 定义了光网络的物理接口，主要目的是在两个管理域间的边界间提供横向兼容性，IrDI 规范了无线路放大器的局内、短距和长距应用。G.693 定义了局内系统的光接口。规定了标称比特率 10Gbit/s 和 40Gbit/s、链路距离最多 2km 的局内系统光接口的指标，目标是保证横向兼容性。

（5）网络性能方面

G.8251 定义了 OTN NNI 的抖动和漂移要求，G.optperf 定义了光传送网国际通道的误码和可用度性能参数，M.24OTN 定义了光传送网投入业务和维护的误码性能目标和程序。

（6）网络保护方面

G.808.1 定义了通用保护倒换技术要求，G.873.1 和 G.873.2 分别定义了 ODUk 线性保护技术要求和共享保护环技术要求。

（7）网络安全方面

G.664 定义了光传送网安全要求。

国内在 OTH 方面的标准化工作已经开始，结构和映射、物理接口、网络安全等方面已经制定了相关标准，网络保护、网络性能等方面的标准需要进一步完善。

OTH 经过多年的发展，目前还没有在网络中得到广泛的应用，这与现有网络的业务需求有关，与 OTH 技术本身一些亟待解决的问题也有关。例如：目前以支持 ODU1 的交叉为主，交叉容量为 320Gbit/s，对于大容量系统来说显然还是不够的，需要进一步扩大交叉容量；同时在交叉颗粒方面也需要向 ODU2/ODU3 的颗粒逐步演进；另外，由于 ODU 容器与数据业务的映射颗粒不是完全匹配，解决吉比特/10 吉比特/40 吉比特/100 吉比特等以太网业务的高效透明传送也是一个问题；利用 OTH 的开销等进一步完善保护恢复功能也是下一步的课题。随着业务的进一步发展，OTH 与智能控制平面的结合也是需要从发展角度考虑的问题。

2. ROADM 技术和标准

ROADM 作为一种可重构的光分插复用设备，近年来得到了业界的广泛重视，它的主要优势体现在：可以实现纯光域组网，业务透明性好；无光—电—光（OEO，Optical-Electrical-Optical）变换，可降低网络成本；波长级的处理粒度，适合大颗粒业务，如 10Gbit/s、40Gbit/s 的传送；支持灵活组网、业务调度能力；易于网络扩展，随业务扩展而逐步增加投资；易于网络规划，适合多种网络拓扑（链路/环网/网状网）；具有灵活的远程配置功能，可降低设备运营及维护成本；支持多种网络保护/恢复功能，生存能力强；支持智能控制平面的加载。但是它也存在一些问题，例如：它还是一个模拟传输系统，受传输距离限制（载波侦听（CD，Collision Detection）、偏振模色散（PMD，Polarization Mode Dispersion）、非线性、光信噪比（OSNR，Optical Signal to Noise Ratio）等），无法组建大型端到端的纯光网络，由于初期的处理颗粒即为波长，因此初期投资成本较高。

ROADM 的标准化工作主要在 ITU-T 开展，ITU-T 定义了 G.680 建议书《光网元的物理传递功能》，这个建议书中定义了组成光网络的一系列光网元，诸如光交叉连接（OXC，Optical Cross Connent）、光分插复用器（OADM，Optical Add-drop Multiplexer）等的劣化功能，它列举了一系列物理损伤的特性（例如光噪声、色度色散等参数），而且与所使用的网络结构和器件等无关。在 G.680 中定义了 ROADM 的参数，包括通路频率范围、通路增益、通路插入损耗差异、通路色度色散、差分群时延（DGD，Differential Group Delay）、偏振相关损耗、反射系数、输入到下路的相邻通路隔离度、输入到下路的非相邻通路隔离度、重构时间、总输入功率范围、通路输入功率范围、通路输出功率范围、通路信号自发噪声系数、通路增加/移除的增益响应、瞬时增益增加、瞬时增益减少、多通路增益变化差异、通路非均匀性等，但是这些参数大多只给出了具体的参数定义，参数值还没有确定；针对 ROADM 的 4 种应用示例给出了一些参考参数，但不是强制性的规定。国内也开展了标准化的工作，制定了《ROADM 技术要求》，它主要是针对功能方面的规定，在参数方面没有做具体的规定。

从技术发展来看，ROADM 的主要器件、组件在发展过程中发生了不小的变化，目前主要使用的是 WSS 技术，随着应用和需求的发展，ROADM 需要向更大维数、更远的可重构波长传输距离、满足吉比特以太网/10 吉比特以太网/40 吉比特以太网/100 吉比特以太网等业务高效透明传送、更完善的保护功能发展。

4.5.4　分组传送网技术及发展

从业务的发展来看，IP 包交换无疑已经牢牢占据了现代网络的统治地位，因此下一代承载传送网必然是基于分组的。但是传送网分组交换的具体方式是怎样的呢？在传送网传送数据大量增加、数据传输容量超过电路交换的同时，专家们开始重新审视下列核心问题：传送网的核心处理机构是什么？核心处理机构对传送网新的处理对象是什么？以传送为目的的处理层次又是什么？

目前围绕分组传送网架构，只有两种技术在可扩展性和可管理特性上满足要求，即以太网包传送技术和多协议标记交换/伪线仿真（MPLS/PW）技术。这两种技术都能支持多协议包的传送，都具有全球范围内的可扩展性。以太网技术成本低，具有本能的多播支持能力和较好的管理能力，因此以太网包传送（EOT，Ethernet Over Transport）技术基本上是在现有以太网技术上进行改进。目前 PBT 技术是其中比较有代表性和被看好的技术，T-MPLS 技术则是基于成熟的标签交换协议 MPLS 技术，具有较为成熟的流量工程（Traffic Engineering）能力和保护机制。

1．T-MPLS 技术和标准

T-MPLS 是一种面向连接的分组传送技术，T-MPLS 在传送网络中将客户信号映射为 MPLS 帧，利用 MPLS 机制（例如标签交换、标签堆栈）进行转发。它选择了 MPLS 体系中有利于数据业务传送的一些特征；抛弃了 IETF 为 MPLS 定义的繁复的控制协议族；简化了数据平面；去掉了不必要的转发处理；增加了 ITU-T 传送理念的保护倒换和操作、管理及维护（OAM，Operation Administration and Maintenance）功能；解决了 IP 网络扩展性和生存性的问题；增加了故障定位，性能监测等功能；增强了保护和恢复能力，能够满足多业务承载。T-MPLS 承载的客户信号可以是 IP/MPLS、以太网以及 TDM，可以构建智能统一的 ASON/GMPLS 控制面和传输网络（T-MPLS、SDH、OTN）共用统一的控制面。

2006 年 2 月，ITU-T 已经在 G.8110.1 等 5 个标准中定义了 T-MPLS。该系列建议书力图从 MPLS 的协议体系结构业已存在的功能中，识别认定那些必须而且是足够充分的一个子集，以提供一种面向连接的分组传送网络技术。T-MPLS 将具有和传统传送网络相似的操作、管理、维护及配置（OAM&P，Operation Administration Maintenance and Provisioning）能力，实现端到端的维护、保护和性能监测，能够融合任何 L2 和 L3 的协议，构建统一的数据传送平面，能够利用通用的控制平面 GMPLS 以及现有的传送层面（波长和/或 TDM），并且 CAPEX 和 OPEX 将低于 MPLS。

ITU-T 所制定的 5 个标准都聚焦在 T-MPLS 的数据平面。控制平面的特性将在后续工作中开发，ITU-T 已经决定将自动交换光网络的传送平面范围从 SDH、OTN 扩展到 PTN，原则上是可以独立于客户层业务和相关的控制平面，实现可靠传送，目前已经制定的 5 个标准为：

（1）G.8110.1T-MPLS 架构；

（2）G.8112T-MPLS 接口规范；

（3）G.8121T-MPLS 设备功能规范；

（4）G.8131TMPLS 线性保护；

（5）G.8132TMPLS 环保护。

ITU-T G.8110.1 从较高（抽象）的角度描述了 T-MPLS 的基本特性和选项。ITU-T SG15 的目标是使用 T-MPLS 作为一种面向连接的包传送技术解决方案，在共同的操作、控制和管理的框架内构建一种可以同时支持包和电路传送（例如 SDH、OTH 或 WDM）的交换技术。

同时，T-MPLS 版本注重不引入新的互通性问题，它主要考虑了以下两个互通性问题：在 T-MPLS（T-MPLS box）与现存的具有全部特征和全部可配制的 MPLS box 间的通道通过配置 T-MPLS Profile 实现。在此种情形下，T-MPLS box 和现存的具有全部特征和全部可配制的 MPLS box 的链路是一个 T-MPLS 链路，并在 T-MPLS 标准中予以考虑。T-MPLS box 与现存的具有全部特征和全部可配制的 MPLS box 在非 T-MPLS 链路上（即其他选项）由传送平台来解决。

2. 运营商骨干桥接流量工程（PBB-TE，Provider Backbone Bridge-Traffic Engineering）技术和标准

PBB-TE 是运营商骨干桥接（PBB，Provider Backbone Bridge）的改进，允许配置流量工程和保护点到点业务实例（Pt-Pt Service Instance）。PBT 在几乎是标准的运营商骨干桥接网络（PBBN，Provider Backbone Bridge Network）上添加路由配置，PBT 配置和管理的方式是配置点到点骨干链路（Trunks 或业务实例），每个 Trunk 由 16bit VLANID 和 96bit 的源/目的地址对组成标识。

PBT 技术的主要优点体现在关闭传统以太网的地址学习、地址广播以及生成树协议（STP，Spanning-Tree Protocol）功能，以太网的转发表完全由管理平面（将来的控制平面）进行控制；具有面向连接的特性，使得以太网业务具有连接性，以便实现保护倒换、OAM、QoS、流量工程等传送网络的功能；PBT 技术承诺与传统以太网桥的硬件兼容，"DA＋VID" 的网络中间节点不需要改变，数据包不需要修改，转发效率高。

在标准化方面，PBB-TE 还处于起步阶段，IEEE 已经开始对 PBB-TE 进行标准技术研究以进一步推动运营级以太网的发展，其标准号为 802.1Qay。

4.5.5　大容量 WDM 技术及发展

下一代网络的显著特征之一就是网络的业务性，下一代光传送网必须充分考虑到对未来网络业务的支持；虽然 2.5Gbit/s 和 10Gbit/s 是目前网络中最常用的接口，但随着带宽需求的进一步增加，40Gbit/s 技术将是下一代通信网最关键的技术，传输网向着 40Gbit/s 迈进是网络发展的必然趋势。40Gbit/s 传输系统的主要优势如下。

（1）可以比较有效地使用传输频带，频谱效率比较高。

（2）减少了 OAM 的成本、复杂性以及备件的数量。尤其在城域骨干网络上，调度性、集成度要远远好于 4 个 10Gbit/s 系统，可以节省机房面积，减少设备堆叠，提高单节点设备的带宽管理能力和调度能力。

（3）每比特的成本比其他的城域网的方案更加经济。

（4）通常单波长可以处理多个数据连接，核心网的功能将会大大地增强，40Gbit/s 将使业务得到更加高效和有保护的承载。

鉴于以上优势，40Gbit/s 将具有广泛的应用范围。但许多关键技术问题需要进一步产业化，主要包括：调制技术、提高光信噪比（OSNR）技术、色散补偿技术、超级前向纠错技术（FEC，Forward Error Correction）等。

（1）调制技术

目前主要有 3 种传统光调制器：直接调制分布反馈半导体激光器（DFB-LD）、电吸收外部调制（EAM）、包含集成在 DFB-LD 芯片上的 EAM 和 LiNbO3 马赫—曾德尔（Mach Zehnder）外部调制。这些调制器的应用领域是由它们各自的带宽、啁啾脉冲和波长相关性所决定的。前两种方式不适合高速系统，LiNbO3 调制可以生成高速、低啁啾的传输信号，而且特性与波长没有关系，被认为是 40Gbit/s WDM 传输系统的最佳选择。

40Gbit/s 调制格式的选择是一个难题。目前有多种方式，例如 NRZ 码、差分相移键控 RZ 码、光孤子、伪线性 RZ、啁啾的 RZ、全谱 RZ、双二进制等。从最新的研究成果分析，差分相移键控 RZ 码显得最有希望，这种调制方式的频谱宽度介于 NRZ 和 RZ 之间，比普通 RZ 码的频谱效率高，可以改进色散容限、非线性容限和 PMD 容限，传输距离比普通 RZ 码长。

（2）提高光信噪比技术

同 10Gbit/s WDM 系统相比较，40Gbit/s WDM 系统有更多与光信噪比（OSNR，Optical Signal Noise Ratio）、色散、非线性作用、PMD 等有关的尚待解决的问题。对于 40Gbit/s 系统，为了要达到与 10Gbit/s 系统相近的传输误码率，系统 OSNR 需提高 6dB～8dB。

（3）色散补偿技术

从理论上看，色度色散代价和极化模色散代价都随比特率的平方关系增长，因此 40Gbit/s 的色散和 PMD 容限比 10Gbit/s 降低了 16/17，实现起来非常困难。由于小于 100ps/nm 色散容差很小，对于 40Gbit/s 的系统来说有可能会造成极其严重的限制，因此，从系统灵活设计和经济角度考虑，应采用可变色散补偿器（VDC，Variable Dispersion Compensator）进行自动补偿。40Gbit/s 传输系统的另一个很严重的制约因素是偏振模色散，它是由纤芯的不对称以及内、外压力（如光纤的弯曲）所致。由于引入了双折射，光纤中的两个传播偏振模经历了群时延的微分（DGD，Differential Group Delay），这导致了脉冲的加宽，即产生码间干扰（ISI，Inter-System Interference）并表现为比特误差率的上升。

（4）超级 FEC 技术

随着光速率达到 40Gbit/s，提高光信噪比的难度越来越大，成本和代价也越来越高，FEC 就成为一个非常关键的实用技术。特别是对于 40Gbit/s 的速率，采用带外 FEC 技术不仅可以使传输距离达到实用化要求，而且在一些短距离传输系统上，还可以避免实施昂贵复杂的有源 PMD 补偿。

4.6　IT 技术

4.6.1　NGOSS

NGOSS 是 New Generation Operation System and Software 的缩写，是由 Telecom Management Forum（TMF）提出的标准。它已成为业界公认的、新一代运营支撑系统（OSS，Operation Support System）/业务支撑系统（BSS，Business Support System）的业务框架，其内容包括向运营商、设备供应商和系统集成商提供的工具和指导：

（1）运营流程，系统与软件集成图；

（2）开发架构；

（3）文档、模型和参考代码。

NGOSS 的目标是快速开发灵活的、低成本的满足互联网经济业务要求的电信运营支撑系统。

1. NGOSS 的关键要素和核心概念

TMF 对于 NGOSS 的标准规范的形成和发展有一整套的运作方法。

NGOSS 的关键要素包括：

（1）业务流程和信息模型的定义；

（2）定义系统框架；

（3）通过一系列的合作开发的催化项目提供可行的实现方案和多厂商的功能展示；

（4）创建基于知识库的文档、模型和代码库，以支持开发商、集成商和用户的工作。

NGOSS 的核心概念由方法学（Methodology）、视点（Viewpoint）、框架（Framework）和体系架构（Architecture）组成。方法学（Methodology）是系统化的 NGOSS 构建的原则和流程；视点（Viewpoint）是对一个系统特定的关注点；框架（Framework）是支撑性的完整的结构；体系架构（Architecture）指进行设计和构造的风格与方法。

2. NGOSS 方法学

NGOSS 方法学是从业务、系统、实现和运行等 4 个方向对 NGOSS 知识体系进行划分，形成相应的业务视图、系统视图、实现视图和运行视图。业务视图描述电信运营的业务需求，用流程管理的观点看待电信运营，核心文件是 eTOM（增强的电信运营图）。系统视图描述与技术无关的结构和模式，主要是系统结构、共享信息和数据模型（TNA/SIM/SID）。

NGOSS 的基本原则为：

（1）业务处理过程与软件实现的分离；

（2）采用共享的信息环境；

（3）采用松散耦合、规模可调整的分布式体系；

（4）技术无关与技术明确。

NGOSS 系统由松散耦合的商业服务组件和框架服务集合而成，商业服务是依靠执行框架服务组件集合来支持的，以达到"即插即用"的要求。各组件的接口采用合约表示，与具体的技术实现无关。同时它要求采用分布式透明性框架服务，提供注册、命名、设置和交易事务等基础服务，采用信息共享管理框架服务来实现信息共享，同时提供策略、系统管理、安全等公共服务。

3. eTOM

增强的电信运营图（eTOM，enhanced Telecom Operation Map），它是信息和通信服务行业的业务流程框架。

eTOM 不是一种服务提供商的业务模型，它不陈述服务提供商的目标客户、服务提供商所服务的市场、服务提供商前景、任务等。eTOM 是一种业务流程模型或框架，是业务模型策略的一部分，是为服务提供商提出计划的。

eTOM 是基于电信运营图（TOM，Telecom Operation Map）发展而来的，TOM 侧重的是电信运营行业的服务管理业务流程模型，关注的焦点和范围是运营和运营管理。eTOM 把 TOM 扩展到整个企业架构，并陈述对电子商务的影响，它消除了 TOM 中的企业管理（公司型）流程、市场营销流程、保留客户流程、供应商和合作伙伴管理流程之间的隔膜等。eTOM 的功能框架如图 4-8 所示。

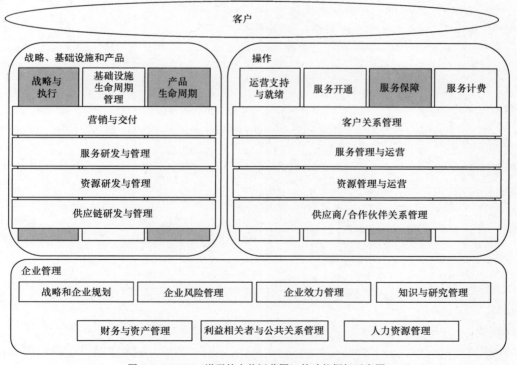

图 4-8　eTOM（增强的电信运营图）的功能框架示意图

4.6.2　Java 和 J2EE

1．Java

（1）Java 简介

Java 是由美国 Sun 微系统公司开发的、近年来飞速发展的一项崭新的计算机技术。Java 既是一种程序设计语言，也是一个完整的平台。作为一种程序语言，它简洁、面向对象、安全、健壮，适用于 Internet 技术；作为一个平台（JRE，Java Runtime Environment，Java 运行环境），对于符合 Java 标准的应用程序，都可以在 Java 平台上正确运行，与程序运行的操作系统无关。

（2）Java 的优点

Java 是一种面向对象的、分布式的、解释性的、健壮的、安全的、可移植的、性能优异的以及多线程的语言。下面简单介绍其中的几个优点。

① 编写一次、随处运行

编写好一个 Java 程序，首先，要通过一段翻译程序，编译成一种叫作字节码的中间代码。然后经 Java 平台的解释器，翻译成机器语言来执行。Java 的编译过程与其他语言不同。例如，C++语言在编译的时候，是与机器的硬件平台信息密不可分的。编译程序通过查表将所有指令操作数和操作码等，转换成内存的偏移量，即程序运行时的内存分配方式，以保证程序运行。而 Java 却是将指令转换成为一种扩展名为 class 的文件，这种文件不包含硬件的信息。只要安装了 Java 虚拟机（JVM，Java Virtual Machine），创立内存布局后，就可以通过查表来确定一条指令所在的地址，这就保证了 Java 的可移植性和安全性。

上述 Java 程序的编译和运行流程，如图 4-9 所示。

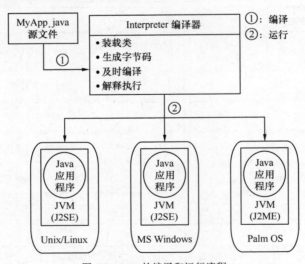

图 4-9　Java 的编译和运行流程

② 简单

纯粹的面向对象，加上数量众多的类所提供的方法（函数）库的支持，使得利用 Java 开发各种应用程序比较简单。此外，在程序除错、修改、升级和增加新功能等方面，因其面向对象的特性，使得这些维护也变得非常容易。

③ 网络功能

Java 具备编写网络功能的程序。不论是对一般 Internet 或局域网的程序，如 Socket、E-mail、基于 Web 服务器的 Servlet、JSP 程序，甚至连分布式网络程序，如 CORBA、RMI 等的支持也是非常丰富的，使用起来也很方便。

④ 资源回收处理

资源回收处理是由 JVM 对内存实行的动态管理。程序需要多少内存，哪些程序的内存已经不使用了，需要释放归还给系统，这些操作全部交由 JVM 去管理。让程序开发人员能够更专心地编写程序，而不需要担心内存的问题。内存的统一管理，对于跨平台也有相当大的帮助。

⑤ 异常处理

为了使 Java 程式更稳定、更安全，Java 引入了异常处理机制，能够在程序中产生异常情况的地方，执行相对应的处理，不至于因突发或意外的错误造成执行中断或是死机。通过这种异常处理，不仅能够清晰地掌握整个程序执行的流程，也使得程序的设计更为严谨。

2. Java 2 平台企业版

（1）J2EE 的概念

J2EE（J2EE, Java 2 Platform Enterprise Edition）是一种利用 Java 2 平台来简化企业解决方案的开发、部署和管理相关的复杂问题的体系结构。J2EE 技术的基础就是核心 Java 平台或 Java 2 平台的标准版，J2EE 不仅巩固了标准版中的许多优点，例如"编写一次、随处运行"的特性、方便存取数据库的 JDBC API、CORBA 技术以及能够在 Internet 应用中保护数据的安全模式等，同时还提供了对 EJB（Enterprise Java Beans）、Java Servlets API、JSP（Java Server Pages）以及 XML 技术的全面支持。

J2EE 体系结构提供中间层集成框架用来满足低成本、高可用性、高可靠性以及可扩展性的应用需求。通过提供统一的开发平台，J2EE 降低了开发多层应用的费用和复杂性，同时提供对现有应用程序集成的强有力支持，完全支持 Enterprise JavaBeans，有良好的向导支持打包和部署应用，添加目录支持，增强了安全机制，提高了性能。

（2）J2EE 的优势

J2EE 为搭建具有可伸缩性、灵活性、易维护性的 IT 系统提供了良好机制。

① 对现存 IT 资产的保护。由于企业必须适应新的商业需求，因此利用已有企业信息系统方面的投资，而不是重新制定全盘方案就变得很重要。J2EE 架构可以充分利用用户原有的投资，如 BEA Tuxedo、IBM CICS、IBM Encina、Inprise VisiBroker 以及 Netscape Application Server。由于基于 J2EE 平台的产品几乎能够在任何操作系统和硬件配置上运行，因此现有的操作系统和硬件也能被保留使用。

② 高效的开发。J2EE 允许公司把一些通用的、很繁琐的服务端任务交给中间件供应商去完成，这样开发人员可以集中精力在如何创建商业逻辑上，相应地缩短了开发时间。高级中间件供应商提供以下这些复杂的中间件服务：状态管理服务——让开发人员写更少的代码，不用关心如何管理状态，这样能够更快地完成程序开发；持续性服务——让开发人员不用对数据访问逻辑进行编码就能编写应用程序，能生成更轻巧、与数据库无关的应用程序；分布式

共享数据对象 Cache 服务——让开发人员编制高性能的系统，极大提高整体部署的伸缩性。

③ 支持异构环境。J2EE 能够开发部署在异构环境中的可移植程序。基于 J2EE 的应用程序不依赖任何特定操作系统、中间件、硬件。因此设计合理的基于 J2EE 的程序只需开发一次就可部署到各种平台，这在典型的异构企业计算环境中是十分关键的。J2EE 标准也允许客户订购与 J2EE 兼容的第三方的现成的组件，把它们部署到异构环境中，从而节省了由自己制订整个方案所需的费用。

④ 可伸缩性。基于 J2EE 平台的应用程序可被部署到各种操作系统上。例如可被部署到高端 UNIX 与大型机系统，这种系统单机可支持 64～256 个处理器。J2EE 提供了更为广泛的负载平衡策略，能消除系统中的瓶颈，允许多台服务器集成部署，实现可高度伸缩的系统，满足未来商业应用的需要。

⑤ 稳定的可用性。一个服务器端平台必须能全天候运转以满足公司客户、合作伙伴的需要。对于电信运营商而言，即使在夜间按计划停机也可能造成严重损失。而设计开发良好的 J2EE 系统可达到 99.999%的可用性或每年只需 5 分钟停机时间，可以保证电信级运营需求。

（3）J2EE 的四层模型

J2EE 使用多层的分布式应用模型，应用逻辑按功能划分为组件，各个应用组件根据它们所在的层分布在不同的硬件设备上。在传统 C/S 模式中，客户端担当了过多的角色而显得臃肿，在这种模式中，第一次部署的时候比较容易，但难于升级或改进，可伸展性也不理想。J2EE 的多层企业级应用模型将两层化模型中的不同层面切分成许多层，图 4-10 示出了 J2EE 典型的四层结构。

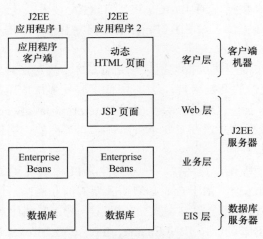

图 4-10　J2EE 四层结构示意图

运行在客户端机器上的客户层组件、运行在 J2EE 服务器上的 Web 层组件、运行在 J2EE 服务器上的业务层组件和运行在数据库服务器上的 EIS 层组件。

J2EE 应用程序是由组件构成的。J2EE 组件是具有独立功能的软件单元，它们通过组装形成 J2EE 应用程序，并与其他组件交互。

应用客户端程序和 applets 是客户层组件。Java Servlet 和 JavaServer Pages（JSP）是 Web 层组件。

J2EE 应用程序可以是基于 Web 方式的，也可以是基于传统方式的。J2EE Web 层组件可以是 JSP 页面或 Servlets。按照 J2EE 规范，静态的 HTML 页面和 Applets 不算是 Web 层组件。正如图 4-11 所示的客户层那样，Web 层可能包含某些 JavaBean 对象来处理用户输入，并把输入发送给运行在业务层上的 Enterprise Bean 来进行处理。

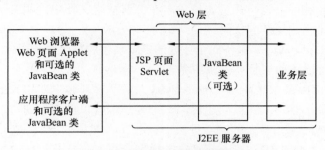

图 4-11　J2EE 的访问处理流程示意图

业务层代码的逻辑用来满足业务需要，由运行在业务层上 Enterprise Bean 进行处理。图 4-12 表明了一个 Enterprise Bean 是如何从客户端程序接收数据，进行处理，并发送到数据库层储存的，这个过程也可以逆向进行。

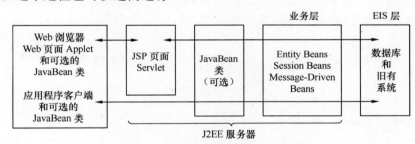

图 4-12　J2EE 业务组件处理流程示意图

有 3 种企业级的 Bean：会话（Session）Beans、实体（Entity）Beans 和消息驱动（Message-Driven）Beans。会话 Bean 表示与客户端程序的临时交互。当客户端程序执行完后，会话 Bean 和相关数据就会消失；实体 Bean 表示数据库表中一行永久的记录。当客户端程序中止或服务器关闭时，就会有潜在的服务保证实体 Bean 的数据得以保存；消息驱动 Bean 结合了会话 Bean 和 Java 消息服务（JMS，Java Message Service）的消息监听器的特性，它允许一个业务层组件异步接收 JMS 消息。

（4）J2EE 的结构

这种基于组件、具有平台无关性的 J2EE 结构使得 J2EE 程序的编写十分简单，因为业务逻辑被封装成可复用的组件，并且 J2EE 服务器以容器的形式为所有的组件类型提供后台服务，所以软件开发人员可以集中精力解决业务问题。

① 容器和服务

容器设置制定了 J2EE 服务器所提供的内在支持，包括安全、事务管理、Java 命名和目录接口（JNDI，Java Naming and Directory Interface）寻址、远程连接等服务，以下列出最重要的几种服务。

J2EE 安全（Security）模型，让开发人员配置 Web 组件或 Enterprise Bean，这样只有被授权的用户才能访问系统资源。每一客户属于一个特别的角色，而每个角色只允许激活特定的方法。

J2EE 事务管理（Transaction Management）模型，让开发人员指定组成一个事务中所有方法间的关系，这样一个事务中的所有方法被当成一个单一的单元。当客户端激活一个 Enterprise Bean 中的方法，容器介入管理事务。因有容器管理事务，所以在 Enterprise Bean 中不必对事务的边界进行编码。开发人员只需在部署描述文件中声明 Enterprise Bean 的事务属性，而不用编写并调试复杂的代码。

JNDI 寻址（JNDI Lookup）服务向企业内的多重名字和目录服务提供了一个统一的接口，这样应用程序组件可以访问名字和目录服务。

J2EE 远程连接（Remote Client Connectivity）模型管理客户端和 Enterprise Bean 间的低层交互。当一个 Enterprise Bean 被创建后，一个客户端可以调用它的方法就像它和客户端位于同一虚拟机上一样。

生存周期管理（Life Cycle Management）模型管理 Enterprise Bean 的创建和移除，一个 Enterprise Bean 在其生存周期中将会历经几种状态。容器创建 Enterprise Bean，并在可用实例池与活动状态中移动它，并最终将其从容器中移除。

数据库连接池（Database Connection Pooling）模型是一个有价值的资源。获取数据库连接是一项耗时的工作，而且连接数非常有限。容器通过管理连接池来缓和这些问题。Enterprise Bean 可从池中迅速获取连接，在 Bean 释放连接之后可为其他 Bean 使用。

② 容器类型

J2EE 应用组件可以安装部署到以下几种容器中去，如图 4-13 所示。

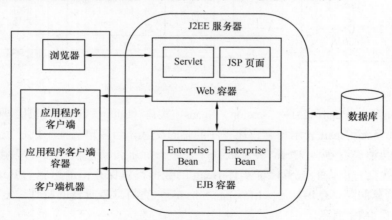

图 4-13　J2EE 容器

EJB 容器管理所有 J2EE 应用程序中企业级 Bean 的执行。Enterprise Bean 和它们的容器运行在 J2EE 服务器上；Web 容器管理所有 J2EE 应用程序中 JSP 页面和 Servlet 组件的执行。Web 组件和它们的容器运行在 J2EE 服务器上；应用程序客户端容器管理所有 J2EE 应用程序中应用程序客户端组件的执行。应用程序客户端和它们的容器运行在 J2EE 服务器上。Applet 容器是运行在客户端机器上的 Web 浏览器和 Java 插件的结合。

4.6.3　工作流技术

工作流（Workflow）就是工作流程的计算模型，即将工作流程中的工作前后组织在一起的逻辑和规则，在计算机中以恰当的模型进行表示并对其实施计算。工作流要解决的主要问题是：为实现某个业务目标，在多个参与者之间，利用计算机和网络，按某种预定规则自动传递文档、信息或者任务。

工作流管理系统（WfMS，Workflow Management System）的主要功能是通过计算机技术的支持去定义、执行和管理工作流，协调工作流执行过程中工作之间以及群体成员之间的信息交互。工作流需要依靠工作流管理系统来实现。

工作流属于计算机支持的协同工作（CSCW，Computer Supported Cooperative Work）的一部分。后者是普遍地研究一个群体如何在计算机的帮助下实现协同工作的。

（1）工作流的主要功能

工作流管理系统是定义、创建、执行工作流的系统，WfMS 应能提供以下 3 个方面的功能支持。①流程构建功能：对工作流过程及其组成活动定义和建模。②运行控制功能：在运行环境中管理工作流过程，对工作流过程中的活动进行调度。③运行交互功能：指在工作流运行中，WfMS 与用户（业务工作的参与者或控制者）及外部应用程序工具交互的功能。

（2）工作流管理系统带来的好处

由于信息技术的发展和日趋激烈的商业竞争，人们不再满足于独立、零散的办公自动化和计算机应用，而是需要综合的、集成化的解决方案。作为一种对常规性事务进行管理、集成的技术，WfMS 的出现是必然的。它带来的好处包括：①改进和优化业务流程，提高业务工作效率；②实现更好的业务过程控制，提高服务质量；③提高业务流程的柔性等。

（3）工作流系统的主要组成部分

① 过程定义工具

过程定义工具被用来创建计算机可处理的业务过程描述。它可以是形式化的过程定义语言或对象关系模型，也可以是简单地规定用户间信息传输的一组路由命令。

② 过程定义

过程定义（数据）包含了所有使业务过程能被工作流执行子系统执行的必要信息。这些信息包括起始和终止条件、各个组成活动、活动调度规则、各业务的参与者需要做的工作、相关应用程序和数据的调用信息等。

③ 工作流执行子系统（WES，Workflow Execution Subsystem）和工作流引擎

工作流执行子系统也称为（业务）过程执行环境，包括一个或多个工作流引擎。工作流引擎是 WfMS 的核心软件组元。它的功能包括：解释过程定义、创建过程实例并控制其执行、调度各项活动、为用户工作表添加工作项、通过应用程序接口（API）调用应用程序、提供监督和管理功能等。工作流执行子系统可以包括多个工作流引擎，不同工作流引擎通过协作共同执行工作流。

④ 工作流控制数据

指被 WES 和工作流引擎管理的系统数据，例如工作流实例的状态信息、每一活动的状态信息等。

⑤ 工作流相关数据

指与业务过程流相关的数据。WfMS 使用这些数据确定工作流实例的状态转移，例如过程调度决策数据、活动间的传输数据等。工作流相关数据既可以被工作流引擎使用，也可以被应用程序调用。

⑥ 工作表和工作表处理程序

工作表列出了与业务过程的参与者相关的一系列工作项，工作表处理程序则对用户和工作表之间的交互进行管理。工作表处理程序完成的功能有：支持用户在工作表中选取一个工作项、重新分配工作项、通报工作项的完成、在工作项被处理的过程中调用相应的应用程序等。

⑦ 应用程序和应用数据

应用程序可以直接被 WfMS 调用或通过应用程序代理被间接调用。通过应用程序调用，WfMS 部分或完全自动地完成一个活动，或者对业务参与者的工作提供支持。与工作流控制数据和相关数据不同，应用数据对应用程序来讲是局部数据，对 WfMS 的其他部件来说是不可见的。

4.6.4　Web Services

1.　Web Service 概念

Web Service 是近几年产生的一种新的分布式计算技术，是对象/组件技术在 Internet 中的延伸，是一种部署在 Web 上的对象/组件。Web Service 结合了以组件为基础的开发模式以及 Web 的出色性能，一方面，Web Service 和组件一样，具有黑匣子的功能，可以在不关心功能如何实现的情况下重用。同时，与传统的组件技术不同，Web Service 可以把不同平台开发的不同类型的功能块集成在一起，提供相互之间的互操作。因此，Web Service 被普遍认为是下一代分布式系统开发的模式，得到了工业界的广泛支持，许多大型的计算机厂商已推出了支持 Web Service 开发的集成环境，如 IBM 的 Websphere、Microsoft 的.NET、BEA 的 Weblogic 等。

不同组织和企业都给出了 Web Service 的定义。

国际标准化 W3C 给出的定义是：Web Service 是一个通过 URL 识别的软件应用程序，其界面及绑定能用 XML 文档定义、描述和发现，并且基于 Internet 协议上的消息传递，使用 XML 支持和其他软件应用程序的直接交互。

Microsoft 给出的定义是：Web Service 是为其他应用提供数据和服务的应用逻辑单元，应用通过标准的 Web 协议和数据格式获得 Web Service，如 HTTP、XML 和 SOAP 等，每个 Web Service 如何实现是完全独立的。Web Service 具有基于构件的开发和 Web 两者的优点，是 Microsoft 的.NET 程序设计模式的核心。

IBM 公司给出的定义是：Web Service 是自包容的、模块化的应用，能在一个网络上被描述、发布、查找和调用，一般是在 Web 上。

通过上面的定义可以看出，Web Service 就是一个应用程序，它向外界暴露出一个能够通过 Web 进行调用的 API。这就是说，开发人员能够用编程的方法通过 Web 调用来实现某个功能的应用程序。从深层次上看，Web Service 是一种新的 Web 应用程序分支，它们是自包含、自描述、模块化的应用，可以在网络（通常为 Web）中被描述、发布、查找以及通过 Web 来调用。

2.　Web Service 的体系结构

Web Service 的体系结构与基于中间件分布式系统的体系结构相比是非常相似的，可以把体系结构中的 Web 程序看作中间件，如图 4-14 所示。从结构上来看，WebService 只是从侧面对中间件平台技术进行革新，虽然所有服务之间的通信都以 XML 格式的消息为基础，但调用服务的基本途径主要还是远程过程调用（RPC，Remote Procedure Call）。

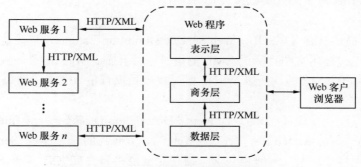

图 4-14　Web Service 的体系结构图

Web Service 之所以被看作是新一代的分布式计算和处理技术，主要是因为它在 Internet 上表现出来的高度扩展性。原有的中间件平台技术都是基于 C/S 体系结构，这要求两端必须是同质的而且是紧密联接的基础体系，如果任何一端接口发生变化，另一端的程序必然会中断。这种模型扩展性较差，特别是无法扩展到 Internet，这是受限于计算机操作系统、对象模型和编程语言的差异性，因而继续向前发展已经很困难。而 Web 服务是跨平台的，连接非常松散，采用的是性能稳定的、基于消息的异步技术，在改变任何一端接口的情况下，应用程序仍可以不受影响地工作。它为集成分布式应用中的中间件及其他组件提供了一个公共的框架，用户无需再考虑每一个组件的具体实现方式。

3．Web Service 的技术支持

Web Service 平台需要一套协议来实现分布式应用程序的创建，如图 4-15 所示。任何平台都有它的数据表示方法和类型系统。要实现互操作性，Web Service 平台必须提供一套标准的类型系统，用于沟通不同平台、编程语言和组件模型中的不同类型系统。目前这些协议如下。

（1）XML 和 XSD

扩展标记语言（XML，Extensible Markup Language）是 Web Service 平台中表示数据的基本格式。除了易于建立和易于分析外，XML 主要的优点在于它既与平台无关，又与厂商无关。XML

工作流	WSFL			
服务发现和组装	UDDI			
服务描述	WSDL	管理	服务质量	安全
消息	SOAP			
传输	HTTP、FTP、SMTP			
互联网	IPv4/IPv6			

图 4-15　WebService 协议栈图

是由 W3C 组织创建，XML 定义了一套标准的数据类型，并给出了一种语言来扩展这套数据类型。Web Service 平台用 XHL 模式定义语言（XSD，XML Schema Definition）来作为数据类型系统。当开发人员用某种语言如 VB.NET 或 C#来构造一个 Web Service 时，为了符合 Web Service 标准，所有数据类型都必须被转换为 XSD 类型。

（2）SOAP

简单对象访问协议（SOAP，Simple Object Access Protocol），它是用于交换 XML 编码信

息的轻量级协议。它有 3 个主要方面：XML-envelope 为描述信息内容和如何处理内容定义了框架，将程序对象编码成为 XML 对象的规则，执行远程过程调用（RPC）的约定。SOAP 可以运行在任何其他传输协议上，如可以使用简单邮件传送协议（SMTP，Simple Mail Transfer Protocol），即 Internet 电子邮件协议来传递 SOAP 消息。

（3）WSDL

Web Service 描述语言（WSDL，Web Service Definition Language）就是用机器能阅读的方式提供的一个正式描述文档且基于 XML 的语言，用于描述 Web Service 及其函数、参数和返回值。因为是基于 XML 的，所以 WSDL 既是机器可阅读的，又是人可阅读的。

（4）UDDI

统一描述、发现和集成（UDDI，Universal Description Discovery and Integration）的目的是为电子商务建立标准。UDDI 是一套基于 Web 的、分布式的、为 Web Service 提供的、信息注册中心的实现标准规范，同时也包含一组使企业能将自身提供的 Web Service 注册，以使别的企业能够发现的访问协议的实现标准。

（5）远程过程调用 RPC 与消息传递

Web Service 本身其实是在实现应用程序间的通信。现在有两种应用程序通信的方法：RPC 远程过程调用和消息传递。使用 RPC 的时候，客户端的概念是调用服务器上的远程过程，通常方式为实例化一个远程对象并调用其方法和属性。RPC 系统试图达到一种位置上的透明性：服务器暴露出远程对象的接口，而客户端就好像在本地使用的这些对象的接口一样，这样就隐藏了底层的信息，客户端也就根本不需要知道对象是在哪台机器上。

4.7 小　　结

技术的发展是推动市场发展的前提条件和根本动力。无线网、核心网、数据网和传送网技术的全面进步与电信市场的发展息息相关。随着技术的不断发展和网络的日益演进，这些技术也在不停地完善和融合。在无线网络方面，呈现出移动通信与宽带无线接入的融合，同时蜂窝移动与无线接入技术还保持着既互补又竞争的格局。而在核心网方面，交换技术正朝着 IP 化、智能化的方向发展，同时信令网也在向 IP 化的道路迈进，而 IMS 已成为下一代网络的核心标准框架，基于 IMS 的固定、移动融合的核心网，可以为各种接入网提供一个统一和强大的业务引擎，并提供开放的业务环境，满足不同的网络环境下各类终端业务的穿越和无缝漫游要求，真正实现一点接入、全网服务。数据网的发展也朝着满足下一代网络全业务运营的方向发展，其电信级以太网技术、路由器集群技术、家庭网关等技术满足了全业务运营下网络的各种需求。而传送网技术在 MSTP、ASON、OTN 等技术上的发展，也为创建一个高效可靠的网络环境奠定了基础。

第 5 章　固网运营商全业务战略选择

5.1　全业务运营前的战略目标定位

全业务运营之前，固网运营商的战略定位很大程度上受到了国家政策导向的影响，而且固网运营商自身也因为其资产属性等因素，导致了现有的固网运营商的业务定位、市场定位以及投资建设定位都比较单一，具体来说如下。

固网运营商的业务定位是由运营商的基础业务范围所限定的，固网运营商提供的基础业务范围主要集中在固定话音、固定数据接入和长途干线传输业务。在电信重组之前，国家对电信业务细分化，而且成立独立的公司进行运营，比如，固网运营商在特定条件下也需要卫星通信，但因政策的原因却无法自己运营卫星通信业务，所以导致固网运营商的基础业务定位出现了相对单一状况，而这种定位也直接影响到固网运营商的增值业务的定位与发展，随着用户通信需求的提高，用户需要综合化的通信服务，需要固定和移动业务的综合，而现有的运营商之间的"专业化"分工，造成了此类综合业务发展的相对滞后，分属于不同运营商之间的综合业务很难得到充分的推广，如：固话和移动电话的同振、顺呼业务，而不同运营商之间的业务资费捆绑，更是难以实现。

固网运营商因自身的业务定位的关系，决定了固网运营商的市场定位。从固网运营商近年来的市场发展不难看出其市场定位的主要思路，固网运营商在占据了国内固话市场的主要份额的基础上，又根据技术发展和用户的实际需求，推出了宽带接入业务；而固网运营商的个人手持式电话系统（PHS，Personal Handy-Phone System）业务却因为市场定位的原因，长期定位于低端用户，仅仅作为市话的补充，以上现象都反映了固网运营商对当前市场的认识以及采取的定位策略。总体而言，固网运营商的市场定位主要是根据业务定位的需要，划定了固话和宽带接入作为市场发展区域，并且在其他市场做了极其有限的尝试。

5.2　全业务运营前的市场分析

5.2.1　业务分析

上一节谈及固网运营商的市场定位就是"固网市场"，从专业而言，固网运营商的业务主要分为固话、宽带接入、增值业务等方面。

固话市场历史悠久，而且积累了大量的用户。从过去几年的发展数据分析，固话市场的规模已经达到饱和程度，而且初步出现了下滑的趋势，固话市场的饱和以及下滑的趋势，是通信技术进步的结果，"话音移动化"的趋势不可避免，特别是近年来移动资费的大幅度下降，更导致了大批的固话用户的退网，因此，从技术和资费两个角度分析，固话市场的发展将迎来严峻的挑战。

宽带接入市场属于新兴的市场，自 2000 年以来，互联网的飞速发展和普及为宽带接入提供了广阔的市场前景，在此需求的推动下，基于数字用户线路（DSL，Digital Subscriber Line），FTTx 技术的宽带接入得到了迅速的发展，根据中国互联网络信息中心（CNNIC，China Internet Network Information Center）的统计，宽带接入已经多年保持着 30%以上的发展增速，宽带接入同固话业务成为固网运营商的主要收入来源。

增值业务的发展比较迅速，但是增值业务收入所占的份额在总收入中还处于很低的水平，固网运营商增值业务的发展主要基于电信庞大的固网用户和网络资产，除了固话领域中"来电显示"、"呼叫转移"等传统的增值业务以外，近年来还出现了基于呼叫中心等新兴的增值业务。

5.2.2　客户（群）分析

与固网运营商的战略定位和市场定位相匹配，固网运营商的客户群的分布也主要集中在家庭用户和企业用户，这两类用户的主要特征是有固定的住所或办公场所，存在着稳定的话音和数据接入的需求。

对于家庭用户，业务需求主要集中在固话和宽带数据接入两个业务，家庭用户的固网业务需求相对单一，而且对资费非常敏感，近年来移动话音资费的下降，对家庭固话用户产生了很大的吸引力，导致部分家庭用户退出固话市场，因此固网运营商在不降低资费的基础上对固话和宽带业务进行捆绑销售，在一定程度上减轻了固话用户的离网　速度。

对于企业用户，其电信业务需求比较广泛，而且业务量大，是固网市场中的高端用户群体，该部分用户业务需求的范围可能包含话音、数据接入、专线接入、服务器托管等多个业务种类，而且大型企业的电信业务也随着企业规模的不断壮大而迅速增加，企业用户对电信服务的质量等级要求较高，而且其本身也有较高的议价能力，因此，运营商必需为企业用户提供高质量、多种类的通信业务和通信服务，才能在企业用户市场上得到发展。

5.3　全业务运营前的网络情况分析

5.3.1　固话网络

目前国内的固话网络基本上采用程控交换机进行组建，其网络规模和技术规范在近几年已经趋于稳定，在偏远的农村地区，也有采用 V5 接入网完成接入的固话网络。在固话网络中，无线市话网络是固话网络的补充接入方式，也占有固话网络的一定份额。

固话网络从 2005 年起进行了软交换的改造，以有效地支持固网智能化的业务，固网的软交换改造为固话网络引入了智能位置归属寄存器（SHLR，Smart Home Location Register）设备，将固话用户的数据加以集中，从而可以触发诸如"移机不改号"等智能网业务。因固话增值业务推广较为迟缓，在全国范围内，不是所有地区的固话网络都完成了固网智能化的改造。

近年来，固话用户发展缓慢，甚至出现了负增长的趋势，根据工业和信息化部的统计：

2009 年 1 月，全国固定电话用户减少 101.6 万户，达到 33 978.9 万户。其中，城市电话用户减少 48.0 万户，达到 23 151.5 万户；农村电话用户减少 53.6 万户，达到 10 827.4 万户；无线市话用户减少 136.6 万户，达到 6 756.5 万户，在固定电话用户中所占的比重为 19.9%，比 2008 年底下降了 0.3%。

由图 5-1 分析可知，从 2006 年到 2009 年，固话单月的新增用户越来越少，但是拆机用户却逐年增加，固话总用户的减少已经成为趋势。

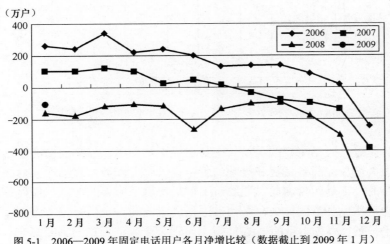

图 5-1　2006—2009 年固定电话用户各月净增比较（数据截止到 2009 年 1 月）

从图 5-2 可以分析得到，2007 年传统的固话用户还出现微弱增长的情形。但是，无线市话用户却出现了明显的负增长，从而带动固话用户的总体数量产生了明显的下降。

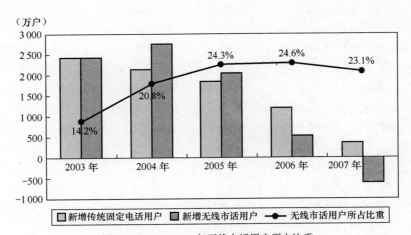

图 5-2　2003—2007 年无线市话用户所占比重

固定电话用户中，公用电话用户、办公电话用户发展较快，所占比重也逐年上升，如图 5-3 所示。2007 年底，我国每千人所拥有的公用电话数已经达到 22.6 部。住宅电话用户虽然仍是我国固定电话用户的主体，但其所占比重逐年下降。

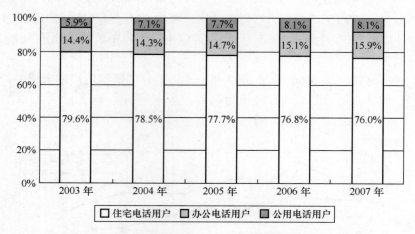

图 5-3　2003—2007 年公用、办公、住宅电话用户所占比重

从总体趋势上看，固话用户的负增长态势已经无法避免，移动通信经过这几年长足的发展，用户数量大大增加，而且资费和终端的价格也大幅度降低，移动通信对固话话音市场的分流是不可避免的，正是因为如此，无线市话市场出现了明显的滑坡，如何对现有的无线市话用户进行保护，避免其继续流失，是当前固话运营商的一个问题。考虑到移动通信对办公电话的冲击较小，而且办公电话的 ARPU 值也远远大于家庭用户的 ARPU 值，因此，办公电话市场还是可以继续开发和建设的。

5.3.2　数据网络

目前国内的数据业务，特别是宽带业务还处于飞速发展时期，数据网络的建设和扩容也随着用户的发展逐年推进，目前宽带接入的手段多采用 ADSL 技术，可以为用户提供多达 8Mbit/s 的接入速率，ADSL 的接入介质是现有的铜缆网络，因铜缆的接入距离、线径、复接等因素的影响，完全采用 ADSL 接入要对现网进行大规模的改造，进行接入点下移以缩短铜缆的接入距离。因 ADSL 接入的优点在于建设成本较低，但是用户速率受到局限，所以近年来采用 EPON 技术进行的宽带接入也在迅速发展，EPON 技术一般可以为家庭用户提供多达 30Mbit/s 左右的带宽，完全满足今后相当长时期内用户的接入对带宽的要求，但是因为成本较高，还没有得以大规模的推广。

截至 2008 年底，中国网民规模达到 2.98 亿人，较 2007 年增长 41.9%，互联网普及率达到 22.6%，略高于全球平均水平（21.9%）。继 2008 年 6 月中国网民规模超过美国，成为全球第一之后，中国的互联网普及再次实现飞跃，赶上并超过了全球平均水平，如图 5-4 所示。

基础电信企业的互联网用户进一步趋向宽带化。2009 年 1 月，互联网拨号用户减少 253.3 万户，达到 1 184.4 万户，而互联网宽带接入用户净增 120.6 万户，达到 8 463.1 万户。

如图 5-5 所示，拨号用户基本处于退出阶段，而宽带用户每月都有较大幅度的增加。

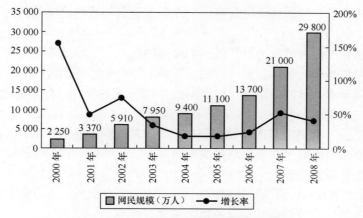

图 5-4　2000—2008 年中国网民规模与增长率

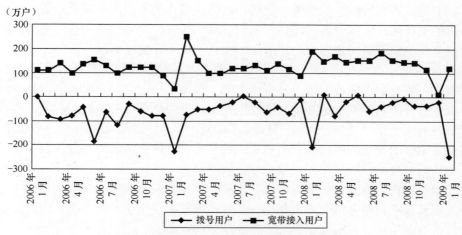

图 5-5　2006—2009 年互联网用户各月净增比较

5.4　全业务运营后的战略定位调整

固网运营商的全业务经营，意味着由固网运营商向综合信息服务提供商的转变，这一转变是运营商战略的定位的重大调整，战略的调整和转变的目标集中体现在以下两个层面。

从业务层面考虑，全业务运营后，运营商拥有固定和移动牌照，能够同时经营固定通信业务与移动通信业务。

从服务层面考虑，全业务运营后，运营商能够同时为用户提供包括话音、数据、多媒体在内的全方位信息服务。

运营商发展到全业务经营，是电信业发展的客观要求，也是我国电信业发展和电信监管的重大突破，电信行业发展的客观规律推动了运营商的全业务经营，赋予了运营商更多的电信业务种类，因此也必然要求全业务的电信运营商能够适应电信用户的实际需求，以固定业务运营和移动业务运营为基础，充分考虑到电信用户的需求，实现包括话音、数据、多媒体在内的全方位信息服务的目标。

基于全业务转变的目标调整，运营商向全业务运营商的战略定位的调整和转变体现在以下几个方面。

（1）大力推进移动业务的发展，形成新的业务增长点，实现企业结构性调整

移动业务的发展是全业务运营后的固网运营商的一个最直接的战略目标，从外部发展环境看，目前市场普及率为 41.6%，每年净增用户 8 000 万左右，无论从用户规模还是收入方面仍具有较大的市场空间和发展潜力；从内部资源能力看，固网运营商所获得的 CDMA 网络（或者 GSM 网络）是一张高质量的移动网络，其客户质量高、网络质量高，且初步形成了规模效应，再结合原来的固网运营商广泛的渠道资源及客户资源，将促使原固网运营商在移动语音业务发展上取得较大突破。

移动业务的发展和推进，将为运营商带来收入结构、投资结构、人力资源结构的相应调整。

（2）推进业务的融合与创新是全业务运营的关键和亮点

固网运营商在获得移动网络后，应将固定和移动融合作为突破点，提供包括话音、宽带、IPTV 以及 IT 解决方案等综合性业务，使用户可以获得一揽子的服务。全业务的运营商应充分了解用户的电信需求，综合运用固话、宽带、移动等多种网络服务和增值业务，满足用户需求，提供多种电信服务解决方案，让用户感受到无处不在的电信服务。

业务融合的出发点是运营商应从以网络为中心的业务提供模式转变到以用户为中心的业务提供模式，研究融合业务的特点及实现方式，推动终端融合、套餐捆绑、技术融合等，业务融合应该提升用户的业务感知度，提高电信用户使用电信业务的便利程度，实现不同网络的同一服务的同一用户感知。例如：移动和固话的"一号通"服务和"统一地址簿"服务；移动、固话、宽带的统一账单服务；利用号码进行各类电信业务的统一鉴权服务。

（3）加快新业务的市场推广，有效应对市场竞争

电信重组后国内运营商的格局，出现了电信、移动、联通三家全业务运营商三分天下的局面，三家运营商在业务范围上基本相同，而且在地理范围上也相互重合，因此，重组后的国内电信运营商的市场，将面临比重组前更加严重的竞争。

在竞争更加剧烈的市场环境中，如何求得生存和发展，是重组后电信运营商的重要课题，在移动通信的市场中，原来的固网运营商依靠何种策略抵挡市场份额已经很大而且资金实力雄厚的中国移动的竞争，在固网市场中，如何留住原有的客户并且进一步发展新的用户，都是原来的固网运营商所必需解决的难题。

在竞争更加剧烈的市场环境中，竞争参与者可以采用的最佳手段就是做好新业务的开发和市场推广，实施差异化的竞争策略，寻求适合自己生存和发展的"蓝海"，因此运营商应该加强内部创新，并且实现现有业务和资源的整合，提升核心竞争力。

此外，应该意识到国内运营商当前的同质化竞争还比较普遍，因此，运营商在谋求差异化竞争的同时，也应该强化与对手在同一业务领域的竞争意识，加强市场推广的力度，并且谋求领先优势。

（4）加快网络融合步伐，建设功能融合的下一代网络

网络的融合是电信业务融合的基础和支撑，运营商应主动把握技术发展方向，加快推进向功能融合、架构扁平、控制集中、业务开放灵活的下一代网络体系转变，实现网络、业务的快速部署和各类宽窄带融合业务的全面高效支撑，降低业务的提供成本和网络的运营成本，并能为客户提供差异化的网络质量保障和维护服务。

固网运营商在获得新的移动网络后，应研究如何有效整合现有网络与新的网络，充分发挥协同优势。尤其是随着三网融合的推进，IP 技术、软交换技术的发展，要探索如何实现核心网层面的融合、接入网的多样化，以降低运营成本，提高运营效率，以尽可能低的成本给用户带来无差异的通信体验。

（5）加快 IT 支撑平台的升级改造，实现对全业务的支撑

网络的融合、全业务的运营，将导致业务复杂度增加，直接将使得后台的 IT 支撑系统，如计费系统、客户关系管理系统、服务提供平台都变得更加复杂，也使得对 IT 系统的依赖性更大。

融合业务的提供需要融合性的 IT 支撑系统。业务支撑系统必须保证运营商能够快速推出新业务，并支持业务的复杂性、融合性以及复杂的网络环境，保障用户的体验。运维支撑系统要支持各领域的管理、控制，实现跨领域的协同，进行统一的用户管理，建立一体化的运维管理体系，实现端到端流程控制以及服务管理。

IT 支撑平台应该在全新的 IMS 网络架构的基础上进行升级和改造，升级后的支撑平台，除了完成对现有的固网和移动业务的全面支持外，还应该加强横向的沟通与协同，实现固网和移动网类同业务的统一用户界面和类似的处理流程，最终实现对融合业务的完全支持。

5.5 全业务运营后的目标市场及客户定位调整

在电信重组之前，国内的主导固网运营商为中国电信和原中国网通，考察这两家企业的目标市场，基本集中在固网业务及其衍生的增值方面，客户定位于家庭用户和政企用户。原固网运营商的家庭品牌和政企品牌如图 5-6 所示。

原中国网通的个人/家庭服务：宽带我世界

原中国网通的政企服务：宽带商务

中国电信的家庭品牌：我的 e 家

商务领航
izNavigator

中国电信的政企品牌：商务领航

图 5-6　原固网运营商的家庭品牌和政企品牌

以固网运营商的本质特征看，固网运营商的主打业务就是为用户提供固定的话音和数据服务，因此固网运营商的目标客户主要集中在家庭、企业、政府等领域，因固网运营商没有移动运营的资质，因此对个人用户关注不多。

全业务运营后，原来的固网运营商将实现结构性的调整，其目标市场将由原来的固网市场逐步转移到固网市场、移动市场、增值业务市场当中来；运营商关注的客户也由以家庭用户和政企客户为主，转变为个人用户、家庭用户和政企用户并重。

电信重组后的全业务运营商，其对移动市场的开发将对全业务运营商产生重大影响，最显著的影响有以下两点。

（1）移动用户的数量依然保持强劲增长，而固话用户却呈现负增长的趋势，移动用户的飞速增长，可以为运营商带来新的业务增长点。

图 5-7 是国内手机用户的数量和固话用户数量在 1998—2008 年共计 11 年的发展统计。

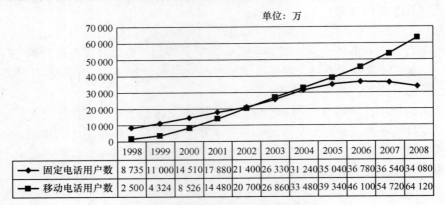

单位：万

	1998	1999	2000	2001	2002	2003	2004	2005	2006	2007	2008
固定电话用户数	8 735	11 000	14 510	17 880	21 400	26 330	31 240	35 040	36 780	36 540	34 080
移动电话用户数	2 500	4 324	8 526	14 480	20 700	26 860	33 480	39 340	46 100	54 720	64 120

图 5-7　中国固话用户和移动用户的发展对比

在 1998 年，固话用户还是移动用户的约 3.5 倍，然而移动用户在过去的几年中数量迅速增长，在 2003 年首次超过固话用户，2008 年底，移动用户已接近固话用户的 2 倍左右，而固话在 2004 年左右，其增长趋势已经放缓，2007 年则迎来了自 1968 年以来首次的年度负增长。

尽管移动用户保持着较大的绝对数值（2008 年，6.41 亿户），但是考虑到中国庞大的人口基数，移动用户的增长潜力还是非常巨大的。

（2）原来的固网收入已现颓势，而移动收入却欣欣向荣。

以重组前的中国电信和中国移动作为比对，可以看到固网业务和移动业务在 2004—2008 年发展态势的比较。

图 5-8 表示中国电信在 2004—2008 年的经营业绩情况。

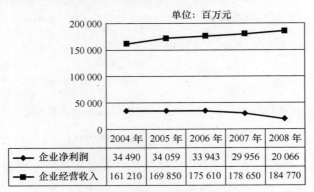

单位：百万元

	2004 年	2005 年	2006 年	2007 年	2008 年
企业净利润	34 490	34 059	33 943	29 956	20 066
企业经营收入	161 210	169 850	175 610	178 650	184 770

图 5-8　中国电信收入和净利润

从中国电信公布的年报分析，中国电信的企业经营收入呈现微弱的增长，而企业净利润的增长则在 2007 年出现了下滑，2008 年的净利润更是下滑至 200 亿。

作为参照，我们来考察一下中国移动的经营业绩，如图 5-9 所示。作为中国最大的移动运营商，也是全球最大的移动运营商，中国移动的业绩一直保持着稳定而高速的增长，2004—2008 年，中国移动的企业经营收入的年复合增长率为 19.23%，企业净利润的年复合增长率为 27.30%。

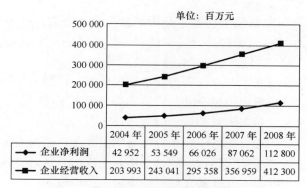

单位：百万元

	2004 年	2005 年	2006 年	2007 年	2008 年
◆ 企业净利润	42 952	53 549	66 026	87 062	112 800
■ 企业经营收入	203 993	243 041	295 358	356 959	412 300

图 5-9　中国移动收入和净利润

综合以上两点的考虑，全业务运营后的原固网运营商，应该强化对个人用户的业务关注并提高个人市场的开发力度。

5.6　全业务运营的业务模式研究

5.6.1　基础业务

固网运营商在获准进行全业务经营后，就基础接入业务而言，获得了全面的扩充，就目前国内运营商的基础接入业务，可以分为以下 4 大类：

（1）固定话音；

（2）固定数据；

（3）移动话音；

（4）移动数据。

图 5-10 为"市场成长率—相对市场份额矩阵"的波士顿组合分析方法。

图 5-10 中，纵坐标市场成长率表示该业务的销售量或销售额的年增长率，用数字 0~20%表示，并认为市场成长率超过 10%就是高速增长。横坐标相对市场份额表示该业务相对于最大竞争对手的市场份额，用于衡量企业在相关市场上的实力。用数字 0.1（该企业销售量是最大竞争对手销售量的 10%）——10（该企业销售量是最大竞争对手销售量的 10 倍）表示，并以相对市场份额为 1.0 为分界线。需要注意的是，这些数字范围可以在运用中根据实际情况的不同进行修改。

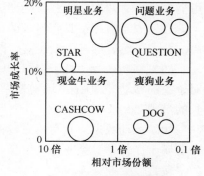

图 5-10　波士顿矩阵模型

矩阵图中的 8 个圆圈代表公司的 8 个业务单位，它们的位置表示这个业务的市场成长率和相对市场份额的高低；面积的大小表示各业务的销售额大小。

波士顿矩阵法将一个公司的业务分成 4 种类型：问题、明星、现金牛和瘦狗。

问题业务是指高市场成长率、低相对市场份额的业务。这类业务往往是一个公司的新业务，为发展问题业务，公司必须建立工厂，增加设备和人员，以便跟上迅速发展的市场，并超过竞争对手，这些意味着大量的资金投入。"问题"非常贴切地描述了公司对待这类业务的态度，因为这时公司必须慎重回答"是否继续投资，发展该业务？"这个问题。只有那些符合企业发展长远目标、企业具有资源优势、能够增强企业核心竞争能力的业务才能得到肯定的回答。

明星业务是指高市场成长率、高相对市场份额的业务，这是由问题业务继续投资发展起来的，可以视为高速成长市场中的领导者，它将成为公司未来的现金牛业务。但这并不意味着明星业务一定可以给企业带来大量利润，因为市场还在高速成长，企业必须继续投资，以保持与市场同步增长，并击退竞争对手。企业没有明星业务，就失去了希望，但群星闪烁也可能会耀花了企业高层管理者的眼睛，导致做出错误的决策。这时必须具备识别行星和恒星的能力，将企业有限的资源投入在能够发展成为现金牛的恒星上。

现金牛业务指低市场成长率、高相对市场份额的业务，这是成熟市场中的领导者，它是企业现金的来源。由于市场已经成熟，企业不必大量投资来扩展市场规模，同时作为市场中的领导者，该业务享有规模经济和高边际利润的优势，因而给企业带来大量财源。企业往往用现金牛业务来支付账款并支持其他 3 种需大量现金的业务。图 5-10 中所示的公司只有一个现金牛业务，说明它的财务状况是很脆弱的。因为如果市场环境一旦变化导致这项业务的市场份额下降，公司就不得不从其他业务单位中抽回现金来维持现金牛的领导地位，否则这个强壮的现金牛可能就会变弱，甚至成为瘦狗。

瘦狗业务是指低市场成长率、低相对市场份额的业务。一般情况下，这类业务常常是微利甚至是亏损的。瘦狗业务存在的原因更多是由于感情上的因素，虽然一直微利经营，但像人对养了多年的狗一样恋恋不舍而不忍放弃。其实，瘦狗业务通常要占用很多资源，如资金、管理部门的时间等，多数时候是得不偿失的。图 5-10 中的公司有两项瘦狗业务，可以说，这是沉重的负担。

按照波士顿矩阵法模型的划分，四大类基础业务可以进行以下的属性描述。

（1）固定话音：具有很高的市场占有率，可以为公司带来主要收入，但是市场增长率已经放缓，因此，固定话音属于"现金牛"类型的业务，特别是近年来，固定话音增长放缓，可能面临着"瘦狗"类业务的评级。

（2）固定数据：具有很高的市场占有率，可以为公司带来主要收入，而且市场增长率很高，公司依然要继续大量投资，因此，固定数据属于"明星"类型的业务。

（3）移动话音：对于中国的固网运营商而言，移动话音具有相对较低的市场占有率（相对于中国移动），但是市场增长率较高，目前属于"问题"类业务，但是有向"明星"业务增长的潜力。

（4）移动数据：具有相对较低的市场占有率（相对于中国移动），但是市场增长率较高，目前属于"问题"类业务，但是有向"明星"业务增长的潜力；如果运营不佳，也可能转变为"瘦狗"类业务。

在国内运营商完成重组，并且实现全业务运营后，市场竞争得以充分体现，因此，原来的固网运营商在重组后的基础业务的模式，还应充分考虑市场竞争的态势。

1. 固定话音

固定语音业务是原来的固网运营商的主打业务，占原来固网运营商收入的大部分，但是近两年来，固话业务市场出现了一定程度的萎缩，其具体原因如下：

（1）移动话音对固定话音的替代；

（2）IP通信对固定话音的替代（IP通信特指基于计算机终端的通信）；

（3）固话资费的降低。

从固话市场萎缩的原因分析，可见固话业务的下降较多的原因在于技术的落后而产生的替代作用，而市场竞争不是其业务滑坡主要原因，因此全业务运营商在经营固话业务的同时，要充分考虑固话和移动话音的平衡，注意移动话音对固定电话的挤出效应。

从图5-11中可以看到，在全国的长途通话构成中，移动话音所占的比例和总时长持续增长，2008年1—2月，移动在长途电话通话总时长中所占的比重达到47.2%，比去年同期上升了12.9%。

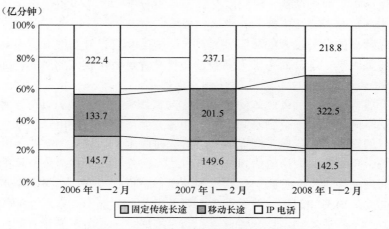

图5-11　2006—2008年同期长途电话通话时长构成

固话业务与其他固定业务的捆绑，可以在一定程度上改善固话业务滑坡的程度，并且有利于用户获得业务套餐所带来的新的业务体验，捆绑是现阶段拯救固话业务滑坡的一个措施，但不是永久措施。固话终端的智能化改造和新的业务开发等技术进步，以及新业务的形式才能够为固话业务带来新的增长点。

通过推出各类套餐形式的业务捆绑，可以调整运营商的业务收入结构，商业运作模式通常为"传统业务＋新兴业务"，常见的是将语音业务与数据业务相捆绑，另外传统固定电话与小灵通捆绑是我国2003年以来特有的业务捆绑形式。实际上，业务捆绑销售的核心观点是：结合业务发展生命周期，利用灵活多样的业务资费定价策略，通过资费结构和水平的两个层面的动态调整和组合来实现业务最优组合化，提高固网存量市场增长。具体分析应用业务捆绑形式时，又需要注意如下方面：

（1）语音业务发展的成熟期，需要利用"价格＋服务"来作为市场竞争的有力武器；

（2）数据业务发展处于起步培养阶段，需要价格拉动市场增长；

（3）为有效拉动话音存量市场，刺激数据增量市场，需要将业务进行捆绑销售；

（4）资费作为快速见效的促销手段，业务套餐的设计、推出和管理是决定套餐成败的重要因素；

（5）需要细分客户需求和业务支付能力，设计不同水平的资费套餐；

（6）数据业务是固网运营商核心竞争业务，而赢得关键大客户是制胜法宝。

总体来说，目前固网电信业务捆绑的思路是"语音业务＋数据业务"，其中移动运营商可能采取的策略是"语音业务带动数据业务"，固网运营商采取的策略则是"数据业务带动语音业务"。这两者的目标人群也稍有差别，固网运营商的待开发的大客户是语音业务大客户和数据业务大客户，两种类型面向的最终客户很大一部分存在交集，例如集团大客户；移动运营商的语音业务大客户与数据业务大客户目前大多是分离的，这两类业务的用户具有很多不同的消费特征。总体来看，固网运营商使用这种价格促销方法的效果要比移动运营商好些。

另外，对于异质产品的捆绑，例如终端和电信业务的捆绑，作为在业务推广初期一种很好的策略，一旦业务进入良性发展阶段，而且终端的数量大增、价格下降时，运营商就应尽快转变思路，使终端与业务脱钩，将终端交由市场进行推动。毕竟价值链上下游的产业联盟之间的协同成本还是高于企业内部的管理运作成本。

目前电信运营商的套餐设置的参照系为自己历史的套餐设置状况、竞争对手的套餐设置状况以及政府监管因素，运营商考虑更多的是套餐设置对公司收入的影响，而并未过多考虑公司成本的因素。

今后应在套餐的设置中加入成本的考虑因素。具体来说可以采用以下步骤：首先，公司运用作业成本法将间接成本细分到不同的公司业务方面（比如固定电话、小灵通、宽带等），再加上不同业务的直接成本形成不同业务的最终分摊成本，当然考虑到竞争的需要，在某些业务的成本分摊上也可以采取增量成本分摊的方法；其次，在合理成本分摊的基础上，考虑不同业务的利润空间来进行合理的定价和套餐的组合定价。当然这只是一个理想的步骤，在现实运作时可能面临很多的问题，但企业一定要考虑公司的成本因素，企业的最终目的是获得最大的利润，而不计成本的进行套餐设置和套餐推广是企业所不愿意看到的，也是和企业的最终目的相违背的。

对于固话业务，有必要将家庭用户和企业用户进行区分，随着移动通信的飞速发展，话音的移动化趋势不可避免，因此在未来的市场中，家庭用户停止使用固话业务的趋势将越来越明显。对于家庭用户，要做好现有用户资源的保护和转移，及时将拆线的用户转移到本公司的移动用户中来。

固话用户在企业用户中的使用需求还非常强烈，而且现有的无线技术还不能保障在高密度的企业环境中，始终提供高质量的话音服务，因此，在一段时期内，企业的固话需求还有存在和发展的可能性，运营商要维持固话市场的发展，就必需持续关注和开发企业的话音市场。同样，企业市场的较高的业务收入也有助于运营商对企业市场的开发。

2. 固定数据

从国内的固定数据市场的发展看，目前国内的数据市场，特别是宽带接入市场，还处于快速的增长过程中，图 5-12 中的数据是 CNNIC 提供的全国宽带用户的增长情况（2005—2008 年）。

从 CNNIC 提供的数据看，在过去的 4 年内，国内宽带用户一直保持着较高的增长率，其速率一直维持在 30%以上。

宽带业务的飞速发展，自然吸引了运营商进行市场的开发和投入，目前国内的电信运营商（原卫通除外）都可以进行用户数据的有线接入，甚至有线电视也可以。

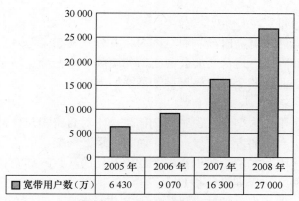

	2005 年	2006 年	2007 年	2008 年
▨ 宽带用户数（万）	6 430	9 070	16 300	27 000

图 5-12　我国宽带业务的发展情况

因固定数据的接入需要大量的管道和局房的投资，因此具有一定的地域垄断性，所以，尽管可以准入的运营商较多，但是竞争的强度远远不及移动市场。

宽带接入的 ARPU 值要高于固话业务，因此运营商在宽带接入市场要进一步加大市场的开发力度，以获得较多的用户资源。

对于宽带市场中的企业用户，对宽带接入的要求较高，而且对资费的敏感程度较低，但是企业宽带市场的竞争非常激烈，通常会有两家以上的有实力的运营商竞争同一企业用户，因此，本地的原固网运营商一定要高度关注企业的宽带接入市场，同时提高企业宽带的带宽、可靠性、客服的水平，并采取合适的资费策略。

对于企业的宽带需求，大型企业和中小企业因规模和业务的不同，其业务需求存在较大的差异，简要分析如下。

目前国内的大型企业可以分为：大型和特大型国有企业、跨国公司的研发中心、生产基地、大型的民营企业。国有大型、特大型企业信息化建设起步较早；另外，大型企业因规模大、企业资金优势、人力优势明显，因此对于企业自身的通信问题有着独特的解决方案和运营特点。

（1）大型企业内部的信息化系统多采用自建和自己维护

大型企业有着雄厚的资金实力，加之企业占地面积大、内部的部门多，因此以上企业的通信网络和信息化系统多采用自建模式，并且设有专门的信息化部门负责维护企业自身的通信网络。

（2）大型企业通信需求种类多样，总量庞大

大型企业内部通信需求不仅种类多，而且业务等级高、总量大，涉及的通信业务有固话、数据、集群、移动等不同种业务，而且业务的等级均比较高，如：移动通信多采用专网解决，申请的专网号码多数为 5 位，因此大型企业通信对于运营商需求也呈现集团化特点。

（3）大型企业通信对运营商需求往往体现在对公网资源的需求

企业内部的通信往往自己解决，因此，大型企业对运营商的要求基本上就是企业无法独立获得的资源，如网络出口带宽、国际专线、公网号码资源和运营商具备的专有资源等。

大型企业信息化的特征决定了运营商为大型企业服务的着重点还是在于发挥运营商的公网资源优势和专业化优势，携手大型企业，共同推进企业的信息化建设和发展。

运营商为大型企业提供的信息化服务如下。

（1）高质量的出口带宽

大型企业不仅自身的带宽需求高，而且因为企业分支遍布全球，企业往往需要借助公网建立自身的虚拟专网，因此，运营商的公网出口和国际专线充分满足了大型企业的出口要求和专网需求，为大型企业构建全球网络提供了足够的支撑。

（2）代维服务

通信技术的发展使不少大型企业也感受到信息技术对自身信息化部门的新要求，特别是不少大型企业多集中于自身的专业领域，相对而言，运营商提供的通信服务在效益方面胜于企业自身的解决方案，因此大型企业也需求企业信息化的代维，如企业主机托管、数据灾备服务、企业基础通信网络的代维服务和 IT 外包服务。

托管业务体现了运营商自身的技术优势的上升和对大型企业信息化的理解和明晰，运用公网来解决企业内部的专网服务使大型企业专注于企业自身的业务，有利于企业的发展壮大。

与国内的大型企业不同，现阶段的中小企业不但数量大，而且企业的信息化程度比较低，特别是随着改革开放的深入和国内经济的不断发展，中小企业的数量越来越多，发展空间也越来越大，同时，企业挑战与困境也将非常突显，在此背景下，中小企业普遍特征如下。

（1）缺乏科学管理。基于国内中小企业的诞生和生长环境，中小企业的管理模式和管理水平有待提高，家长式的管理不利于创造良好的企业文化；科学管理人员素质普遍跟不上；制度管理又易造成各自为阵，因此，管理的科学化一直是中小企业成长的一大障碍。

（2）缺乏核心竞争。加入 WTO 后，企业还要面对国外的跨国公司，导致竞争更加激烈，因此缺乏核心竞争力使大量的中小企业陷入"红海"，因此，如何提高企业的核心竞争力和自主创新能力也是摆在企业发展面前的一道门槛。

（3）缺乏信息。在国内的企业中，贸易企业信息发达，生产性企业信息滞后，特别是中小型企业，市场质量需求和服务需求已上升到超前高度，而质量意识和服务意识时高时低，只感到产品要调整，却不知如何调整，调整什么，调整到什么程度，更不知道调整后又会怎样。

中小企业的宽带接入，就必需考虑到中小企业自身对信息化的需求，除了提供基础的宽带接入，还应该为每一个企业量身定做，通过信息化建设为企业创造价值，总体上说，运营商为中小企业提供信息化服务可以为中小企业带来以下的服务和提升。

（1）充分的商机。信息化的服务，可以为企业带来比较充分的市场商机，企业利用 Internet、电话查询等手段，或者借助专门的行业网站、B2B、B2C 等，能够迅速地获得与企业所在行业的政策信息、供求信息，从而为企业决策、生产安排、销售和推广提供支持。

企业信息的发达，不仅可以帮助企业获取客户、占领市场，而且使企业形成以市场需求为先导，合理安排企业内部流程，为企业的科学管理奠定基础；企业信息的发达，也有助于企业掌握市场动向，了解客户需求，从而为企业及时研发新产品，提高自身的研发能力创造条件。

（2）降低企业的运营成本。中小企业因企业自身的规模小，但是配置的人员也相应的涉及市场、财务、研发、生产等多个方面，因此中小企业内部的传统的运营模式对于企业的经营成本造成了一定的拉高。面对中小企业的成本偏高的形势，不少企业都采用了运营外包的模式来降低企业的日常成本，如财务外包、物流外包、软件外包等，因为近年来中小企业信息化的迅速发展，专业的财务公司、物流公司均利用信息网络技术和软件技术成功解决了企业财务外包、物流外包而产生的协调问题，因此，企业非核心部门的外包成为降低企业运营成本的有效手段。

（3）降低企业的交易成本。网络经济又称为"无摩擦力经济"，因为在网络上进行的交易都是电子化的货币、电子化的签名合同，因此，网络交易快捷而且便利，避免了传统交易所必需的商务出差、面对面谈判等差旅所带来的成本，此外，电子商务、电子报关等设施能够为企业办理多种手续而自动先后处理，从而使企业交易"一站化"成为可能。

（4）能够快速实现连锁化。企业信息化系统的建立，有助于企业及时而且实时的采集企业的资源信息、人力分布、运转情况，从而为企业的运营和决策提供支持，也有利于企业在总体范围内合理安排资源，调度人员和物资。

对于连锁企业，因为企业的各个分支机构分布在各地，如果没有现代化的通信手段和企业经营分析系统，企业的管理者就无法了解分支机构的运营信息、资源配置，从而无法进行资源调配，可能造成资源的短缺和浪费。连锁企业对信息化的需求通常在于能够实现各个分支机构的通信和分支机构信息的互联互通，从而为企业的正常运转创造条件。

整体来看，中小企业信息化的应用程度与企业规模和行业分布这两个维度都有非常密切的关系，比较而言，行业分布的特色更为明显。

从企业规模的维度来看，企业规模越大，企业高层通过信息化提高管理水平和企业效益的意识也越强，信息化投入也越大，信息化应用水平也越高，办公自动化、局域网、对外网站等基础型应用和 ERP、CRM 等提高型应用也越普及，企业在软/硬件更新和日常维护上的投入也越高。相反，一些人数在 50 人以下的小型企业，信息化建设尚未成型，办公自动化、局域网等都没有建设，有的企业信息传递还依靠传统的人工方式。但是情况也并非完全如此，有一些 500 人左右的规模较大的中型企业，其信息化建设并不成熟，相反一些小型企业的信息化建设则更为成熟，这主要是由于企业所在的行业不同导致的差异。

从行业维度来看，一些行业的信息化整体应用水平比较超前，而另一些行业则比较落后。比较而言，信息服务业、专业服务业、科研院所、部分中型制造业的企业信息化应用水平更高，因为这部分企业管理决策层的综合素质比较高，所处的行业及所服务的客户的信息化应用水平也比较高，使得这些企业对信息化的建设比较重视。它们把信息化作为企业提高竞争力的手段之一，信息化的投入也远高于平均水平。

对于宽带市场中的家庭用户，目前处于高速增长阶段，运营商应该继续加大基础设施建设的力度，保持在本地市场中主导运营商的地位，同时，为了防止有线电视网络从低端市场的渗透，原来的固网运营商应该注意资费的灵活性，设置多种资费套餐满足各类家庭用户的宽带业务需求。

对于家庭用户，宽带业务发展的一大推动力就是内容服务，只有不断开发基于宽带的增值业务，形成良好的盈利能力和成熟的商业模式，才能促进宽带业务的可持续增长。因此，以中国电信为代表的宽带运营商已经认识到增值业务应用对宽带发展的重要性，开始进行各种尝试，并试图建立一个宽带良性发展的生态环境。为此，中国电信不断与 CP/SP 合作进行业务应用和商业模式的创新，并推出了"互联星空"等较有影响力的宽带品牌。互联星空平台，是开展"门户型"合作的基础，它通过提供开放的业务平台、IDC 资源，确立统一的品牌，吸纳优秀的 SP 作为业务合作伙伴，开发有针对性的宽带应用内容，从而实现产业链的共同繁荣。在"互联星空"运行半年之后，原中国网通推出了一个非常类似的宽带内容服务平台"天天在线"，但在 100 天后进行了全面改版，突出"电视化、娱乐化、家庭化、精品化"特征，提出"网络＋时尚＋电视＝'天天在线'"的品牌特质。

毋庸置疑，宽带化、移动化和融合化已经成为电信业务发展趋势。宽带业务的持续发展必须不断创新，向各类用户提供能够满足个性化需求的应用服务。另外，中国各大宽带运营商都希望在 3G 业务开展之前，利用既有的宽带接入和应用的基础和优势，为 3G 内容和应用多做储备，并以 3G 为契机，为其在未来的电信市场竞争格局中争取优势地位。

为强化此方面的竞争优势，中国电信提出，把信息产业和文化产业结合起来，使信息产业为文化产业服务，从而实现中国电信由"基础网络运营商"向"综合信息服务提供商"的转型，其中宽带业务更具有不可替代的重要作用。

对于家庭用户而言，对业务的体验往往源于互联网和相关的终端软件所带来的新业务，因此也引出了运营商的网络与网络终端的业务转移的纷争。毫无疑问，用户终端业务的丰富，必然引起网络流量的增加，如果运营商单纯提供网络接入服务的话，不但难以得到业务扩张所带来的利益，反而增加了网络建设和维护方面的成本，降低了利润。

以 BT 下载为例，BT 是 P2P 的一种应用，因内容的上传和下载都是在网民之间进行，颇有一些"自助"的意味，因此得到了网民的追捧，用户数量突飞猛进。自 2002 年面世，经过短短的 3 年多时间，BT 用户已高达 5 000 万之众。然而，由于 BT 下载所占带宽过大，遭到了各国电信运营商的诟病；而由此引致的盗版，也让电影、电视和音乐的相关利益者不堪其苦。近日来，更是连续出现运营商网络因流量太大而出现故障的问题。根据中国电信的监测，BT 下载占用了 5%～15%的骨干带宽。而原铁通互联网 CT-TNET 的实际监测情况显示，BT 应用已占用了 40%～70%的带宽。

BT 下载之所以受到运营商的广泛抵制，原因是 BT 发展对于互联网带宽的非常规的消耗，BT 也反映了运营商的宽带网络存在的一个深层次的不足，就是单纯强调高带宽，但是网络对业务的识别能力，以及运营商的业务运维能力都是网络中的薄弱环节。互联网如果要增加流量计费的功能，就要对现网做出较大的升级和修改，如果流量计费的用户很少，那么，此时对网络进行如此的改造也是非常不划算的。

因此，运营商要在互联网业务飞速发展的今天，实现网络流量收入和网络内容收入的双丰收，就需要对网络进行一定的改造，形成网络业务的触发能力、识别能力和分流能力、并且依靠用户终端的定制、软件的预装，形成一个完善的点到点的业务运营环境，才能在为用户提供多种服务的同时，实现公司价值的提升。

3. 移动话音

根据中国工业和信息化部的统计，中国的移动用户的通话时长（2004—2007 年）如图 5-13 所示。

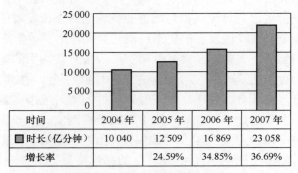

时间	2004 年	2005 年	2006 年	2007 年
时长（亿分钟）	10 040	12 509	16 869	23 058
增长率		24.59%	34.85%	36.69%

图 5-13　移动话音的通话时长统计

从移动话音的统计报告显示，移动话音市场还处于高速成长阶段，而且 2007 年 12 月份全国的移动用户的普及率为 41.6%，可以初步得到结论，国内移动业务的增长还有很大的发展空间，全业务运营商在移动话音领域大有可为。

对于原固网运营商，在获准进入移动市场后，将面对着本市场中主要竞争对手的强烈竞争，新的运营商将面临原移动运营商在资金、品牌、网络质量、用户终端等方面的优势挤压，新运营商必需在以上几个方面拿出自己的应对方案。

加大建设力度，提高网络的覆盖质量。移动通信是一个"全程全网"的特性配置，为了为用户提供高质量的话音服务，就必需建设一个覆盖全国的移动通信网络。新的移动运营商不但要依靠自身投资加大建设力度，而且要采用与其他运营商合作的模式，集约化建设，节约公司的建设成本。

新的运营商进行移动网络的建设，就必需解决用户数量少，但同时用户对网络要求较高的矛盾。此外，中国移动依靠强大的资金优势，在 GSM 网络的建设和优化方面历来是不惜血本进行投入，其网络覆盖质量之好，在世界上首屈一指，新的运营商与移动进行竞争，单在基础网络建设方面，就存在着相当大的差距。新运营商进行移动通信建设的另一个困难就是基站选址的困难，鉴于少数不负责任的媒体和民间谣传对无线辐射的夸大，民众对移动通信基站普遍怀有抵触情绪，不少基站的落地均受到阻挠，甚至遭到破坏。

基于以上的困难，新的移动运营商必需充分利用现有基站，加强优化，适当增加基站的数量，除了改善室外覆盖以外，还需要通过多种方式加强室内覆盖，保障全网的覆盖质量；对于农村等偏远地区，继续加大网络建设的力度，在全国的范围内，建设一张优质的移动通信网络；通过资金自筹、贷款、融资等多种手段，多方面筹措资金，保障建设的顺利进行；对于有条件的地区，采取集约化建设的手段。有统计资料表明，中国移动和原中国联通所建移动通信基站已超过 30 万个，两公司的铁塔常是并肩而立，浪费了大量钢材和土地。如果 1/3 共建共用，便可以节省资金 300 亿元。中国 3G 网络建设估计还需要 30 万个基站，因此就必需采用移动基站设施建设的集约（共享）化道路和景观化方案。移动基站设施共享建设有利于：环境保护需要、社会和谐需要、资源保护需要、建设成本需要等，达到能源节约、保护生态环境的目的，增强竞争力，实现可持续稳定地发展。随着 3G 建设帷幕的拉开，移动基站建设向集约化和景观化方向发展已经成为趋势。移动基站集约化，就是将若干通信运营商的某些移动通信网络的室外基站及其室内覆盖系统集中在一起建设，实现资源共享、统一覆盖的一种基站建设模式。天线景观化没有规定模式和方法，可随着环境的改变而采取灵活的方式，但其根本的目的是将天线融入到其所在的环境中去。

注重品牌建设，赢得用户的口碑。新的运营商在移动市场面临的另一个难题就是原来运营商所积累的用户对其的美誉度和信任度不是新的运营商短时期内所能达到的。特别是中国移动旗下的几个品牌，均获得了不错的市场反映和用户的好评。新的品牌建设对于产品和业务的推广起着很大的促进作用，适度的广告投放、品牌代言人都是提升公众对品牌的认知度、增加品牌影响力的合适方法。

增加终端的品种和数量，进一步降低价格。全业务运营后，中国 3 个运营商将拥有世界上 3 个不同制式的 3G 网络，不同制式的网络需要不同制式的终端与之匹配，除了多模终端外，运营商还需要通过与国内的设备商合作推出适合自己网络制式的移动终端。

运营商集采终端，可以有效地降低终端价格，推动终端和业务的销售和推广。以原联通

CDMA 为例，由于其手机型号少、价格高，被认为是发展 CDMA 用户的重大障碍；与之相反，移动的 GSM 网络终端无论从价格上还是型号上，都比原联通 CDMA 要丰富得多，而且便宜、时尚。为此，原联通 CDMA 发展模式之一就是促进终端的多样化和降低价格。原联通在终端的发展策略中，终端分为 3 个层次：一是针对最高端用户的世界风双模手机；二是针对中档普通消费群体的炫机；三是针对农村和城市低收入人群的超低端手机，即如意手机。原联通集采终端的策略，有效降低了终端的价格，CDMA 终端的价格从 2001 年前后的 2 000多元，降低到现在的不足 500 元，促进了产业链上下游厂家的发展；终端价格的降低和品种的多样化也促进了原联通业务的发展。

从业务应用上看，手机定制应用在国外已经非常普遍。有数据显示，目前欧美国家 70%～80% 的手机都是运营商的定制手机，日本、韩国、欧洲运营商采用手机定制的方式推广移动数据业务都取得了巨大的成功。日本 3G 运营商的手机定制策略为：手机定制以内容服务为导向；定制手机的发展采取渐进策略；定制手机跟随 3G 网络实际状况。日本、韩国、欧洲的经验证明了手机定制对移动数据业务具有促进作用，特别是对 3G 具有强大的推动力。目前中国运营商正逐步采用定制手机的方式，为 3G 时代的到来提前做好准备。在 3G 时代，运营商将会在产业链中占据绝对的主导地位，3G 手机定制也将是其控制终端制造环节、推动 3G 产业协调发展的最有效手段。定制手机将成为中国移动通信产业发展的一个新动力。

4. 移动数据

以中国移动为例，2007 年，中国移动的数据业务发展比较迅速，2007 年移动数据业务收入达到 916.09 亿元，比 2006 年增长 32.2%，增值业务占总收入的比重达到 25.7%，比 2006年又进一步增长。2007 年中国移动的各个数据业务发展的现状如表 5-1 所示。

表 5-1   **2007 年中国移动数据业务状况**

类　　别	收入（亿元）	比　　例
总收入	916.09	100.00%
短信	419.35	45.78%
彩铃	117.94	12.87%
WAP	90.94	9.93%
彩信	15.67	1.71%

通过对中国移动的财报分析，并且对比国外先进运营商的相关数据，我们可以发现移动运营商的数据业务，无论是横向比较还是纵向比较，其收入比例都还很低。中国的移动运营商更多地依靠庞大的用户群体，用户 ARPU 值远低于欧美。同时在数据业务中，短信息业务也占据了相当大的比例，短信业务在严格意义上讲，并不能归结为数据增值服务。

全球知名市场研究公司 Informa Telecoms ＆ Media 日前发布报告指出，在 2006 年第三季度到 2007 年第三季度的 12 个月中，全球移动运营商非短信数据业务实现了较快增长。美国运营商 AT＆T 表现最为突出，其非短信业务收入占总数据收入之比的年增长率高达 103.1%，领先于 Verizon Wireless 的年增长率 45.7%。相比之下，中国移动的年增长率仅为 17.4%，差距悬殊。

国内移动运营商的数据业务收入比例也低于固网运营商。2007 年，中国电信非话音收入所占比例为 36.5%，同比增长 7.4%，并且预计在两年时间内中国电信将把非话音收入比例提高至 50%。原中国网通 2007 年宽带服务收入达到了 138.35 亿元人民币，互联网相关收入达到 5.32 亿元人民币，两项合计 143.67 亿元人民币，同比增长 37.7%。

高速移动数据业务与短信业务相比，其发展还存在以下的发展障碍需要克服。

（1）终端价格较高。能够高速上网的手机或者笔记本，价格都在 2 000 元以上，比起其他的手机终端，显然价格还是比较高。较高的价格，显然抑制了部分用户的购买需求，降低了终端的普及率，直接降低了业务的发展速度。

（2）业务资费较高。从现有移动运营商的 2.5G 数据接入业务和 2.75G 数据接入业务来看，移动数据业务的资费定价相当高昂，从最早的 0.01 元/KB，到现在的 0.1 元/MB，尽管资费下降了很多，但是无论与固网数据接入业务相比，还是与用户的支付能力相比，移动数据业务的资费还是非常高昂，目前的资费水平还是无法支持移动高速数据业务的快速发展。

（3）内容服务比较单一。通过移动数据接入，用户可以进入"移动梦网"内的 WAP 网站，也可以访问 Web 网站，总体上说，移动数据业务访问的内容与固网接入没有什么不同；但是，为了避免与高速的固网宽带接入竞争，移动数据接入应该出现独树一帜的数据内容服务。但是目前看来，移动的数据内容服务还是比较单一。

在进行业务发展策略研究之前，先研究一下移动业务的演进目标：以现有的 3G 演进动态，目前 3G 领域的各个厂家，基本上已经就 3G 演进的远景达成了一致，那就是 LTE 技术。

LTE 定义了 UTRA 和 UTRAN 演进的目标，是建立一个能获得高传输速率、低等待时间、基于包优化的可演进的无线接入架构。3GPP LTE 正在制定的无线接口和无线接入网架构演进技术主要包括如下内容。

（1）明显增加峰值数据速率。如在 20MHz 带宽上达到 100Mbit/s 的下行传输速率 5bit/（s·Hz）、50Mbit/s 的上行传输速率 2.5bit/（s·Hz）。

（2）在保持目前基站位置不变的情况下增加小区边界比特速率。如多媒体广播和多播业务（MBMS，Multimedia Broadcast Multicast Service）在小区边界可提供 1bit/（s·Hz）的数据速率。

（3）明显提高频谱效率。如 2～4 倍的 R6 频谱效率。

（4）无线接入网（UE 到 E-Node B 用户面）延迟时间低于 10ms。

（5）明显降低控制面等待时间，低于 100ms。

（6）带宽等级为：①5MHz、10MHz、20MHz 和可能取的 15MHz；②1.25MHz、1.6MHz 和 2.5MHz，以适应窄带频谱的分配。

（7）支持与已有的 3G 系统和非 3GPP 规范系统的协同运作。

（8）支持进一步增强的 MBMS。

上述演进目标涉及系统的能力和系统的性能，是 LTE 研究中最重要的部分，也是 E-UTRA 和 E-UTRAN 保持最强竞争力的根本。

就国内的 2 代的移动网络制式，同时存在 GSM 和 CDMA，与之对应的技术上比较成熟，而且可以投入商业应用的是 HSPA 和 cdma2000 1xEV-DO。

在技术的实现上，EV-DO 与 HSPA 具有很多相似之处，都采用了如下关键技术。首先是下行链路时分复用。EV-DO 和 HSPA 系统在下行链路都采用了时分复用的方式，不同的用户共享下行信道，通过时分方式接入；其次是自适应调制编码（AMC，Adaptive Modulation and Code）。EV-DO 和 HSPA 技术都采用了自适应的调制编码方式，根据信道质量的好坏进行编码和调制方式的调整，使得数据传输速率最大化；再者是高阶调制。EV-DO 和 HSPA 系统都引入了高阶调制；然后是快速链路适配。EV-DO 和 HSPA 系统根据无线环境作适配，进行快速用户调度，充分利用小区的功率和频谱资源；EV-DO 最小的调度时间间隔为 1.67ms，HSPA 的调度时间间隔为 2ms；最后是混合式自动重传请求（HARQ，Hybrid Automatic Repeat reQuest）。EV-DO 和 HSPA 系统综合了前向纠错码（FEC）和重传（ARQ）两种方式的特点，重传功能移至基站，一方面减小数据传输的时延，另一方面，它充分利用了已传送的信息，获得时间分集的增益。

若就具体实现的速率而言，区分如下。

HSDPA（高速下行分组接入）在下行链路上能够实现高达 14.4Mbit/s 的速率；HSUPA（高速上行分组接入）在上行链路中能够实现高达 5.76Mbit/s 的速率。

EV-DO Rev.A 于 2004 年 3 月颁布，目前已经成熟商用，它进一步增强了数据传输能力，前向链路峰值速率为 3.1Mbit/s，反向峰值速率增强为 1.8Mbit/s。

随着 HSPA 和 EV-DO 版本的不断更新，其链路的速率还会得到进一步的提升。

无论是 HSPA，还是 EV-DO，可以成熟商用的版本，速率都已经接近固网接入的速率，只不过固网采用专用信道接入，用户间不共享接入速率，而移动数据的接入采用共享信道，多人使用时，单个终端可使用的速率下降。

对于未来的 3G 业务市场，在保障其语音业务收入的同时，增量的业务收入很大程度上要依赖于移动数据业务的推广，建议运营商采用如下措施来加快移动数据业务的推广。

（1）消费人群分析。对于 3G 数据服务的使用人群分析，是 3G 数据业务定价、定制终端等各种业务流程得以顺利开展的前提。3G 数据业务的适用人群，从传统意义上讲，首选高端人群，如商务人士、白领人士，这部分人群的学历较高，而且对信息需求比较强烈，自身具有较大的移动业务需求，是移动数据业务的首选客户人群；移动数据业务的另外一个适用人群就是年轻人，如在校学生，"80 后"、"90 后"等年龄在 15～30 岁的人群，此类人群个性化的特质非常突出，容易对新的业务产生兴趣，而且接受理解能力较强，是有发展潜力的人群。

（2）合理的资费水平。以现有的资费水平（现有移动数据接入的资费水平大约是 0.1 元/MB）理解 3G 数据业务，3G 数据业务属于高消费的品种，利用 3G 数据接入进行普通的上网浏览，每月消费会超过几百元人民币，高出普通消费者的支付水平。因此，3G 数据业务消费的需求弹性是非常大的，需求弹性的含义就是在其他条件不变时，消费者对于商品的需求量受价格的影响而有伸缩性，价格下降，对商品的需求量增加。价格上升，对商品的需求量减少。特别是 3G 数据业务推广在经历了高端客户饱和，而转向一般收入群体后，与历史上其他电信业务一样，3G 数据业务消费的需求弹性将更加显现，只有资费水平下降到一定的水平以下，电信业务才能够大规模地在人群中推广，所以，3G 数据业务在推广初期、推广中期、推广末期，一定要指定不同的资费水平和定价策略。

（3）增值业务拉动基础接入业务。在 2.5G 时代，彩信、手机铃声下载等多种增值业务，也推动了 GPRS 业务的推广，2007 年，股市的火爆也推动了手机上网和网络化交易的大规模的应用，增值业务的推广使用，对其适用的客户有较强的吸引作用，存在一定的刚性需求，例如：年青人比较热衷于音乐、手机铃声等增值业务，对移动上网可能就不十分感兴趣，因此利用增值业务拉动基础业务的办法就能够实现两大类业务的并行推广，在 3G 时代，随着网络可以使用带宽的增加，视频类的增值业务将进入大规模的应用时期，因此将带动基础接入业务的快速发展。

（4）推广行业应用。目前的通信行业中，固网业务侧重政企客户，移动业务侧重个人客户，这与当前固网和移动网的技术水平有一定关系，固网提供的高带宽在很大程度上能够解决政企用户的办公需求，因此固网业务在政企客户那里有着较高的渗透率。随着 3G 数据业务带宽的不断提升，3G 的数据接入也能够解决政企客户在"移动"中的互联需求，因此，运营商要善于寻找政企用户的"移动"需求，如"警务通"的实施，不但解决了交警执勤中遇到的多种难题，而且为运营商带来了收入。

（5）3G 终端的推广。移动业务的普及，是与其终端的大力普及离不开的，移动终端的普及率是 3G 业务普及率的一个因子，特别是对于一些终端－终端的业务，终端的普及率成为业务普及的一个重要的制约因素，如彩信业务，如果支持彩信终端的普及率为 30%，则彩信业务的最高普及率为 30% × 30% ＝ 9%，因此大大制约了业务的发展。对于 3G 终端，移动运营商应该与厂家联合，推出一批价格低廉的话音终端，也要推出价格合适，但是能够支持数据接入、上网浏览的中端手机，还要有适合笔记本使用的 3G 上网卡。

5.6.2 增值业务

基础业务是保证满足消费者基本通信需求的业务，而增值业务是运营商提供给消费者的更高层次的信息需求，因此，增值业务是指凭借公用电信网的资源和其他通信设备而开发的附加通信业务，其实现的价值使原有网络的经济效益或功能价值增高。增值业务广义上分成两大类：一是以增值网（VAN，Value-Added Network）方式出现的业务。增值网可凭借从公用网租用的传输设备，使用本部门的交换机、计算机和其他专用设备组成专用网，以适应本部门的需要。例如租用高速信道组成的传真存储转发网、会议电视网、专用分组交换网、虚拟专用网（VPN，Visual Private Network）等；二是以增值业务方式出现的业务。增值业务是指在原有通信网的基本业务（电话、电报业务）以外开发的业务，如数据库检索、数据处理、电子数据互换、电子信箱、电子查号和电子文件传输等业务。手机短信、彩信等业务，属于增值业务中的后者。

从中国移动发布的 2008 年半年报分析，目前移动增值服务市场的增长还是集中在少数的增值业务上。2008 年上半年，各类细分移动通信增值业务产品市场中，移动增值业务上，短信息仍然占据最大比重，达到 65.34%；其次是彩铃业务，其收入占全部移动通信增值业务收入的 18.07%，如图 5-14 所示。可见，中国移动增值业务市场的业务发展格局仍是集中在少数业务上。

根据国内权威机构分析，移动增值业务市场

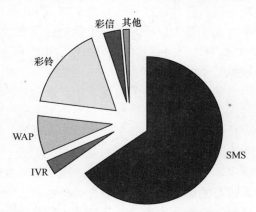

图 5-14　2008 年上半年中国移动增值业务细分产品市场收入分布情况

将出现以下的发展趋势。

（1）移动通信增值业务市场规模将继续发展

电信增值业务市场趋于成熟，随着 2008 年电信重组的进行，原来的固网运营商也将拿到全业务经营的牌照，下一步，基于移动网络的移动增值业务将会被大力拓展，中国国内的移动增值业务市场未来几年还将呈现快速增长的态势，新一轮的中国电信业的产业转型格局也将在未来几年形成。

（2）移动通信增值业务日益丰富，多元化发展趋势明显

从 2008 年起，中国电信运营商将全面启动 3G 业务，从核心网到移动接入网，3G 的商用必将为电信增值业务创造一个广阔的施展平台。3G 网络启动将有力地改善用户对增值业务的使用感受，尤其对于高带宽消耗业务来说，解决了业务发展的重要瓶颈，将为移动增值业务市场打开百花齐放的局面。

（3）移动增值业务内容由娱乐型向功能型转移

服务内容上，目前增值业务内容同质化严重，SP 应密切关注市场需求的信息服务，秉承"所需即机遇"的宗旨。"娱乐为王"已经不再适应现今的发展，根据调查显示，60%以上的用户最感兴趣的是服务类信息业务。可见今后增值业务的发展趋势将由"娱乐"向"服务"倾斜。

3G 业务的开通必将促使电信增值业务市场格局出现很大的变化。要想在 3G 时代站稳脚跟的新业务必须要内容丰富，除了图片和铃声下载、占卜、原声歌曲下载、娱乐、股市行情、手机邮件等基础服务外，还要以用户体验为基础，结合中国独特的历史文化和用户的心理需求，创造出融社会性、艺术性和人文关怀等文化要素于一身的增值业务。

（4）SP 面临转型难关，转型为 CP 是大势所趋

对于移动增值服务提供商来说，3G 时代的增值业务市场处于十字路口的选择阶段，面对全业务运营商和互联网服务提供商对移动增值业务的渗透，SP 必须面临合作模式以及发展模式方面的转型。如果 SP 在信息化、业务创新等方面具有充足的资源，可以弥补运营商在某个方面的不足，才能具有较强的议价能力，在运营商对 SP 的优胜劣汰中脱颖而出，才能度过越来越严峻的转型难关。

从中国移动运营商向"半开放"模式转型的发展方向来看，SP 转型为 CP 是大势所趋。不过，由于中国的 SP 主要是短信 SP（占全部 SP 的一半左右），而这些短信 SP 的内容同质性过强，而且往往是对其他 ICP 或 SP 内容的简单复制，这就使得中国 SP 在向 CP 转型过程中将面临很大的困难，这也就是近期不少 SP 被并购的根本原因。只有那些有行业背景的 SP（如有唱片公司背景的音乐 SP），由于本身拥有其他 SP 所没有或很少的内容/应用资源，才会取得转型的成功。

随着增值业务的出现，用户对信息服务的需求日益强烈，电信产业价值链中有新的主体进入，并向价值链的横向和纵向不断延伸，原来由设备供应商、网络运营商、用户组成的单一价值链也在逐渐向多价值链相互交叉、并存的产业生态系统演进。在电信产业生态系统中，生态系统的物种成员，包括电信运营商、网络及终端设备供应商、服务提供商（SP）、内容提供商（CP）、用户之间存在着竞争、合作、共生的复杂关系。价值链的演进使得以运营商为核心的运营模式向以用户为核心转变，世界范围内运营商都在向综合信息服务商转型，多样化、个性化的增值业务被各运营商提到了前所未有的高度。

对于增值业务发展来说，需要重点解决以下的相关问题。

（1）增值业务发展战略

企业战略是企业为适应环境变化和实现长期发展而进行的整体性战略。企业战略直接决定企业下一步的规划，它和企业经营的有效性有着直接联系。有了企业战略，才有后来的中长期计划、年度计划，才有各项政策和措施，它是企业持续、快速、健康发展的根本保证。电信运营商需要从业务、技术等方面把增值业务的发展提高到战略的高度。

（2）业务发展战略

电信业发展的两大原因：技术驱动和需求拉动。目前，技术已不是电信业发展的瓶颈，电信业的发展越来越取决于需求拉动。对于运营商来说，谁能够细分、识别用户的真正需求，谁就有可持续发展的竞争优势。

运营商要对现有用户进行细分，挖掘用户的真正需求，找准潜在用户群。目前，对用户的细分、对于用户需要什么等，大部分运营商并没有准确的认知。最初未被运营商看好的短信业务在推出后产生了爆炸式的增长，而一些被运营商看好的产品，推出后却未得到用户的认可。因而，每项新业务的推出都要符合用户的利益需求，运营商只有依据科学的市场细分策略对现有用户进行细分，并针对细分市场进行有效的调研，开发出符合用户需求的增值业务，才能把增值业务和用户需求紧密结合，使推出的增值业务得到长足发展。例如 NTT DoCoMo 公司在推出 i-mode 业务之前，进行了大量的调查，发现日本用户对于娱乐方面的应用情有独钟，i-mode 业务一经推出就非常受欢迎，娱乐网页的使用占到了55%；韩国 KTF 针对不同年龄段的用户推出了个性化的服务品牌：BiGi（主要针对 13～18 岁的未成年人）、Na（主要针对 18～25 岁的青年学生）、Main（针对 25～35 岁的男性用户）、Hyo（针对 35 岁以上用户）及 DRAMA（针对所有年龄的女性用户），这些都值得国内运营商的借鉴和学习。

运营商只有重视与产业生态系统中的 CP/SP、终端供应商等主体进行战略合作，形成稳定成熟的生态环境，才能保证业务的持续发展。

对于运营商来说，增值业务发展的瓶颈在于内容和终端设备，但大的终端设备制造商均具有很强的研发能力，因而前者才是决定增值业务能否发展的根本因素，也就是说在手机上提供什么样的业务内容来满足用户多样化和个性化的需求，仅靠运营商一家提供是不可能的，必须要有大量的 CP/SP 等群体的合作，因而与 CP/SP、终端供应商确定合适的互利合作的商业战略模式是非常重要的。

日本 NTT DoCoMo 公司的 i-mode 商业模式是被世人所公认的电信赢利模式。NTT DoCoMo 公司代内容提供商收取信息费，与内容提供商进行利润分成，自己的分成比例仅仅占到 9%。合理的收费模式吸引内容提供商为其提供充足的内容。2000 年 11 月中国移动"移动梦网"的推出，率先开创了国内移动运营商与 CP/SP 的合作模式。目前，国内电信运营商在与 CP/SP 的合作中均采用这种收益分成、利益共享的合作运营模式。

终端供应商在生态系统中是连接用户的最直接媒介，它融合了照相机、计算机、摄像机、电视、网上银行等功能，已不再仅是一个电话机。在 3G 业务的推广上，日本 KDDI 之所以后发先至，一个非常重要的原因就是与终端提供商的合作问题。KDDI 把要向市场提供的服务、手机需要配合的功能信息提供给手机生产商，由他们选择相应的技术进行生产。而 DoCoMo 是先由自己开发新业务所需的技术，然后把技术提供给厂商去生产。KDDI 提供的终端不仅价格低廉，而且功能符合消费者的需求，能够后来居上。目前，中国联通与设备商从机卡分离终端的合作开始，到推出"双模手机"、"炫机"，合作的深度不断加大，中国移动也与厂商合作推出了"心机"，国内运营商与终端设备商的合作已有了一个良好的开端。但由于我国运营商的技术研发、产品开发能力不足，不能对终端产业链进行良好掌控，与终端厂商的合作尚处在起步阶段，日本 KDDI 的经验是值得借鉴的。

运营商、CP/SP、终端厂商的战略合作中，一是要有竞合意识，二是要在价值链中准确定位、严格自律，只有形成业务发展的良性生态系统，才能推动产业的发展。

（3）技术创新战略

加强自主技术创新，积极保护知识产权。网络与业务分离使业务开发与应用成为运营商的重心，运营商只有具备雄厚的技术创新研发能力，积极申请专利保护，才能掌握市场的主动，创造丰厚的利润来源。比如 i-mode 手机生产厂商每生产一部支持 i-mode 业务的手机，都需要支付相应的专利使用费给 NTT DoCoMo 公司。目前，NTT DoCoMo 在中国申请的专利已近 600 项，其中还有相当一部分是 3G 应用业务的专利，这应该引起国内电信产业界的高度重视。标准是公开的，而技术是专有的，强大的技术创新实力是运营商制胜的法宝。

技术创新要以市场为基础。技术研发和产品应用的投入是很大的，且需要根据市场需求及时调整研发重心或方向，开发出符合用户需求的产品，因而要加强对市场需求的调查与分析，准确把握市场需求变化和用户特征，建立灵活的应变机制，积极推进业务创新。

运营商要加强与生态系统各主体的技术合作。在产业生态系统中，各价值链相互交错，运营商要加强与价值链上、下游各方的合作。目前，欧洲的运营商与设备制造商之间是一种战略联盟方式，日本是一种捆绑关系。国内运营商也要重视增值业务的开发工作，要与各方主动配合，进行战略合作，共同挖掘、引导、培育用户的需求，向用户提供更新、更好的技术或业务。

5.7 客 户 策 略

总体而言，全业务运营后，固网运营商获得移动牌照，原来的固网运营商的总体发展策略就是：既要保持固网业务的领先优势，又要在移动业务领域取得竞争优势。基于这样的发展策略，原固网运营商必需认识到自身的优势和不足，也要对竞争对手的优势和不足有充分的把握，才能在未来的市场竞争中取得优势。

全业务运营后，国内运营商的格局将进入"三足鼎立"时代，而且重组后的运营商所负责运营的区域都是在全国范围内，地理上完全重合；运营商所发展的业务也完全覆盖了用户的所有通信需求，故业务上也完全重合。因此，可以预测，"三足鼎立"时代的国内电信运营商的格局，是一个全业务带来全面竞争的时代，对此，国内运营商一定要加以充分的认识，而且重组后的大约 5 年内，是移动通信和数据业务高速发展的时期。在未来 5 年内，各个运营商之间的竞争优势的发展和对比，也必然奠定国内运营商之间的座次排名。在未来的 5 年内，运营商如何面对日益严重的竞争趋势，取得优势地位，是一个值得思考的问题。

本章分 5 个单元对原固网运营商发展固话、数据、移动话音、移动数据、增值业务进行了一定深度的探讨。考虑到本小节为综述性章节，因此拟以另外的视角，不但对以上 5 个单元进行综合阐述，而且从客户角度进行行业业务发展策略的探讨。

在论述之前，提前说明一个观点，本书作者高度认同时下广为流行的蓝海战略（Blue Ocean Strategy），而且在高度竞争的国内电信市场中，蓝海战略的实施不但有助于早日帮助运营商走出同质化竞争的困境，而且还有利于推动行业的大幅跃进，但是，就具体的一个业务推广而言，并不是总能从蓝海战略那里得到启示，实际上，学会在"红海"中生存也是运营商所必需练就的一大本领。

就目前电信行业的客户划分维度，一般可以分为个人用户、家庭用户、企业用户三大类，尽管还有其他的划分方法，如按照行业划分、按照 ARPU 值划分，但个人用户、家庭用户、企业用户三大类的划分方法最为普遍，因此，下面将探讨三大类用户的业务发展策略。

5.7.1 个人用户

对于个人用户，其需求就是个人通信，狭义的理解，可以认为个人通信就是无线通信。原来的固网运营商，不管是对个人推广 2G 的语音业务，还是 3G 的话音和数据业务，毫无疑问，都会遭遇在移动通信领域的处于王者地位的中国移动，鉴于中国移动有着庞大的网络优势、用户资源、现金优势，无论是中国移动的决策层还是经营层，都不会将移动通信领域的领先位置拱手相让，这是中国移动在移动市场的底线，因此，从这个角度而言，移动通信市场出现颠覆性的变化是不现实的。新的移动运营商如果想以降价等策略向中国移动发起全面的进攻，其结局也可能是两败俱伤，甚至会被中国移动彻底反击。

因此，新的运营商在移动市场的发展，只能走差异化的道路，必需对自身和中国移动进行全面的审视，谋求获得一些中国移动所不具备的优势，在局部区域取得领先，逐步积累，以"差异化"和"持久战"的方法，获得进一步的发展。

就目前的态势而言，新的运营商对中国移动的优势大致有以下几点。

（1）网络制式的优势。根据业内人士的预测，中国移动将建设和经营 TD-SCDMA 网络，中国电信将建设和经营 cdma2000 1xEV-DO 网络，新中国联通将建设和经营 WCDMA 的网络，因此，就网络制式而言，中国移动将处于不利的地位。尽管 TD-SCDMA 网络也会向 HSPA 方向进行演进，但是无论是技术的成熟性、终端的种类或设备的可靠性，TD-SCDMA 都不如 cdma2000 1xEV-DO 和 WCDMA 的网络。无论是中国电信还是中国联通网络，要发展 3G 数据业务，就需要联合上下游的厂商，尽快推出有竞争力的网络接入制式，加大接入的速率，降低终端的售价，进一步缩小与中国移动的差距，在高速移动接入市场，谋求一定的领先优势。

（2）政企客户的优势。原来的固网运营商，不管是中国电信，还是原中国网通，都有大量的优质客户资源；优质客户资源中，最重要的就是政企客户。尽管这部分政企客户也有可能是中国移动的 VIP 用户，但是在与用户之间的沟通力度和沟通深度方面，为政企用户提供一系列固网接入方案的运营商，比中国移动还是有较大的优势。对政企客户发展移动业务，除了要发展其中的 VIP 个人用户外，还能够以整个企业的员工为单位，大力发展 VPN 的业务。大客户往往不会放弃原来的手机号码，因此，固网运营商可能面临网络制式不同的困难，所以采用双网双待的手机还是必要的。

（3）适当的资费落差。不顾及成本的价格战自然不应提倡，但是，适度的资费落差也是发展用户的一个手段，特别是对于网络覆盖质量不及中国移动的运营商，适度降低资费，还是能够迎合一些支付能力不高的消费者的需求，特别是对于移动话音的营销，或者对于特定人群，如在校的学生、农村地区的用户，采用适合的低资费，也是打开市场的手段之一。

相对于中国移动，新的运营商在网络覆盖质量方面还存在不足，终端的流通数量较少，因此，就运营商的建设方面要加强网络基站的布点。这样一方面能够提高用户终端接受信号的强度，另一方面也能够吸收话务量，改善接通率。运营商通过定制终端的方式，加大采集终端的数量来增加终端流通的数量和降低价格。

5.7.2　家庭用户

对于家庭用户，常见的业务就是固话业务和宽带业务，家庭用户市场是原来固网运营商的主要收入的来源，也是原来固网运营商的业务基础。对于家庭用户，一个可以预见的趋势就是语音业务的下降已经难以避免，而宽带收入却正在快速增长。考虑到目前宽带的 ARPU 值远大于固话的 ARPU 业务值，因此对于家庭市场而言，总体上还是为运营商带来了业务的增长，家庭市场也是运营商所必需要关注的市场之一。

全业务运营后，家庭市场的竞争强度要比以前有所增加，家庭用户市场的开发和建设，需要大量的基础设施的投入。掌握较多的局房和管道资源的原固网运营商，对比后来的新运营商，要有很大程度的优势，因此固网先天的自然垄断优势造成了宽带市场竞争强度远远不如移动市场剧烈；家庭用户的 ARPU 值较低，投入较高，因此，对于新的运营商吸引力也较小。家庭用户市场另一个潜在的竞争对手是本地的有线电视网络公司，有线电视在完成双向化改造后，可以为有上网需求的家庭用户提供接入，用于有线电视的光缆网络和同轴网络广泛分布在家庭用户所在区域内，一旦有线电视采取合适的资费策略并且加大宽带的推广力度，原来的固网运营商的用户可能会出现一定的流失。

原来的固网运营商（这里指当地的主导运营商）与新的运营商和有线电视比较，原来的固网运营商的优势如下。

（1）资源优势。固网接入的前提就是需要大量的资源，如管道、光缆、电缆、局房等基础设施，就现有的运营商的投资总量和投资比例而言，原来的移动运营商还远远无法与原来的固网运营商相比，固网运营商拥有历史上积累的丰厚资源，而这些资源，新的运营商已经无法再重新建立了。即便是有线电视网络公司，其资源的丰富程度强于新的固网运营商，但是也无法与本地固网的主导运营商相比。

（2）内容优势。目前的国内的 ICP，其服务器基本托管在固网运营商，特别是中国电信和原中国网通的 IDC 机房内，中国电信和原中国网通的骨干网的高带宽也便利了网民的访问，尽管其他运营商也有线路与这两家固网运营商的 IDC 机房互连。但是总体上看，访问路由还是通过互联互通完成，国内 ICP 分布的不均衡，导致了不同运营商用户对互联网不同的使用感受，总体上，主导运营商的用户对站点的访问最为快捷和方便。

（3）带宽优势。国内固网运营商的带宽优势也是其他运营商所难以比拟的。根据 CNNIC 发布的统计报告，截至 2008 年 7 月，国内 8 家骨干网的国际出口带宽如表 5-2 所示。

表 5-2　　　　　　　　　　　　　　8 家骨干网的国际出口带宽

	国际出口带宽数（Mbit/s）
中国宽带互联网（CHINANET）	230 225
宽带中国 CHINA169 网	211 137
中国科技网（CSTNET）	9 010
中国教育和科研计算机网（CERNET）	9 932
中国移动互联网（CMNET）	27 860
原中国联通互联网（UNINET）	4 319
原中国铁通互联网（CRNET）	1 244
中国国际经济贸易互联网（CIETNET）	2
合计	493 729

从表中可以看出，中国电信的 CHINANET 和原中国网通的 CHINA169，出口的带宽远远超过了中国移动、原中国联通、原中国铁通，其差额在短期内无法弥补。原固网运营商的带宽优势对于提高网络承载用户的数量、改善用户的使用感受起到了非常大的作用。

从以上的分析看，原来的固网运营商有资源优势、内容优势、带宽优势，而且短时期内，新的运营商都无法改变以上的竞争优劣势的对比，同时固网接入用户更换运营商的成本较高，因此就导致了固网接入市场的竞争强度比较低。基于这种考虑，原来的固网运营商在固网接入市场中，建议采用如下的策略。

（1）进一步加大基础设施投入，保持领先优势。前面已经分析过，基础设施的优势地位是保障原来的固网运营商在宽带接入领域领先的主要因素。随着近年来房地产业的发展与繁荣，原来的固网运营商应适当加大在新开发地区的投入，继续保持领先优势；考虑到宽带接入技术的发展和宽带普及率的提高，可以逐步增加光缆接入的比重，推进 FTTB 和 FTTH 的建设，并逐步提高用户的接入带宽。

（2）业务与资费相结合，推出多种资费套餐。当前的业务资费，价格高而且资费的种类少，宽带业务发展自然受到资费的制约。考虑到宽带的发展与资费关系具有一定的弹性关系，因此，设计多种资费形式，将业务发展渗透到收入较低的用户中来，是一个值得考虑的方向。对于高端用户，可以采用提高接入带宽、丰富各种应用的方式来满足其需求。

（3）正确处理与其他运营商的竞争关系。全业务运营后，必然会产生新的运营商进行固网运营的竞争局面，如何对待市场中新进入的运营商是原来固网运营商所面临的一个重要问题。考虑到主导运营商的竞争优势是新进入运营商所难以达到的，因此主导运营商应该以改善服务、改善用户使用感受等手段提高自身产品在市场上的美誉度，吸引新的用户使用自己的服务，不宜采用价格战的手段进行打压同行，这样不仅降低了自己的收入，而且固网的投入大，产出小，一旦价格降低，反而也容易使自身陷入财务紧张的境地。

5.7.3　企业用户

对于企业用户市场，在全业务经营后，将会面临着激烈的竞争，原因如下。

（1）企业用户的 ARPU 值较高。对于企业用户而言，电信的业务需求量大，而且种类较多，企业用户的支付能力普遍高于居民用户的支付能力。因此，运营商在企业用户得到的收入远远高于普通用户，较高的 ARPU 值自然吸引了多数运营商对企业用户的关注，而且较高的资费收入使得运营商在费率打折后依然能够保持项目的盈利，从而具有财务的安全性。所有以上因素的影响，导致了运营商在企业用户市场区域的竞争激烈。

（2）运营商发展新的市场，高端用户是首选。从运营商角度而言，从高端用户发展市场是最佳途径，运营商开发新的业务，形成了大笔的投入；如果发展低端用户，可能短时期内形成不了相应规模的收入，对运营商的现金流是一个很大的考验。企业用户作为运营商的高端用户群，业务量大，而且支付能力强，短时期内就能够形成一定的收入规模，而且企业用户的定价较高，能够对后续市场开发起到推动作用，因此企业用户作为运营商市场发展的首选用户，是顺理成章的事情。

原来的固网运营商，在全业务运营后，如何抵挡市场中对企业市场虎视眈眈的新的加入者的竞争，是一个值得探讨的问题。原来的固网运营商必需考虑到企业用户的实际需求和新老运营商之间的整体差异，在竞争中充分运用自身优势所形成的对客户的吸引力，达到"保持存量，发展增量"的目的。建议如下。

（1）充分了解客户的需求，完成"一揽子"用户解决方案。对于一个企业用户，网络接入等信息服务，将成为企业运行的一个必需因素。企业的办公自动化系统、客户管理系统、市场营销，对通信及 IT 支撑系统的依赖程度越来越大，企业对信息系统的安全可靠及业务支持的完备性的关注远远超出对资费的关注，对于向企业提供服务的通信运营商，必需深入了解企业的实际需求，而且要对不同企业的差异化的通信需求有深入的了解，才能逐步完善对企业的通信服务，树立在企业通信市场的信誉，从而逐步实现运营商和企业的共赢。

（2）与新的运营商实现"差异化"竞争。如本文前面的描述，固网的主导运营商，在资源、内容、带宽上的优势是非常明显的，而且不是新的运营商短时期内所能够达到的。因此，原来的固网运营商应该充分发挥其自身的优势，并且保持领先，牢牢占据高端市场。

（3）做好"价格战"的应对准备。在利润丰厚的企业市场中，如果新的运营商不具备网络性能的竞争优势的话，将不可避免地采取"价格战"的方法来占领新的市场。"价格战"对市场份额较大的主导运营商是一个非常沉重的打击。因此，老的运营商必须对企业市场有全面的认识，快速地反应，积极地应对。除了通过对高端企业提供较好的服务外，还应该将"价格战"控制在一定的范围，不能使其扩散到整个地区、整个行业。对于发生"价格战"的企业，也要努力争取客户，尽量减少客户的流失。

5.8 小　　结

总之，原来的固网运营商获得移动牌照后，当务之急就是加快对移动业务的开发和市场推广，此外应该结合自身固网优势，对于个人客户、家庭用户、企业用户不同的电信业务需求，制订合理的业务套餐和资费，发挥综合信息服务的优势。

第6章 固网运营商网络发展策略

6.1 全业务运营前网络情况分析

6.1.1 接入网

1. 有线接入网

（1）有线接入网的发展现状

1998 年前后，我国各地电信局在原有交换机容量及出局线对不能满足用户装机需求的情况下，大量引进了用户接入网设备，其组网灵活、投资少、见效快的特点很容易为电信运营商采纳。

传统的接入网主要以铜缆的形式为用户提供一般的语音业务和少量的数据业务。由于这种传统接入网基于 TDM 方式，在业务侧一般只能向终端用户提供普通老式电话业务（POTS，Plain Old Telephone Service）、ISDN、DDN 等窄带业务，而不能支持以 IP 为主的宽带业务；在网络侧只能以标准 V5 接口接入到传统的 PSTN 中，不能支持 NGN。

进入 21 世纪以来，全球宽带接入网进入了大发展阶段，宽带接入已经成为固网运营商业务增长的第一驱动力。宽带业务的需求必然刺激相关宽带接入技术的发展和应用，因此，面对新的业务需求，传统接入网必须向宽带综合接入网演进。基于我国固网网络基础和建网成本等各种因素，在诸多接入技术中，DSL 技术优势明显，最终成为宽带大发展时期我国固网运营商发展家庭宽带接入的主要方式，LAN 技术成为面向企业和商业楼宇的接入方式。

随着接入网业务的不断增多，例如视频点播（VOD，Video On Demand）、远程教育、远程医疗、交互式图像游戏等业务的兴起，所需的网络带宽越来越宽，交互性越来越强，接入网的宽带化是不可避免的趋势。但对目前以局端集中建设的模式来说，xDSL 仍然占据主流应用，以离散多频音调制（DMT，Discrete Multitone Modulation）方式承载宽带数据业务的 ADSL 和 ADSL2+，由于其铜线承载和非对称性会阻碍带宽的不断提升以及互动内容的开展，而为了提供 Tripleplay 等高带宽的增值业务，宽带提速又是运营商必须的选择。对于 DSL 接入网来说，一个最重要的特性是距离越近，能够提供的带宽就越高。因此，为了满足开展 Tripleplay 等高带宽的业务需要，必须把宽带接入设备数字用户线接入复用器（DSLAM，Digital Subscriber Line Access Multiplexer）从局端逐步向用户侧靠近，也就是宽带接入设备下移。但即便通过宽带接入设备下移可以暂时满足压缩视频流对接入带宽的需求，从长远来看也只有全光接入才能够跟得上电信业务迅速发展的步伐。

正是基于这种共识，为了满足不断增长的大带宽业务的需求，同时获得最为经济的网络建设成本，2007 年后，固网运营商开始进行大规模的"光进铜退"建设，用光纤接入代替铜线接入推进宽带、窄带综合接入，将投资重心转向光纤接入网，严格控制铜缆投资和使用，全力推进 FTTx，不断缩短铜缆长度，停止主干铜缆建设，控制铜缆投资。FTTx 建设的大力推进加快了语音业务的 IP 化进程，推动语音网络朝接入多样化、承载 IP 化、网络扁平化的方向发展，同时也增加了用户接入带宽，为高带宽业务如 IPTV、高清电视等提供了保障。

（2）有线接入网现网主要建设模式

① "FTTC/FTTN/FTTZ+xDSL" 模式

"FTTC/FTTN/FTTZ+xDSL" 模式可以理解为"光进铜退"的第一步，宽带接入设备建设在路边或小区机房，至用户的铜缆双绞线距离小于 2km，条件好的可以在 1km 左右，根据用户分布密度不同，覆盖用户数一般在 100～500 户左右。宽带接入技术仍然采用 ADSL 和 ADSL2+技术。"FTTC+xDSL" 模式的特点是对光纤数量需求不大，光缆部署容易，并能充分利用现有末端铜缆资源。建设过程与局端宽带接入设备的方式相似，工程施工较简单，也能满足基本的 Tripleplay 业务需求。

但在这种建设模式中，由于窄带语音业务接入已形成局端传统窄带设备接入、综合接入设备接入或 AG 设备接入的局面，要想实现"铜退"，还需实施窄带接入点和宽带接入点一样向用户侧逐步靠近，如果仅宽带接入点向用户侧靠近，势必造成为纯宽带接入点单独建设一张接入网的局面，而窄带话音接入仍占据着大量主干段铜缆，出现"光进铜不退"的现象，网络结构复杂，维护难度大，这与运营商实施"光进铜退"的战略初衷并不相符，事实上也达不到释放铜缆资源的目标。

② FTTB 模式

a. "FTTB+xDSL" 模式

"FTTB+xDSL" 模式可以理解为"光进铜退"的第二步，宽带接入设备建设在大楼、楼层或多用户集中处，根据用户密度、用户保证带宽、用户预期最大带宽不同，接入设备上行接口可以采用 P2P 或 P2MP 的接入方式。P2P 接入方式中，话音接入需要采用单独的接入设备，在 P2MP（PON）接入方式中，话音接入可以采用集成了 xDSL 和综合接入设备（IAD, Integrated Access Device）功能的光纤网络单元（ONU，Optical Network Unit）实现宽、窄带的融合接入。

下行方向对于用户接入距离小于 1 000m 的情况，可以采用 ADSL2+的接入技术，能够充分利用 ADSL2+的特点，达到最高 25Mbit/s 左右的带宽。对于用户接入距离小于 500m 的情况，可以采用 VDSL2 的接入技术，能够充分利用 VDSL2 的特点，达到 50～100Mbit/s 的带宽。

b. "FTTB+LAN" 模式

"FTTB+LAN" 模式是以太网接入建设模式，能够为用户提供 100Mbit/s 甚至 GE 的带宽接入，多应用于商业客户、写字楼和有较大带宽需求的个人用户。传统"FTTB+LAN"模式上行光缆采用的是 P2P 的光纤接入，在 2007 年 EPON 成熟商用后，其上行接入可以采用 P2MP（PON）技术。在采用 PON 技术后，可以通过调整节点的用户数量和 PON 的分光比，灵活地为用户提供合适的保证带宽，既能为用户提供基本的 Tripleplay 业务，也能够提供足够的带宽以满足 P2P 等新型业务的需求。P2P 接入方式中，话音接入需要采用单独的接入设备，在 P2MP（PON）接入方式中，话音接入可以采用集成了 LAN 和 IAD 功能的 ONU，实现宽、窄带的融合接入。

但 FTTB 建设模式在实际建设和运营中出现了一些问题。

从维护角度上来讲，楼道内 ONU 或楼道交换机的工作环境达不到电信级的标准，故障率会较高，维护工作量大；楼道设备数量多，维护人员投入较多。

无 24 小时不间断供电保障，楼道设备目前均无断电保护，即便采用小型蓄电池，但布置空间不容易规划，且保证时间不长；一但停电造成业务中断，会导致投诉和抱怨，需引导用户形成新的使用习惯。

楼道设备的供电需与物管商谈如何取电；易被居民误解为运营商取了住户的供电，需做好说明工作。

楼道设备的接地保护不好解决，目前通过在楼道多媒体箱中增设防雷模块，取得一些防雷成效。

③ FTTH（O）模式

FTTH（O）模式是光纤接入的终极模式，是提供宽、窄带接入的理想方式。根据用户密度、用户保证带宽、用户预期最大带宽不同，接入设备上行接口可以采用 P2P 或 P2MP 的接入方式。对于保证带宽需求大、安全要求高的高价值用户，P2P 是理想选择；对于带宽需求小于 100Mbit/s 的用户，P2MP（PON）更为适用。

FTTH 模式在问世以来就因其对业务的无限支持能力和光配线网络（ODN，Optical Distribution Network）的维护成本低而得到业界推崇，但由于其部署中存在着入户端光纤部署困难，建设成本高的因素，一直没有得到大规模的应用。随着近几年光纤工程技术的发展和突破，以及 2007 年 EPON 规模商用的开始，EPON 设备的价格不断下降，FTTH 可以说是进入了一个新的发展时期。

2. PHS 接入网

（1）PHS 的技术特点

PHS（Personal Handy Phone System），即无线市话，中文俗称小灵通，它以无线的方式接入固定电话网，使用固定电话的交换设备和号码资源，使传统的固定电话可以在网络覆盖区域内携带使用，用户可以随时随地接听、拨打本地网电话和国内、国际长途电话，是市话的有效延伸和补充。

小灵通是在日本 PHS 基础上改进的一种无线市话技术，具有如下的技术特点。

① 小灵通终端的最大发射功率只有 10mW，与其他 2G 移动通信终端的 1W 左右的功率相比，构成其最大的技术优势——超低电磁辐射。

② 小灵通语音通信采用 32kbit/s 自适应差分脉冲编码调制（ADPCM，Adaptive Differential Pulse Code Modulation）编码技术，该技术是传统 64kbit/s PCM 编码技术的改进，数据量降低为传统 PCM 的 1/2，效果却不相上下。因此，小灵通的音质与固定电话没有多大区别，比其他 2G 移动通信终端要好。

③ 小灵通的空中接口与宏蜂窝移动通信系统的空中接口的最大差别在于基站发射功率，一般的移动通信系统基站的发射功率在 20W，甚至更高。小灵通基站的最大发射功率只有 500mW，两者相差了 40 倍。由于小灵通发射功率低，自然覆盖半径小，每个基站的蜂窝

半径只有百米级，与宏蜂窝移动通信基站的千米级的半径无法相比。

④ 小灵通技术的设计初衷是作为无线本地环路来考虑的，并未考虑高速移动中的应用，因此小灵通网络为微蜂窝甚至微微蜂窝网络。与宏蜂窝移动通信系统相比，有其利也有其弊。由于小灵通网络基站过于密集，从而导致终端和基站之间的信号切换频繁，加之小灵通网络的广域覆盖和优化尚有欠缺，这些使得小灵通语音通话效果不甚理想。目前这一问题通过使用无缝切换的终端已经能够得到一定程度的克服，但在快速移动中，小灵通的微功率对抗大功率的移动通信系统，显然是处于下风的，这是小灵通应用于快速移动通信的一个先天不足。

另外，小灵通基站到核心网络的连接是通过普通电话线完成的，不易受外界的干扰影响，加之基站分布比较密集，损坏一些基站不会对网络产生根本的影响，或影响体现小。

⑤ 伴随 PHS 无线市话技术的不断进步，其所能提供的业务已从单纯的电话话音发展到多种移动数据业务，包括短消息、上网浏览、移动定位、移动电子邮件、移动下载、视频等。在蜂窝移动通信系统（如 2G 和 2.5G）上所能提供的业务几乎都能在 PHS 上实现，尽管绝大多数至今仍未商用。

（2）我国 PHS 的网络定位

原信息产业部在 2000 年 6 月颁发的"信部电〔2000〕604 号"文《PHS 作为市话系统的补充和延伸定位于小范围低速移动无线接入》，表明在我国 PHS 无线市话网络只能是固定网的补充和延伸，不适合开放异地漫游功能。

从技术角度看，PHS 在网络结构上依托现有固定网，可以充分利用现有的交换资源、传输资源和号码资源。在接入技术上，PHS 以微蜂窝为主，单基站容量偏低，覆盖距离也仅有数十米至数百米，如果构筑大网，势必导致基站数量过多、不能支持高速移动用户、切换时间较长、容易掉话、后续网络优化和投入代价较高、性能难以满足蜂窝移动通信系统的基本要求等。

从标准化角度看，运营商对现有的 PHS 网络不曾进行过严格的统一和规范，3 家系统制造商（中兴、阿尔卡特—朗讯和 UT 斯达康）提供的网络结构不统一、接口和信令协议一致性也较差，更无统一的业务标准，联网改造成本非常高。尽管运营商与制造商共同努力，首先形成了终端兼容标准，确保不同厂商的 PHS 终端可以互通，但也仅限于话音和短信业务，其他数据业务还难以互操作。简而言之，PHS 不具备统一联网、全国漫游的必备基础，现实也是如此。

（3）PHS 从辉煌到衰落

小灵通业务在中国自 1998 年首次开通以来，已经走过了 10 年风风雨雨的历程。由于资费低廉，小灵通用户在顶峰时曾发展到近 1 亿用户，并成为固网运营商的重要收入来源。但随着移动通信资费的不断下调，小灵通业务的价格优势被大大削弱，加之小灵通网络的质量、漫游等问题一直没有得到很好的解决，从而导致用户离网率上升。工业和信息化部公布的《2008 年 4 月电信业主要指标完成情况》显示，截至 2008 年 4 月，小灵通用户数为 7 948.8 万，比上年末净减 505.7 万户。

小灵通在中国的开通对固网运营商有效地抗衡移动运营商争夺用户的压力有所帮助，小灵通的发展甚至成为拉动固网运营商的业务收入、ARPU 值和新增用户量的主力，成为固网运营商的重要战略高地。

移动运营商在全国范围内的资费下调和逐步实施单向收费使得很大一部分小灵通用户转向 GSM 和 CDMA 网络是造成固定电话和小灵通市场萎缩的主要原因。因为随着手机资费一再下调，以及移动运营商逐步推进单向收费，对以资费低廉为最大卖点，而又不能漫游、机型有限、网络并不完善的小灵通而言，打击几乎是毁灭性的，从而导致了从 2006 年起国内固话经营从"增量不增收"进入"减量减收"的困境。随着移动替代固话的趋势不可能阻挡，小灵通的战略地位也逐步下降，2007 年中国电信、原中国网通开始在行业竞合方面采取切实措施，主动停止了小灵通网络投资。

特别是 2008 年，固网运营商随着转型的不断深入，其战略重点加速向全业务经营倾斜。作为全业务经营的固网运营商，3G 是主要的战略重点，3G 发展与小灵通衰落是战略地位转变的必然结果。小灵通的存续价值仅体现在为 3G 保留和输送用户，在 3G 之前为用户提供无线数据业务的应用体验，降低小灵通用户向 3G 的转换成本，以及拓展一些行业市场。待 3G 进入成熟期，小灵通的存续使命即告结束，小灵通的消亡无可避免。

6.1.2　传输网

1. 长途传输网现状

伴随国家信息化政策的进一步深入，以及大众用户体验性需求的持续增长，数据业务保持飞速发展的势头。干线数据业务的流量已经超过传统 PSTN 的话音流量，即使 TDM 业务还将保持稳定而缓慢的增长，数据及 IP 业务也将为干线带宽消耗的主体。而流量流向不确定的大量数据业务的传送要求，对现有的网络结构、网络节点功能、网络实现技术都提出了新的需求。

国内各大固网电信企业运营商，都紧随或采用业界先进技术，充分挖潜被点亮的每一根光纤。近几年伴随波分技术的快速商用化进程，由最早的 40Gbit/s（16 波×2.5Gbit/s）波分系统发展为今天的 1 600Gbit/s（160 波×10Gbit/s）波分系统，随着波分产业链的进一步成熟，大容量波分系统将得到更广泛的应用，充分释放长途光纤资源的能量。但由于长途传送网络的持续长期建设，构成网络的波分系统正面临多厂商设备的统一管理、不同时期系统技术性能不一致、业务处理能力不一致等问题，不仅影响到网络的运维、管理，还影响到业务的开展，影响到电信运营企业的竞争力。因此需要对干线波分就规格、管理等方面进行整理，对建设及运营探索新的模式。

配套 PSTN 的 SDH 网络，以无数的环拓扑结构构成了一张覆盖完善的干线传送网络，从 622Mbit/s、2.5Gbit/s 到 10Gbit/s 系统都有应用，主体是 2.5Gbit/s 网络和 10Gbit/s 网络。在未来几年，TDM 话音增长趋缓甚至下降，长途 SDH 网络在整体容量上需求不是很强劲，但基于 TDM 的专线应用业务将增长，网络全程全网的业务调度与管理将显得更加重要。因此长途 SDH 网络将在已有规模上，进行持续的扩容，同时逐步优化调度节点的能力，提升网络调度的灵活性，并增强网络的生存性，以满足高质量 TDM 业务的需求，包括正在快速上升的专线业务应用。长途 SDH 网络同样要面对大量多厂商不同时期的不同版本管理问题，网络管理将变得更加复杂，需要进行设备厂商、版本整理，逐步实现干线 SDH 网络的统一管理。同时随着业内竞争加剧，快速提供业务的要求将越来越突出，因此干线 SDH 需要解决业务的快速调度、网络生存性等问题，需要面对如何更好地运营已有网络的问题。

2. 本地传输网现状

现有固网运营商的本地传输网络，多数经历了长期的网络建设，在不同的历史时期有着不同的技术特征和思路，同时在工程建设中受到资金投入、技术状况、业务拓展等多方面因素的影响，网络结构及业务特征比较纷乱，非常复杂。

固网运营商本地传输网一般分为中继传输层及接入层，其中中继传输层基本形成了骨干层、汇聚层的分层网络架构。网络骨干层与汇聚层分别以城域波分、SDH 环、ASON 等不同方式组网。其中，骨干层传输网主要由长途局、独立汇接局、接口局、IPAS 核心节点、IP 核心节点等网络关键局点组环而成。汇聚层覆盖了端局和县局，主要解决一些市县中继电路、市话电路、数据电路和用户电路的疏导。由于发展速度不同，各地市中继传输网规模略有差异。

（1）大型/特大型本地网：骨干层在市县之间建设了城域波分系统，用于承载 IP 城域网业务，辅以 10Gbit/s 传输环网，部分地市建有核心节点间的 ASON。汇聚层以 10Gbit/s、2.5Gbit/s 传输环网为主。

（2）中型本地网：部分地市的骨干层在市县之间建设了城域波分系统，辅以 10Gbit/s SDH 传输环网。汇聚层以 2.5Gbit/s 传输环网为主。

（3）小型本地网：骨干层以 10Gbit/s SDH 传输环网为主，汇聚层以 2.5Gbit/s 传输环网为主。

接入传输设备层点多面广，基本采用小容量 PDH 和 SDH 传输设备组网。接入传输设备层按区域分别成网，网络拓扑结构以环形、链形为主，设备端口主要为 2M 形式。组网形式以 SDH 155/622Mbit/s 自愈环网为主，辅以少量的支链构筑接入层传送平台。

6.1.3 数据网

1. 数据网基本技术

主流的数据网主要有分组、帧、信元等几种主要的传输方式，其典型代表为 IP 网（分组），帧中继（帧）、ATM（信元）。几组技术的主要特点如下。

（1）分组方式

分组方式是一种存储转发的交换方式。它是将需要传送的信息划分为一定长度的包，也称为分组，以分组为单位进行存储转发。而每个分组信息都载有接收地址和发送地址的标识，在传送数据分组之前，必须首先建立虚电路，然后依序传送。它的基本原理是把一条电路分成若干条逻辑信道，对应每一条逻辑信道有一个编号，称为逻辑信道号，将两个用户终端之间的若干段逻辑信道经交换机链接起来构成虚电路。在线路上采用动态复用的技术来传送各个分组，带宽可以动态复用。

（2）帧方式

帧方式是在开放系统互连（OSI，Open System Interconnection）参考模型第二层，即数据链路层上使用简化的方式传送和交换数据的一种方式。由于在链路层的数据单元一般称作帧，故称为帧方式。其重要特点之一是将 X.25 分组网中通过分组节点间的重发、流量控制来纠正差错和防止拥塞，对处理过程进行简化，将网内的处理移到网外端系统中来实现，从而简化了节点的处理过程，缩短了处理时间，这对有效利用高速数字传输信道十分关键。实现帧方式进行数据通信有两个最基本的条件，一是要保证数字传输系统的优良的性能，二是计算机端系统的差错恢复能力。

（3）信元方式

信元方式（Cell Model）是将信息以信元为单位进行传送的一种技术。信元主要由两部分构成，即信元头和信元净荷。信元头所包含的是地址和控制信息，信元净荷是用户数据。信元的长度是固定的。采用信元方式，网络不对信元的用户数据进行检查。但是信元头中的CRC 比特将指示信元地址信息的完整性。信元方式也是一种快速分组技术，它将信息通过适配层切割成固定长度的信元。通常传递信元的网络被称为信元中继网络。

早先由于人们更注重于信息全程传递的可控性，而对带宽要求不是很高，帧中继和 ATM等方式占据了上风，随着信息技术的飞速发展，爆发性的数据增长和网络结构的频繁变化，都使用基于面向连接方式的帧中继和 ATM 已不能很好地适应，其每一个节点的调整都会带来路由方式 N^2 的变化，在网络很大时，后期的调整工作量是无法忍受的。

而随着 IP 技术的发展，在保持了廉价、带宽复用、动态路由带来的可扩展性强等特点外，IP 网络在传输的质量和可行性方式也大大提升，已经可以满足各类高 QoS 业务承载要求。因此，IP 网络渐渐成为数据网的主流。

2. 传统 IP 网络存在的问题

（1）质量问题

传统的 IP 网络是一个逐包转发的网络，是一个只识别包、不识别包间关系、也就不识别业务的网络。而服务质量是从业务层面来衡量的，从而传统的 IP 网络无法解决业务的服务质量问题。

（2）安全性和可信任性

由于目前的 IP 网络基本是无序和少管理的网络，不少人（包括 IP 领域的部分专家）也认为 IP 网是一个不安全的网，用于一般的信息检索很好，但不能用于加载重要的业务数据，不能用来承载重要的商用业务网；电信业务网不敢用公众 IP 网来承载，甚至大型企业网的业务数据都不敢加载到企业公用 IP 网上去。

（3）可运营、可管理 Internet 的主旨是提供传输服务，无 QoS 保证，无售后服务保证，安全问题也是由用户自行解决。因而，传统的 IP 网络，还不具备传统电信网络提供电信业务服务时应该要求的可管理性、可运营性和可维护性。

由于这些问题的存在，目前 IP 网上承载的还是一些对 QoS 要求不是很高的业务，主流的语音业务并未在这之上承载。

6.1.4　核心网

1. 固定长途网现状分析

（1）网络结构现状

2008 年电信重组后，我国主要的电信运营商有中国电信、中国联通、中国移动等，各运营商均可经营固定传统长话业务。经过多年的发展，我国固定长途网的网络结构主要为二级结构，如图 6-1 所示。

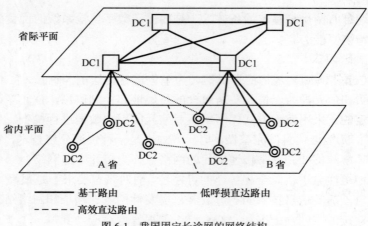

图 6-1 我国固定长途网的网络结构

其中 DC1 为省际平面，负责省际长途来去话业务；DC2 为省内平面，负责省内各地市本地网内的长途来去话业务。

（2）我国固定长途电话网存在的问题

从固定长途电话业务发展角度分析，我国固定长途电话网存在以下问题。

① IP 电话业务分流固定长途电话业务

IP 电话因其价格优势正在分流越来越多的传统长话业务，特别是传统国际、我国港澳台地区电话业务的分流尤为严重，并且这种业务分流趋势还将继续，现有传统固定长途电话网运营收入损失是非常巨大的。

② 移动通信业务发展迅速

根据资料统计显示，2008 年 7 月我国手机用户数首次突破 6 亿，达到 6.08 亿，而固定电话用户数为 3.55 亿户。2006 年 12 月我国固定传统国内长途通话时长为 972.4 亿分钟，移动国内长途通话时长为 977.8 亿分钟，我国移动长途语音业务开始超过固定长途语音业务，再次加快了移动话音替代固定语音业务的步伐。

自从 20 世纪 90 年代末移动通信推出短消息业务后，我国移动短消息业务量呈爆炸式增长。移动短消息业务由于其使用方便、资费便宜等特点而深受广大年轻用户的喜爱。移动短消息业务的迅速增长也会取代部分固定长途电话业务。

③ 固定长途电路利用率较低

据资料统计，目前我国固定长途电路平均利用率仅达到 40% 左右，固定长途电路利用率普遍偏低。随着移动通信用户的迅猛发展，我国固定电话用户已逐步出现负增长趋势，由此必将影响固定长途电话业务的发展。我国固定长途电路利用率较低的趋势仍将继续。

④ 固定长途电话业务发展不均衡

我国固定长途电话业务发展存在明显的地区差异，部分地区由于经济发展水平较高，对外交流、联系密切等因素，其固定长途电话业务在全国长途电话业务中占有绝对的优势。从中国电信现有的 21 省市长话业务统计资料来看，广东、上海、江苏、浙江、福建及四川的长途电话业务占据整个 21 省市长途话务的 70% 左右。

⑤ 其他问题

由于我国固定长途电话网中存在一些诸如处理能力有限、设备版本低、无法扩容、新业务提供能力差、设备到达使用年限、维护管理工作量大等设备，因此这部分设备已经存在退网的需求。

固定长途网还存在少数 DC1 节点和较多的 DC2 节点设置为单节点或同局址的情况，网络存在一定的安全隐患。

由于长途话务的波动性，造成长途来去话业务的不均衡，电路配置存在困难。因为我国长途交换设备制式较多，网络管理存在一定的问题，所以不能及时发现网络存在的故障并处理。

2. 固网运营商本地网现状分析

（1）固网运营商本地网网络结构现状

中国的电信网在经过几十年的建设后已经成为世界上最大的 PSTN，据统计：截至 2008 年 7 月，我国的固定用户数为 3.55 亿。这个 3.55 亿用户的电信业务基本都由本地网来承载，因此本地网的效率、业务以及可靠性对于用户的业务体验至关重要。

PSTN 本地网网络结构为两级：DTm 局和 DL 局，采用"端局双归属、业务全覆盖"的方式。本地网内所有用户的来去话业务全部经过 DTm 局汇接，在 DTm 局上产生计费详单，以实现市话呼叫的详细话单查询、各种话务流量流向的统计分析、局数据的统一修改和软件版本的升级。

DTm 上承担的业务具体包括：长途话务、与其他运营商的网间互联互通话务、各种智能网业务（包括国家智能网、省智能网和本地智能网业务）、拨号上网业务、特服话务、电信网与专网之间的话务、本地话务（包括市话话务、市与县之间的话务、县与县之间的话务，甚至包括本局话务）。

PSTN 各本地网的组网方式根据网内交换设备容量和区域分布等具体情况，有以下 3 种组网方案。

方案一：双星形全覆盖汇接方式

采用双星形全覆盖汇接方式时，本地网内设置一对 DTm 局，对本地网内的所有 DL 局全覆盖，如图 6-2 所示（DTm 11、DTm 12 表示第一汇接区的一对 DTm 局，其他依次类推，以下各图均同此）。

方案二：分区汇接方式

采用分区汇接方式时，本地网分成若干汇接区，每个汇接区设置一对 DTm 局，区内的每个 DL 局分别接入本汇接区一对 DTm 局。不同汇接区 DTm 局之间两两相连，如图 6-3 所示。

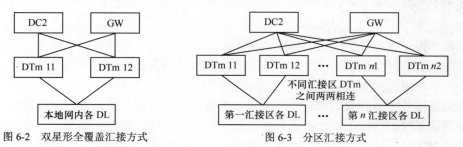

图 6-2　双星形全覆盖汇接方式　　　　图 6-3　分区汇接方式

方案三：综合汇接方式

采用综合汇接方式实际上是结合了全覆盖汇接方式和分区汇接方式的特点。本地网分成若干汇接区，每个汇接区设置一对 DTm 局。不同汇接区 DTm 局之间两两相连。对于忙时话务量大于 1 000Erl 或特别重要的 DL 局不仅接入本汇接区的一对 DTm 局，也可同时接入其他汇接区的成对 DTm 局。该 DL 局去话选择至本汇接区的一对 DTm 局，来话由各 DTm 局至本 DL 局的直达路由疏通。对其他话务量较小的 DL 局则采用分区汇接方式，即只接入本汇接区的一对 DTm 局，如图 6-4 所示。

对于规模较小的本地网，可设置一对 DTm 局，采用方案一进行网络覆盖；对于规模较大的本地网，设置两对或多对 DTm 局，可根据 DL 局的话务负荷、重要程度、传输条件等情况选择方案二或方案三。无论采用上述哪种方案，同一汇接区内成对设置的 DTm 局必须设置在不同物理地点的通信局所中，以确保网络安全。

2005 年我国 PSTN 进行了网络智能化改造，在本地网引入了 SHLR 网元，以实现本地网网络优化过程中固网混合放号、本地网内号码可携带、智能业务的全网触发、融合 PSTN 和 PHS 提供业务等需求。引入 SHLR 后，本地网基本组网如图 6-5 所示。

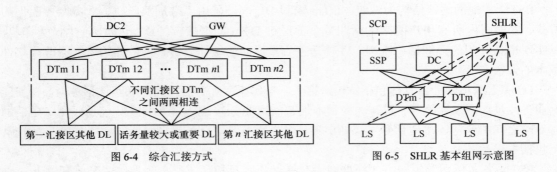

图 6-4　综合汇接方式　　　　　　图 6-5　SHLR 基本组网示意图

（2）本地网存在问题分析

① 端局的制式包括 S1240、AXE10、F150、EWSD、5ESS、C&C08、ZXJ10 等多种机型。部分机型的设备供应商已停止其产品的技术研发工作，备件也停止生产，厂家对设备支持度下降。

② 端局因设备老化、故障率较高有退网需求。

3．软交换技术在固定网络中的应用

（1）软交换技术在固定网络中的应用现状

近几年来，随着软交换和相关技术的逐渐成熟，各大运营商纷纷开始了软交换商用网络的建设。

软交换作为现有传统网络向 NGN 演进的关键技术之一，在经过全球各大运营商多年的测试和商用之后，替代传统的 PSTN 业务方面的技术及设备条件已经成熟。目前软交换业务主要定位于窄带用户的语音业务以及 PSTN 的演进。

从目前我国各大运营商的软交换网络建设来看，各运营商（包括固定运营商和移动运营商）在网络演进时都选择了软交换，分别有长途局、汇接局、关口局和端局，中国电信也在尝试建立 NGN 的国际局和端局。从相关报道来看，软交换网络运行状况良好。用软交换系列设备来替代传统的网络，一方面是运营商在竞争的环境中快速部署网络的一种有效的方式，同时也是出于节省成本考虑，并能够为用户提供一些新的业务，包括 IPCENTREX 业务以及与智能网或应用服务器配合提供的业务。

在 IMS 商用成熟之前,软交换仍然是网络演进的主要技术,软交换网络将会和 PSTN 长期共存。

(2)软交换网络存在问题的分析

① QoS 的问题

由于软交换技术在不断地发展,新的 NGN 标准不断出台,软交换由最开始简单的 SIP 通信向有着严格标准、明确流程和精确控制的运营商级的网络发展,升级换代工作较为频繁,网络结构也在逐渐变化,使得各地各厂家的 NGN 设备版本难以控制,一定程度上影响了 NGN 的稳定性和业务提供能力。而且目前 NGN 对 IP 承载网的要求比较高,IP 承载网本身却是开放的、无序的,缺乏对其检测管理的手段和设备,NGN 难以像成熟的 PSTN 一样随时监控,出现问题不能迅速定位。

② 软交换业务应用不理想

目前的 NGN 仍然以提供窄带语音业务为主,增值业务也是围绕话音增值业务开展。即使是话音增值业务,由于简单的、个性化的小业务利润空间不大,软交换的接口又不如互联网的开放,开发相对困难;而功能复杂的业务如企业统一通信等业务用户却难以快速接受,使得开发 NGN 新业务的动力不足。

6.1.5 支撑网

固网运营商的业务支撑系统按功能架构主要划分为 MSS(管理支撑系统)、BSS(业务支撑系统)、OSS(运营支撑系统)3 个大的功能域,这 3 个功能域以 EDA(企业数据架构)作为共同数据支撑。

1. MSS

(1)综合管理
主要包括财务管理、工程项目管理、人力资源管理和信息数据管理 4 个部分。
(2)OA/知识管理
办公自动化(OA,Office Automation)提供对企业日常办公流程的支持。
知识管理通过系统的方法有效地组织和使用企业内外部的知识,涉及对知识的获取、评估、综合、组织、分发和应用全过程的管理。

2. BSS

业务支撑系统主要面向市场营销和客户服务,包括市场营销、综合客服、销售、客户管理、合作伙伴管理、产品管理、营销分析、客服保障、计费数据提供、计费数据处理、结算数据处理和数据采集及交换等。
① 市场营销
主要支持市场营销方面的业务处理,包括营销活动管理和市场计划管理。
② 销售
管理内部各个渠道的销售力量,有效地支持并管理商机从生成到最终形成订单的全过程,同时提升销售工作的效力和效率。包括商机管理、销售文档管理、销售渠道管理、销售

团队管理、销售活动管理。

③ 合作伙伴管理

支持对中国电信价值链上的所有合作伙伴的发展、资料、业务支持、结算和洞察的管理。

④ 营销分析

根据目前电信企业的客户营销渠道划分，从大客户、商业客户、公众客户出发，分别从客户概况、消费行为及异常监测、客户流失状况及监测、客户信用度评价及监测等不同角度、不同指标对各类客户展开分析。

⑤ 综合客服

主要建立并提升客户关系，包括处理客户的交互、接收并处理客户订单、接收并处理问题和故障等功能。

⑥ 客户管理

主要建立客户的统一视图，支持客户的评价和管理。

⑦ 产品管理

支持对中国电信产品生命周期的管理、产品目录的管理和绩效分析。

⑧ 客服保障

指计费流程的出账及账单加载处理完成后开始面向前端用户提供各项服务管理的过程，主要由各级计费结算中心的前端协作岗位负责。

⑨ 计费数据提供

指计费系统向同级的其他信息系统如营销分析、10000 号系统、MSS 系统等提供各类数据的过程。

⑩ 计费数据处理

指对计费原始数据结合客户数据和产品数据进行采集预处理、批价、出账、账单加载、数据中间层生成的处理过程。

⑪ 结算数据处理

指对数据采集流程提供的涉及需要结算的计费数据进行预处理、批价并生成结算摊分结果，最后进行数据分发的处理过程。

⑫ 数据采集及交换

指计费系统正确采集计费业务数据，然后在各级计费结算中心之间正确上传、下发和接受各类计费业务数据的过程，数据采集可以分为在线采集、联机采集和脱机采集 3 种，采集的数据种类包括普通客户的通信数据和结算范围内的通信数据。

3. OSS

运营支撑系统主要面向服务和资源，包括综合服务开通、综合服务保障、流程支撑平台、网络资源管理、综合网络管理应用环境和专业网管（NMS、EMS）等领域。

（1）服务开通

为客户提供端到端的全业务的服务开通，以提高服务开通效率，有效改善市场响应能力和服务交付能力。主要功能包括产品管理（OSS）、服务开通流程管理等。

（2）服务保障

为客户提供端到端的全业务的服务保障，以提高服务保障效率，有效改善服务响应能力和服务保障能力。主要功能包括服务质量管理、服务保障流程管理等。

（3）网络资源管理

实现对公共资源、码号资源、网络资源及备品备件信息的综合管理和有效利用，实现跨专业的多层面的资源数据的共享，为管理层提供资源的统计分析报告，作为分析决策依据，提高资源利用率，有效地为服务开通、服务保障、固定资产管理等提供支持。

（4）综合网络管理应用环境

提供统一的网络视图，并对网络进行统一管理。通过汇总来自各种不同专业的集中网管（或专业网元管理系统）的性能事件和告警信息，并且提供相关分析，为服务管理系统提供基础服务。

（5）专业网管（NMS、EMS）

主要实现各专业网络的集中监视和集中的配置数据获取功能，通过这些功能对各专业网络的设备进行统一集中管理，主要功能包括故障管理、配置管理、性能管理、安全管理以及相关信息的统计、查询和分析功能等。此外，各专业网络的测试功能也包括在专业网管功能组中。

4. EDA

企业数据架构（EDA）以数据共享为目标，以企业数据模型、信息数据魔方、经营分析模板为规范，以系统为载体，以数据管控为保障实现企业数据共享、业务支撑和价值提升。

（1）数据产生

在操作环境，数据的产生直接来自于电信业务流程的运作之中，是对电信业务流程中所产生的量及其业务含义的捕获。在分析环境，数据的产生来源于在操作环境业已形成的数据。

（2）数据处理

数据一经产生，就可能在企业中流动，并被后续的业务流程所处理。

（3）数据存储

数据存储是数据生命周期中的重要环节，也是数据存在的基本方式之一。

（4）数据应用

数据应用有不同的方面和层次，如产品管理、客户关系管理、财务/绩效管理、渠道管理等方面以及操作执行、业务运营、管理决策等层面。

（5）数据存档

数据在被应用之后并不能立刻从存储中删除，需要存档一段时间，以备可能的查询。

6.1.6　业务平台

传统固网的业务平台主要有虚拟专网、预付费、各类卡等业务平台等。

近年来，在传统固网的基础上，通过附加软交换、固网智能化、宽带等新的技术，固网开发了大量新的增值业务。主要业务平台有如下几类。

（1）话音及消息类

主要包括声讯台、外包呼叫中心、会议电话、彩铃、短信等业务平台。

声讯台类业务主要提供人工自动声讯台、自动声讯台、客户服务、考试查分、彩铃下载、音乐点送、聊天等服务。

外包呼叫中心业务为企业提供全面管理或部分管理呼叫中心的服务。

会议电话业务为客户提供通过电话网开展远程会议的服务。

彩铃业务为各类固网用户提供来电或去电、呼叫中的铃音服务。

短信业务为固网用户（包括小灵通用户）提供短信点对点、群发等服务。

（2）视频类

主要包括 3 类业务平台：基于宽带互联网的视频监控平台、基于宽带互联网的视频会议系统、基于宽带互联网的 IPTV 系统。

视频监控为公安、交通等企事业客户提供基于互联网的远程监控能力。

视频会议系统为客户提供点对点的视频通信以及多点视频会议能力。

IPTV 系统为客户提供视频点播、多套电视节目的广播等功能。

（3）百事通类

百事通类为客户提供各类信息查询、订机票、饭店、火车票、宾馆等服务，近几年来在各固网运营商得到迅速发展。

（4）业务管理

随着业务种类的增多，对业务的配置、定制关系等数据的管理也越来越复杂。为此，各固网运营商也发展了相应的业务管理平台，实现对业务数据的管理。目前，主要采用相对独立的业务管理平台，例如门户网站的管理平台、彩铃的管理平台等。

（5）统一充值及支付

主要用于客户进行全业务充值和电子支付业务。可支付的范围包括水电费、购物等。

（6）其他类

主要包括网络传真、回电宝等业务平台。

网络传真平台为客户提供基于互联网的传真业务。

回电宝平台主要实现为主叫用户提供被叫开机提醒、为被叫用户实现漏接电话的短信及时提醒功能。

6.2 固网运营商面向全业务运营的目标网络架构及相应的技术选择

6.2.1 无线网的目标架构及相应的技术选择

固网运营商取得移动业务牌照后，无线网建设以市场竞争和业务发展需求为出发点，致力于迅速缩小与传统移动运营商的差距。以提升网络质量和用户感知为目标，通过实地测试、后台统计分析等手段对网络进行详细评估和分析，制定规划和优化方案。快速引入 3G 业务，形成高速无线数据接入的广覆盖能力，满足差异化产品发展需要，改善业务体验。网络发展中做好 2G/3G 网络的业务协同，2G 网络重点承载话音与低速数据业务，3G 网络重点承载中高速数据业务，将上网数据卡业务逐步从 2G 网络迁移至 3G 网络。另一方面，将WLAN 作为移动网络数据业务的有力补充，结合固网运营商在宽带领域的运营优势，树立在无线宽带方面的差异化竞争优势。移动网络用于支持较为广泛和连续的中低速业务覆盖，而WLAN 则提供城市热点区域的高速数据接入业务。

6.2.2　核心网的目标架构及相应的技术选择

在获得移动牌照后，固网运营商当前的核心网架构将更加复杂，以中国电信为例，存在固定 TDM 核心网、固定软交换核心网、移动 TDM 核心网以及移动软交换核心网等 4 张核心网。如此复杂的核心网组织一方面增加了运维的难度及成本，另一反面也提高了很多业务开展的难度。基于以上情况，固网运营商需要对当前的核心网架构做出必要的调整，这种调整的思路主要来自两方面：构建面向全业务运营的融合的核心网以及为网络架构的下一步演进做好前期准备。在当前的技术环境下，IMS 成为业界公认的选择，在核心网演进到统一的 IMS 架构前，仍有众多的工作要做，例如：现有 TDM 核心网的退网、全网的扁平化、MSC Pool 的引入、大容量 HLR 的引入等。此外，核心网演进到 IMS 也不是一蹴而就的，这其中必将存在软交换网络和 IMS 网络共存的阶段，从目前的技术应用情况来看，这一阶段也许会持续较长的一段时间，并且，IMS 的引入本身仍有很多需要探索的问题。

6.2.3　数据网的目标架构及相应的技术选择

无论是从最终用户还是从运营商角度看，都希望有一个能够承载包括视频、多媒体、实时通信在内的多业务承载网，以满足低成本、多业务的通信要求。但是，目前的传统 IP 网络却无力承担这个重任。我们需要一张"智能化"的 IP 网来解决这个问题，这包括终端智能化和网络智能化两个层面。

传统电信网络=哑终端+智能网络。

目前 IP 网络=智能终端+通用大管道网络。

未来电信网络=智能终端+智能 IP 网络。

智能的 IP 网络主要具备以下几个特点：

（1）业务的管道化控制；

（2）业务的精细化识别；

（3）流量智能化；

（4）安全、可靠。

6.2.4　传输网的目标架构及相应的技术选择

固网运营商近期保持省际、省内和本地 3 层网络结构，在技术上省际/省内光层面以大容量 WDM 为主，在核心节点进行 ROADM 试验，在电层面进一步扩大基于 SDH 的 ASON 的覆盖范围，满足少量 TDM 业务电路需求及出租电路的需求，省际/省内传输网在全业务环境下主要是优化完善传输网结构，进一步提升网络安全可靠性，提高网络资源利用率，加强对各种业务（特别是 IP 业务）的支撑能力，增强网络灵活调度能力，提高端到端的服务质量；在本地光层面以 OTN 为主，满足 IP 业务发展的需求，在电层面进一步扩大 MSTP 覆盖范围，满足全业务发展的需求，同时积极跟踪传输网新技术的发展，研究新技术的引入策略，结合业务发展，进一步推进传输网网络结构由环形网向格形网的演进，提升传输网对 IP 业务的支撑能力。

6.2.5　IT 系统的目标架构及相应的技术选择

仍然按照 TMF 提出的 NGOSS/eTOM 模型来构建目标功能架构，分为 BSS、OSS、MSS、

EDA 四大功能域。

引入 SOA 的设计理念，对系统建设采用组件（构件）化模式，强调模块化、松耦合和流程可配置，强调功能和数据分离、流程和功能分离、应用和展示分离、应用和分析分离；对于大型支撑系统域，构件化可以使功能的实现及调用标准化，实现从技术架构到业务架构的灵活应用，不仅可以提高系统构建的效率，更重要的是可以在 IT 领域（逐步）实现标准化。

通过企业系统总线，实现各现有应用系统之间的灵活信息交换，实现各系统的松耦合，使之更具灵活性和可扩展性。

建立操作数据存储（ODS，Operational Data Store），解决各应用数据间对数据的实时性与一致性要求，实现信息的充分共享，并保障其可靠性。

6.3　固网运营商网络建设及调整策略

6.3.1　接入网

1. FTTx

Fiber-To-The-x（FTTx，x = H 指 home，B 指 building，P 指 premises，C 指 curb，N 指 node 或 neighborhood）即光纤接入，包括 FTTH（光纤到户）、FTTB（光纤到大楼）、FTTP（光纤到驻地）、FTTC（光纤到路边/小区）、FTTN（光纤到节点）。

FTTx 是 20 年来人们不断追求的梦想和探索的技术方向，其中又以 FTTH 为讨论的热点，并步入快速发展期。当前，电信网络的 IP 化、宽带化、融合化、扁平化的发展目标已经成为共识，而更宽更快的网络将极大地提高电信运营商的网络竞争力。正是由于电信新业务的强劲需求和激烈的市场竞争，促进了 FTTx 在我国的发展和应用。

（1）固网运营商 FTTx 网络建设总体情况

我国宽带光接入网已经进入了规模部署期，各大电信运营商非常重视宽带业务的发展，正着力解决宽带接入这最后一公里问题。大力推进"光进铜退"，实施接入网光纤化战略，新建区域实现光纤到楼、光纤到村，加强城市已有区域"光进铜退"的改造成为发展方向。

国内许多城市对 FTTx 的建设也非常重视。其中武汉、镇江等都是国内最早进行 FTTH 部署建设的城市。武汉市最近启动了"光城"计划，在 2008 年 11 月已达到 11 万户 FTTH 用户的基础上，计划在 2011 年达到 50 万户，2015 年达到 100 万户规模。最新统计资料显示，我国电信运营商 FTTx 当前建设规模已经超过 500 万用户端口，并呈现"以 FTTB/C（光纤到楼/路边）为主，FTTH（光纤到户）为辅"的建设格局。进入 2009 年以后，FTTx 的建设力度将进一步增大。

中国电信作为老牌的固网运营商，目前拥有国内最大的 FTTx 网络，主要采用 EPON 技术，建网方式主要为 FTTB 方式，现网建设容量近 400 万 FTTB 用户端口。中国电信还对 GPON 进行了两轮摸底测试，并进行了 GPON 互通测试，据称中国电信在 2008 年已经开始进行 GPON 的试商用。

中国电信还明确各地将进一步大力推进接入网光纤化战略，将光纤尽可能向用户端延伸，提升用户接入带宽。在城市新建区域实现光纤到楼，在农村地区实现光纤到行政村和大的自然村。在城市现有区域根据业务需求加快推进铜缆超长用户线路的改造，用3~5年时间实现城市地区铜缆长度控制在500m的目标，东部发达城市和中西部省会城市力争在3年内完成。城市商务楼宇光缆的通达率力争每年提高10%，到2009年年底，东、中和西省公司应分别达到90%、80%和70%以上；农村地区行政村光缆通达率力争每年提高10%，2009年年底全网平均达到65%以上。中国电信还决定2008年6月底前停建江苏等9个省的ADSL，全面推进光纤到户。

原中国联通在和原中国网通合并以后，利用原中国网通的光纤资源，在宽带接入的能力上得到了提升。其对于FTTx的发展策略定位于PON的引入，并遵循"因地制宜，以业务需求为中心推动网络建设"的基本原则，积极试点，积累建设、运营和维护经验。其FTTx的建设主要采用EPON技术，同时也在积极关注GPON技术和产业的进展。据悉，联通将在2009年进行扩大规模的GPON试商用试点工作。

中国移动一直以来都在积极关注PON技术和产业的进展，尤其是2008年电信重组后，原中国铁通并入中国移动，中国移动获得了原中国铁通的宽带市场份额。但在我国宽带接入市场格局中，中国移动在宽带接入的市场格局中力量还比较薄弱，原中国铁通占据的市场份额仅为7%（截至2008年年中）。当前，为了迎接全业务的挑战，中国移动已在江苏、广东等发达省份试水FTTx建设，其中江苏移动在2008年11月启动首批光纤接入工程，开始在全省范围内大规模部署FTTx；广东移动也启动了万楼光纤计划，首批主要针对行业用户、高ARPU值用户。

（2）FTTx的建设策略

FTTx的建设不仅仅是网络技术的简单升级，实际上隐含了整个电信网络、乃至产业的结构性根本变革。因此，结合国内外发展的不同形式，积极调整FTTx的建设策略，在"光纤进家"方面做出积极和有益的探索，在技术上进行积极引导和投入，促使整个产业链向有益的方向发展，可以对整个社会的生产效率产生一定的积极影响。

FTTx的应用形态要综合考虑区域发展、实际网络条件、业务需求和投资预算等诸多因素，"光进铜退"策略需要循序渐进。无可否认，FTTx的最终应用形态将是FTTH，但近期内，"FTTN+ADSL2+VDSL2"仍将成为固网运营商快速将高带宽连接推向大量用户的、一个经济可行的FTTx解决方案。"FTTN+ADSL2+VDSL2"主要应用于光缆资源紧张的商务区改造、拥有多种业务设备的小区机房的综合接入改造、大客户接入及无线覆盖、新建开发园区和商务区的综合接入等；FTTB和FTTC在未来的一段时间内会是主流的光接入建设手段，现阶段可以全力推进FTTB/FTTC，不断缩短铜缆长度，尤其对于城市新建区域，可以直接铺设FTTB/FTTC（数百米和数十米用户）；在发达地区以及中心城市适时推动FTTH建设，对于这些地区的新建高档住宅区和商务区，可以一步到位，直接铺设FTTH，固网运营商近、远期FTTx接入技术部署如图6-6所示。

对高端商务客户，应该积极利用光纤接入实现FTTO。根据客户对网络安全性、保密性的不同要求，现阶段可以选择Mini-MSTP或光纤直连SDH/PDH光端机方式完成接入。对存在多业务需求，但不要求独占光纤资源、对成本比较敏感的小型商务客户提供FTTO服务时，也可考虑采用PON技术。

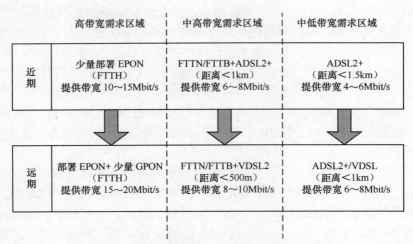

	高带宽需求区域	中高带宽需求区域	中低带宽需求区域
近期	少量部署 EPON（FTTH） 提供带宽 10～15Mbit/s	FTTN/FTTB+ADSL2+ （距离<1km） 提供带宽 6～8Mbit/s	ADSL2+ （距离<1.5km） 提供带宽 4～6Mbit/s
远期	部署 EPON+ 少量 GPON（FTTH） 提供带宽 15～20Mbit/s	FTTN/FTTB+VDSL2 （距离<500m） 提供带宽 8～10Mbit/s	ADSL2+/VDSL （距离<1km） 提供带宽 6～8Mbit/s

图 6-6　固网运营商近、远期 FTTx 接入技术部署

在部署 FTTH 时，树形拓扑结构是最为经济的光纤物理拓扑。从光线路终端（OLT，Optical Line Terminal）节点到 ONU 节点之间的光纤传输技术，应优先选择采用 PON 技术。FTTH 的切入还应以业务支撑和网络运维为重点，并需要高带宽的业务来驱动其使用。当前可借助网络和业务综合的发展需要，通过开发高速视频、网络下载等对带宽和 QoS 要求高的业务，充分发挥 FTTH 高带宽、高服务质量的优势，从而拓展 FTTH 的应用范围。

总之，一方面 FTTx 的建设应当考虑业务应用的商业模式，而不是以单纯追求增大带宽为目的；另一方面 FTTx 建设还应当考虑对全业务运营的支撑，要具备数据业务、视频业务和语音业务的综合承载能力，能根据具体情况支持 PSTN 或 NGN 语音业务方式，并能实现端到端 QoS 管理，支持对宽带业务的管控。

（3）3G 时代 FTTx 的策略调整

随着我国电信业重组的完成和 3G 牌照的发放，第三代移动通信业务势必将成为各大电信运营商战略发展的重中之重。大规模 3G 无线业务的应用使无线带宽不断加大，一方面加速了运营商建设 3G 网络的步伐，另一方面也提速了全业务宽带接入方式 FTTx 的大规模部署以及商用进程。

因此，运营商在部署 FTTx 的同时，还应充分考虑到 3G 和全业务，注重 FTTx 对 3G 业务的承载，尤其是 FMC 的业务需求，积极调整 FTTx 的建设思路。在推进接入光纤化的进程中，可以利用 FTTx 接入室内基站和家庭基站，从而有效地降低整网投资，充分利用资源，拓展家庭用户市场并提供 FMC 的融合业务。

目前 3G 基站是直接在 2G 的基站位置上部署的，现有的传输系统或者 PTN（分组传送网）完全可以满足传送要求。但随着移动数据业务的发展，为提供更高的带宽，3G 基站的覆盖范围必将逐渐缩小，从而带来基站的小型化，运营商甚至会直接在室内部署基站，即大量的 Femtocell（家庭/SOHO 基站）、Picocell（微微基站）。而这些微基站位置与 FTTB/FTTH 的用户节点高度吻合，因此 FTTx 完全可以作为微基站的低成本接入手段。

全业务和 3G 的需求，并不需要将现有的 FTTB 升级至 FTTH，但在部署 FTTB 的时候应该考虑其支持时钟和时间传送的能力，主要是支持同步以太、1588V2 等能力。这样，在今后的升级改造中，就避免了更换 FTTB 设备、局端 OLT 设备和用户终端等问题。

总体来说，3G 承载网络对网络时钟延时、时钟同步和网络抖动等提出了更高的要求，这些要求也是 FTTx 技术承载 3G 业务的难点所在。

2. PHS

随着电信业重组的完成和 3G 牌照的发放，中国的移动通信业面临着第二次洗牌的局面，作为在以前移动市场上没有施展空间的固网运营商来说，这无疑是千载难逢的好机会，必然要把 3G 作为加速自己发展、打造世界级全业务经营电信运营公司的战略机会。3G 的战略地位与小灵通相比显然不在一个数量级。在这种情况下，固网运营商必然会减少对小灵通的投资，从而将大规模的资金投入到 3G 的开发和运营上来。

在移动替代固定的大趋势下，3G 对于固网运营商而言就是具有整体性、长期性、基本性的战略问题。因此，3G 的兴起和小灵通的衰落是一种战略替代的必然，也是固网运营商战略选择的必然。任何小灵通在技术改进或业务创新上的努力虽然可以拉近两者技术或业务的距离，但却改变不了两者兴衰的不同结局。

对于小灵通而言，固网运营商唯一需要费心考虑的是小灵通用户如何平滑地迁移到自己的移动通信网络中，尽快实现 PHS 退网。

3. 移动通信网

固网运营商要摆脱当前业务增长率负增长的困境，必须依靠业务转型。目前比较重要的增长型业务有几种：首先是移动业务，能带来几百亿元的年收入；其次看好的就是 IPTV，能够带来几十亿元的年收入；再次就是 IDC 业务，做好 IDC 也可能有至少几十亿元的年收入。

似乎没有什么业务能够与百亿级的移动业务匹敌。移动业务不仅涵盖了语音业务，还包括了前景广阔的各类移动数据增值业务，以及架构于未来 3G 网络上的新媒体服务。

移动业务将会为处于艰难转型中的固网运营商带来更多的"活力"。固网运营商目前大部分转型业务是基于综合信息提供的，但是未来信息提供方式将日趋移动化，用户更倾向于方便与快捷的信息获取方式，而这正是固网的劣势所在。因此，固网运营商必须将目光由固网转向移动网络，基于移动网络提供综合信息服务。

固网运营商需要一张移动通信的网络，固网运营商只有拥有了移动通信网络，才能成为全业务运营商，早日实现转型。

固网运营商要"由零开始"建设一张移动网络，无论是投资还是建设周期，困难都是巨大的；如果按局部建网并逐步推进的方式进行，则又会在与移动运营商竞争时处于劣势地位。因此通过收购、合并、联合建设来获得移动网络不失一个明智之举。这样，一方面可以减少重复建设，节约社会资源；另一方面，可以降低运营商的运营成本，减少负债比例，成本的降低亦能在市场竞争中获取竞争优势。

4. 无线局域网

WLAN 无线局域网（WLAN，Wireless local Area Network）开始是作为有线局域网络的延伸而存在的，企业和政府等各种用户广泛地采用了该技术来构建其内部办公室网络。但随着应用的进一步发展，无线局域网正逐渐从传统意义上的局域网技术发展成为"公共无线局域网"，即成为城域网的宽带接入手段。

无线局域网作为城域网的一种宽带接入手段，相对于以太网接入或 ADSL 接入等方式而言，其优势主要在于能够满足用户对移动性的要求，而同时又能够提供足够的带宽和极为灵活的可扩展性。

对于固网运营商，近几年固话语音业务的发展基本上停滞不前，有线宽带业务成了固网运营商的主要支撑。WLAN 技术弥补了固网运营商在无线宽带业务发展上的空白，成为新的业务增长点。就是固网运营商成了固定和移动双网运营商，也可以通过 WLAN 的热点区域来缓减其 2G/3G 移动网络所面对的移动数据压力。

此外，WLAN 的应用普及正在促使更多的移动通信用户，开始潜移默化地感受到宽带无线数据业务的魅力。长远看来，WLAN 的普及程度不断提高，有利于无线数据业务的市场空间全面加速增长，进而催生出对信息更大的需求。

我国的地域较大，固网运营商在建设 WLAN 热点时，需要充分考虑客户需求、热点规模、投资效益、竞争程度等，结合运用自建、合作共建、漫游合作、带宽分享等模式，建设无线宽带热点，将网络投资最优化。

固网运营商在发展无线宽带的时候，需要考虑无线宽带客户和现有有线宽带客户之间的替代性。如果热点覆盖到一定规模，尤其是带宽分享模式下，客户可以同时选择 ADSL 接入和无线宽带接入两种方式的情况下，国内运营商就需要综合考虑网络资源、带宽资源、区域发展、投资产出等，借助目标客户区隔、定价差异化、带宽时速限制等方法来考虑平衡发展 ADSL 客户和 WLAN 客户。

5. WiMAX

全球微波接入互操作性（WiMAX，World Interoperability for Microwave Access）提出了一项基于 IEEE 802.16 标准的宽带无线接入城域网技术。WiMAX 能够提供面向互联网的高速连接，可以用于将 802.11x 无线接入热点连接到互联网，也可将公司或家庭的局域网连接至有线骨干线路。它可作为线缆和 DSL 的无线扩展技术，从而实现无线宽带接入。特别是在偏远地区，有线方式的宽带接入对运营商来说成本相当高；另外，大中城市里禁止空中挂缆和破路铺设，要铺设新线路发展新业务越来越困难，在这种情况下，WiMAX 的优势就非常明显。

WiMAX 是一种功能强大的无线技术，在近几年移动通信侵蚀固网业务的情况下，也是固网运营商作为还击移动运营商的有力武器。

（1）WiMAX 定位

由于 3G 成为大多数运营商主选的技术，考虑 WiMAX 的定位，必然涉及与 3G 的关系，关于它们之间的关系有"3G 互补说"和"3G 替代说"两种说法。"3G 互补说"认为，WiMAX 业务的侧重点应与 3G 不同，应提供与 3G 互补的业务；"3G 替代说"认为，WiMAX 将提供与 3G 类似的业务，与 3G 全面展开竞争。

从技术上讲，WiMAX 采用了 OFDM、MIMO 技术，而 3G 则在原有标准的基础上引入相同的技术，形成了 3G 标准的演进版本 LTE 和 RC。因此，在技术、系统和产品方面，两者没有实质差别。两者的差别主要体现在频率方面，并由不同的产业集团推动，WiMAX 的机会主要体现在其商用化有可能比 LTE、RC 更早一些。

在对原有系统的衔接和兼容性方面，与 3G 相比，WiMAX 处于劣势。因此在业务定位方面，WiMAX 应避免与 3G 进行正面竞争，应该提供与 3G 有区别的互补性业务，或者作为 LTE、RC 之外的另一种选择。

而事实上，WiMAX 也已经成为 ITU 3G 标准之一（为避免歧义，在本章中除非特别说明，"3G" 仅指 3GPP 和 3GPP2 的 3G）。

（2）WiMAX 发展策略

只有把握了 WiMAX 的定位，才能与运营商的自身情况相结合，进一步确定现阶段 WiMAX 的发展策略。对于将要获得 2G/3G 网络或牌照的固网运营商，WiMAX 并不必然需要；如果需要建设，应协调好 WiMAX 与 2G/3G 的关系。以 2G/3G 网络作为基本覆盖，提供基础的话音和数据业务；WiMAX 作为 2G/3G 在密集城区和热点的补充，提供高速数据业务，并逐步实现从热点覆盖到密集城区连续覆盖。可以采用 WiMAX 网络与 3G 混合组网的方式。

对于没有 2G/3G 网络或牌照的固网运营商，WiMAX 是其提供全业务运营的唯一选择。前期利用 WiMAX 在密集城区和其他热点的覆盖，提供高速数据业务。还可以从政府、行业和企业信息化方面进行突破。逐步扩张，努力实现建设一张覆盖全国的 WiMAX 网络，提供真正的全业务运营。在网络建设初期，应避免与 3G 进行正面竞争。

6.3.2 传输网

光网络的发展依赖市场的驱动，据预测，未来 5 年内，带宽将以每年 50% 以上的速度增长；到 2010 年，骨干网截面带宽流量将达到 50Tbit/s 以上，其中 97% 以上为数据带宽。飞速增长的流量需求直观地反映在光传送网层面：其一，骨干网 WDM 系统的扩容一直处于供不应求状态，目前，WDM 骨干网基本上采用 2.5Gbit/s、10Gbit/s 接口，40Gbit/s 接口也开始商用；其二，城域网中的数据新业务发展迅速，DSLAM 普遍存在提速要求；其三，承载网大量使用 FE/GE，将来甚至可能提高到 10 吉比特或者更高。结合光网络技术的发展，在全业务运营环境下，传输网必须向提高容量、进一步智能化、电信级以太网的光传输和光纤到户等方向发展。

1. 长途传输网

以对等（P2P）通信业务为代表的互联网业务蓬勃发展，移动业务持续高速增长，IPTV 业务蓄势待发，这些业务层面上的发展对长途传输网提出了新的容量、功能和性能上的需求，其中容量方面主要侧重传输系统的大容量化、网络结构方面主要侧重于扁平化以及网络的动态化。

（1）网络大容量化

全业务运营环境下，将导致 IP 业务以更快的速度发展，目前以 10Gbit/s 为基础的现有长途 WDM 网络已经呈现出"力不从心"的状态，部分段落 80 × 10Gbit/s 容量已经用完，因此 40Gbit/s 系统将在长途传输网中得到大力发展，目前影响其规模应用的除市场需求因素外，主要因素是技术、价格和光缆线路的 PMD 性能。首先，从技术方面来看，40Gbit/s 系统经过多年的发展，在技术上有了长足的进步。可以应用于不同场景的多种调制技术（如 DQPSK、DP-QPSK、DRZ、DPSK、ODB 等）已经商用或接近商用，各种适用于 40Gbit/s 的有源和无源器件大量问世使成本快速下降，并且各种器件的功率平坦度、非线性、色度色散、极化模色散性能明显改进，从而使系统设计的功率余度要求可以适度放宽。特别是 DQPSK、DP-QPSK 调制技术、电子色散补偿和超级带外 FEC 编码等一系列新技术的突破和成熟为长途应用的性价比改进提供了坚实的基础。DP-QPSK 的色度色散容限已经达到 50 000ps/nm，PMD 容限已经达到 25ps，具备了十分良好和宽松的实际网络应用基础。各种超级带外 FEC 编码的净增益已经达到 10dB 左右，为实际系统的设计提供了足够的功率预算。其次，从成本方面来看，各种器件技术的性能改进和产量的加大，整个系统的成本已经降到 10Gbit/s 系统的 2/9～2/7，尽管离规模应用的 2.5 倍门限值还有差距，但是已经处于可以启动阶段。最后，从光缆的 PMD 特性来看，当速率提高到 40Gbit/s 后，PMD 受限将导致传输距离随传输速率的平方关系成反比例减少，传输距离将减少到原来的 1/16，且二阶 PMD 的影响变大。我国光缆网的 PMD 特性究竟能否有效支持 40Gbit/s 的长距离传输，需要进行大规模的实地测试后才知道。

此外，关于 100Gbit/s 以太网近期报导非常多。美国贝尔实验室创造了 100Gbit/s 以太网传输 2 000km 的实验室世界记录，其采用 50GHz 间隔、DQPSK 调制格式，主要用于数据中心间的通信连接。然而，100Gbit/s 以太网真正进入规模化商用还需要解决很多技术问题，需要走很长一段路程。

（2）网络结构扁平化

传统网络受行政划分影响，以省为重心，结构分层，节点只有几十个；现阶段，电信运营的重心下移到城域网，长途传输网直接覆盖上百个城市，一方面要求网络扁平化，另一方面要求网格进一步加密。

（3）网络动态化

传统网络面对数个节点、上千条电路的规模，依靠简单人工管理；现阶段，传输网规模达到成百个节点、数万条电路，业务需求动态增长，人工管理响应慢、差错高、协调差的问题不断暴露，运营商在网络可知、可控、可管的前提下，希望实现网络资源动态分配路由、业务快速端到端提供、业务自动保护恢复等方面，降低长途网络维护管理费用，支持按需带宽业务运营。

普通的点到点波分复用通信系统尽管有巨大的传输容量，但只提供了原始的传输带宽，需要有灵活的节点才能实现高效的灵活组网能力。随着网络业务向动态的 IP 业务的继续汇聚，一个灵活、动态的光网络是不可或缺的，最新发展趋势是引入 ASON，使光联网从静态光联网走向动态交换光网络。这样带来的主要好处有：简化网络和节点结构，优化网络资源配置，提高带宽利用率，降低建网初始成本；实现规划、业务指配和维护的自动化，从而降低运维成本，并且可以解决实时、准确维护传输网资源的难题，避免资源搁浅；具备网络和业务的快速保护恢复能力，使网络在出问题时仍能维持一定水准的业务；具有快速业务提供和拓展能力，便于引入新的业务类型，诸如按需带宽业务（BoD，Bandwidth on Demand）、分级的差异化带宽业务、波长出租、光虚拟专用网（OVPN，Optical Virtual Private Network）等，使传统的传送网向业务网方向演进。

受上述优点的吸引，AT&T、BT、NTT DoCoMo、Vodafone 和 Verizon 等电信运营商已经成功地在网络中引入 ASON。其中 AT&T 已经在全网部署了 200 多个节点，计划扩展到 300个节点。ASON 的一个重要发展和应用趋势是引入多种数据业务接口（VoIP、VoD、互联网等），提供以太网功能，演变成为所谓的多业务汇聚节点，英国电信的 ASON 定位就是这样的。

然而，从更长远的视角看，随着 IP 业务量的持续大幅度攀升，目前基于光/电/光变换的光交叉设备将不能满足发展的需要，全光交叉设备将可能在未来 5～15 年逐渐成为干线网上的核心节点设备。全光节点可以彻底消除光/电/光设备产生的带宽瓶颈，保证网络容量的持续扩展性；省去昂贵的光电转换设备，大幅度降低建网和运营维护成本；可以实现网络对客户层信号的透明性，支持不同格式或协议的信号；可以避免光电转换环节及复杂的时隙指配过程，加快高速电路的指配和业务供给速度；以实现在波长级灵活组网的目的；可以实现快速网络恢复，改进网络的生存性和质量；可以避免单纯 IP 层联网所带来的低效率，提高网络资源的利用率，提供灵活、高效的组网能力和对物理层大故障的快速恢复能力。随着网络业务量的迅速增长和网络规模的持续扩展，从电联网逐渐走向光联网将是历史的必然，电联网将逐步退到网络的边缘和接入部分。

　　总体上看，首先看传送面，光/电/光硬件交换平台已经完全成熟商用，大规模全光交换平台的可靠性还有待实践考验，带宽颗粒大，容量需求还不足。其次看控制面，标准已经基本成熟。实际测试表明，E-NNI 已经可以实现跨厂商设备的传送面电路配置，但是还无法实现跨厂商设备的控制面保护恢复。简言之，单域控制面已经比较成熟，各厂商设备基本具备邻居自动发现、网络拓扑自动发现和动态更新等主要功能。最后看管理面，控制面的引入使 ASON 的网管功能弱化，部分功能移交给控制面完成，有利于多厂商网管互通，估计不会成为制约 ASON 应用的主要因素。目前，管理面主要是 SC 的管理功能不完善，多数厂商设备尚不能提供 SC 业务的计费信息。另外，跨域的管理功能还比较弱。

2. 本地传输网

　　全业务运营环境下，固网运营商在发展现有业务的同时，将大规模进行移动网络的建设，因此本地传输网将重点建设接入层，满足移动基站的接入，同时结合传送技术的发展，进一步优化完善本地传输网中继层（骨干及汇聚层）。

　　（1）网络分层结构

　　中继传输层作为本地传输网的核心部分，主要负责核心业务节点间的局间中继电路的传送和接入层节点到归属核心业务节点间的电路调度和传送。因此，中继传输层应能提供大容量的业务调度能力和多业务传送能力，要求具有较高的网络安全性和可靠性，具有较为快速的网络扩展能力。

　　本地传送网的建设要与电话网、IP 城域网、大客户数据数字专网、同步网、LDCN、ATM、3G 等业务的发展规划相结合，既要充分把握网络现状、兼顾已有投资，又要考虑到今后网络随业务发展和新技术出现的演进。新建传输网络必须合理利用现有网络资源，并与网络优化同步进行，对现有传输网络进行合理改造。

　　以下介绍网络结构。

　　① 特大/大型本地网

　　对于大型本地网，其中继传输网的骨干层、汇聚层基本已形成了较为安全、高速的结构体系，具备较高的抗风险性能力。其设备组网方式是全部采用 SDH（MSTP）自愈环的方式进行组网。

　　该类地市中继传输网骨干层在网络拓扑以 SDH 环路为主，而骨干层 SDH（MSTP）环路在今后较长的一段时间内仍会作为骨干层业务传送的主要途径，因此今后网络建设中需要在原有网络拓扑的基础上继续扩容和优化网络的拓扑结构，主要从以下几个方面体现。

a. 骨干层 SDH（MSTP）环路形成双平面/多环路结构

骨干层所承载的电路主要分为局间中继电路和局间转接电路，两种电路特征有所不同，相对而言，骨干层局间中继电路相对稳定，但一旦变动，变动幅度很大，而局间转接电路变动较为频繁（特别是 3G 启动以后）。对两种电路进行分离，有利于网络的维护和管理，降低网络调整以及业务调整带来的风险。因此根据骨干层网络所承载的业务属性，可以把它分成两个系统，即骨干中继环和骨干调度环；骨干中继环用于承载各骨干核心业务节点之间的局间中继电路，骨干调度环用于承载汇聚层上传的转接电路。同时，在建设过程中，根据业务发展情况，每个系统考虑分为两个平面或者多个物理环路，使骨干层电路能够在不同的骨干平面或者骨干环路中实行电路分担，以提高网络安全性，如图 6-7 所示。

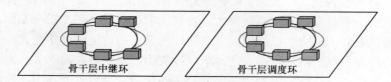

骨干层中继环　　　　骨干层调度环

图 6-7　骨干层网络结构图

b. 骨干环路物理路由的分离

目前骨干层自愈环大部分都是叠加组环，采用了相同的物理路由，存在一定的安全隐患。当环上任何一处路由出现故障，将会导致 A 平面和 B 平面同时开环。因此在今后网络建设中，根据光缆资源，骨干层应全部实现双路由环路保护，为进一步提高网络的安全性。

c. 实现环网向网状网的演进

在现有的光传送网中，SDH 的环形组网是一种成熟的且被广泛使用的组网技术。但它又存在着灵活性和可扩展性不足、建设周期长、缺少业务安全等级的区分、支持新业务的能力弱等缺点。随着 ASON 标准渐趋完善，并依据业务需求情况，结合光缆路由建设情况，逐步引入ASON 系统，组建网状网，与原有 SDH（MSTP）系统形成共同分担的局面，如图 6-8 所示。

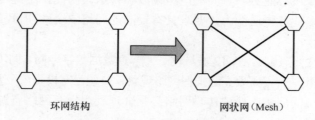

环网结构　　　　　　网状网（Mesh）

图 6-8　环网向网状网的演进

汇聚层介于骨干层与接入传输网之间，对接入层上传的业务进行收容、整合，并向骨干层节点进行转接传送。汇聚层面向接入层的传输设备一般不做上下电路的处理，而是充分利用设备的交叉连接能力，对接入层颗粒较为分散的业务按其通路组织方向进行归并整理，以最大限度地利用上层传输通道。

今后网络建设中汇聚层组网继续以 SDH（MSTP）自愈环为主，同时建设和深化汇聚层的双平面结构，使接入层电路在汇聚层能够完全实现业务均担的局面，提高业务传送的安全性。

今后汇聚层网络的建设主要遵循以下原则。

a. 汇聚层 SDH（MSTP）自愈环的组建要尽量使汇聚节点到个骨干节点的连接采用双节点双归方式，避免由于骨干机楼的汇聚节点单节点失效引起的汇聚环业务中断。

b. 尽量使接入层电路以间插的方式在汇聚层的不同平面中分担，以提高电路传送的安全性。

c. 消除汇聚层与接入层设备之间的电接口转接，完全实现光口的无缝连接。

d. 同时根据 PTN 设备的商用成熟度，以及业务网 IP 化趋势，与骨干层统一考虑建设 PTN 网络。

② 中型本地网

该类地市中继传输网骨干层在网络拓扑以 SDH 环路为主，今后网络演进中需对原有网络拓扑扩容和优化，主要从以下几个方面体现。

第一，以 SDH（MSTP）环路为主，并将骨干层中继环、骨干层调度环进行分离。随着业务不断增长，使得大部分地市在两个层面均形成双平面或者多环路业务分担。

第二，根据光缆资源，骨干层应全部实现双路由环路保护，进一步提高网络的安全性。

第三，对于骨干节点在 4 个以上的地市，根据业务发展情况和光缆物理路由条件，可以考虑适量组建网状网。

③ 小型本地网

该类地市业务量较小，中继传输网骨干层和汇聚层可以共用一个平台，这样网络结构就简化为两层结构。网络发展主要从以下两个方面考虑。

第一，以 SDH（MSTP）环路为主，并将骨干层中继环、骨干层调度环进行分离。随着业务不断增长，使得大部分地市在两个层面均形成双平面或者多环路业务分担。

第二，根据光缆资源，骨干层应全部实现双路由环路保护，进一步提高网络的安全性。

（2）本地传输网络发展策略

构建可持续发展的本地传输网络，建议遵循以下原则。

① 充分利用已有光纤光缆资源，减少重复投资建设。光纤光缆是通信运营商最重要的资源之一，且需要投入非常大的人力和物力来完成，尤其是光纤向末端的延伸。各大电信运营企业本地传输网络重叠，政府监管方面应加强管理、协调，鼓励联合建设、互为备用、租用、发挥整体优势等。

② 本地传输网络生命周期较干线相对要长，不冒进、不保守，积极稳妥地采用新技术，部署基于高新技术的产品及网络解决方案，简化网络结构，降低网络的 CAPEX 及 OPEX。

③ 转变经营观念，采用并保持统一规划、统一采购、统一调度、统一管理等原则，以业务为驱动调整运营维护等机制，实现干线网络与本地传输网络业务的无缝连接，实现全程全网业务的快速调度。

④ 以电信运营企业集团整体为单位，逐步减少本地传输网络上的设备厂商数目及设备种类数目，发展有实力的设备供应商与电信运营企业结成战略合作伙伴，达到整体产业链的最佳经济效益。

本地传送网络向多业务、智能化、可管理方向发展，总体策略建议如下。

① 加强个性化策略，以业务为规划及设计重心，围绕业务建设符合业务发展战略的本地传输网络，在业务健壮性、业务灵活性、响应及时性等方面提供有别于其他电信运营企业

的能力，吸引更多的价值客户。

② 优化并更新核心调度网络，增强业务调度的灵活性，本地传输网络核心逐步采用基于 OTN 体系架构的智能光传输系统，构建高生存性、快速响应客户需求的核心网络，逐步与干线核心设备层实现无缝调度能力。汇聚及接入层逐渐引入 PTN 设备组建网络，响应业务网络的 IP 化。

③ 建立跨厂商统一综合网络管理系统，实现本地传输网络的统一监控及管理，树立设备入网管理层面的规范，减少弱小厂商在网络中的应用，降低整网的运维成本。

6.3.3　数据网

1. 通信业与 IT 业的全方位融合

随着 2009 年年初中国电信行业的大调整，三大运营商在业务范围、业务内容方面也无多大差别，全国的电信产业在今后几年内将进入大融合、大变革、大转型的时期。这不仅仅意味着固网和移动的融合，同时各大运营商还在积极策划由传统运营业向信息服务业的转变。

随着融合的进一步深化，围绕电信的相关产业链不断地增加，产业分工将更加细化，电信业将面临新的融合格局：已经部分实现融合的新电信产业将进一步和娱乐产业结合，在不久的将来，电信产业、互联网产业、传媒产业、娱乐产业相互间将产生巨大的影响。由此，电信行业的产业链不再是一条而是多条，每一环节都往下游延伸，在延伸的过程中，上下游之间的界限日益模糊。尤其是产业链下游进一步复杂化，各种链条集合交叉，将形成更为复杂的生态环境。

具体而言，融合新格局会有以下 3 个特点。

（1）内容服务商加速推出融合新业务

传统上的非电信企业将利用技术进步，加速推出融合新业务。如内容服务提供商利用新技术的进步，特别是宽带（包括移动宽带和固网宽带）、IP 技术以及 Web 2.0 的流行，结合自身业务优势，为用户提供新型业务。今后几年内，内容服务将成为电信业务发展的重心。

这方面的例证层出不穷：典型的娱乐提供商 Disney 通过采取移动虚拟网络运营商（MVNO，Mobile Virtual Network Operator）的方式与日本第三大无线运营商 Softbank 建立销售服务的方式进入电信领域开展业务，用户通过手机等移动终端下载和使用各种新服务。

（2）互联网、IT 企业进军终端市场，加速移动互联网的进程

移动终端功能多用化的进程，也给了互联网和 IT 企业进军电信终端市场的机会。随着各大互联网、IT 企业纷纷进军手机市场，正在改变移动终端目前的市场格局。

传统的 IT 设备商 Apple 通过开发高端智能终端 iPhone，并采取收入分成的商业模式与 AT&T、O_2 等传统运营商之间的紧密合作，成功进入电信领域。互联网行业的搜索巨头 Google 的扩张战略方向包括运营、网络设备和终端等传统价值链的各个环节。例如，Google 开始推广开源移动终端操作系统 Android，Android 源代码公开并免费提供给终端设备商使用；并有意斥资 46 亿美元竞购美国无线频段；除此之外，Google 甚至投资基站设备商，以增加普通用户的互联网接入的便利性。

与此同时，由于互联网企业的加入，将带动移动门户网站、移动搜索技术的进一步成熟，因而，未来几年内，移动互联网必将呈现加速发展的态势。

（3）电信运营商通过融合扩大产业链

面对多媒体内容的需求，电信运营商通过自身拓展新业务领域以及以合作的方式向用户提供新的融合业务，不断扩大业务范围。例如：中国电信开始与华纳、百代、环球等8家唱片公司，联合发布全新数字音乐服务——爱音乐（IMUSIC），标志着传统运营商正式进入在线数字音乐市场。

和记黄埔公司（简称和黄）则全力打造名为 X-Series 的手机业务：通过 Skype 无限量使用手机话音服务，通过 Sling 在手机上观看家居电视，通过 Orb 接入家中个人计算机；还可以使用 YAHOO、Windows Live Messenger 和 Google 等各种互联网及即时消息服务。和黄已经通过与这些典型的互联网业务提供商的紧密集成，成功地将自己的业务领域延伸，并融合到互联网层次。

以上的种种发展现状，正在昭示着这样的一个事实：曾经较为基础和单一的电信产业链，通过交错式的融合正在向应用层和复杂化的生态系统方向演进，而争夺这个生态系统的整合者地位将成为未来运营商、内容提供商、设备商、互联网引擎以及娱乐产业的战略重点。

2. All-Over-IP 时代的到来

随着 IP 技术的发展，通信网络逐渐面向全 IP 网络的趋势发展，能够形成具备互操作的、融合的网络结构，这将使得企业节省大量的投资，控制成本和风险，为最终用户实现各种网络的漫游和业务接入。

未来几年内，All-Over-IP 业务部署和推广将全面 IP 化。由于 IP 技术的广泛使用和 Web 2.0 的兴起，带来了一系列新的模式。新业务发展和流行出现达尔文（Darwin）现象，即由最终用户而不是运营商决定业务成败。

未来，All-Over-IP 将会是一个加速的过程。

（1）长尾现象在互联网业务和电信新业务上逐渐显著

全 IP 化是网络尤其是核心网演进的必然方向，无论是业务本身，还是语音、数据和多媒体的承载方式，都将实现全 IP。

All-Over-IP 为业务水平化部署提供了基础，使得运营商能够以较低成本快速部署大量新业务、满足用户个性化需求，长尾现象在互联网业务和电信新业务上逐渐显著。

未来将是"用户创造市场"的时代，在一个大的运营平台上，众多用户相互交流和沟通，而就在这个过程当中，彼此间产生需求，进而形成市场。基于移动互联网与互联网强强联合的技术支持，每个用户都可以随时随地创造出自己的精彩内容，如手机拍摄到的图像、视频，互联网上的 Blog、TAG、SNS、RSS、wiki，这就促成了内容的多样性、丰富性。许多用户在创造内容的同时，也会提出一些个性化的需求。为了满足这些需求，必然会实现信息或资源的流通、更新和交换。由于大多用户不是单线式对接，而是多点式交流，因此他们之间又构成了一个庞大的关系网，通过这个关系网形成的市场也必将是一个巨大的产业链。用户创造内容的同时，也就创造了市场。

随着 All-Over-IP 技术的成熟，内容应用不断丰富，个性化的需求使得用户占据主导地位，用户既创造内容，也进一步创造市场。

（2）All-Over-IP 带来业务模式的变革

All-Over-IP 带来的不仅仅是技术层面的变革，更重要是业务模式，以及由此而带动的商业模式的变化。All-Over-IP 客观上为传统的电信产业链的进一步演变为电信产业，互联网产业，传媒产业，娱乐产业（TIME，Telecom，Internet Media and Entertainment）生态系统奠定了技术基础，为传统的内容提供商（CP/SP）、娱乐产业的融入创造了有利条件，从而可以激发新型增值业务的开发和推广。此外，All-Over-IP 客观上激发了新的业务模式，相应也会催生新的商业模式（盈利模式），由多方业务提供，以及广泛分成的模式孕育其中。

过去 10 年中，电信业以前所未有的加速度，成为发展最快的行业之一。但同时，整个电信行业自身也在经历着令人眼花缭乱的嬗变：改革、转型、创新、增值、服务……而电信技术的演进更是日新月异，GSM、UMTS/HSPA、IPTV、GPON……2008 年的电信业将在融合、产业变革中大跨步前进。

3. 目标网络架构——"智能"IP 网

（1）业务的管道化控制

由于同一张网络上承载了大量不同类型的业务，有对 QoS 要求不太严格的普通 Internet 应用，有对 QoS 要求相对较高的视频类应用，还有需要严格 QoS 保障的电信业务等。

必须能够实现以每类业务为最小单元进行端到端的管道化控制，保证各类业务之间不会互相影响，各类业务看起来就像在完全"独立"的管道中运行。

（2）业务的精细化识别

如果承载网按照包转发模式转发业务，而不去识别业务，也就无法把业务安排到符合 QoS 要求的业务通道上。通过智能终端和一些 DPI（深度包检测）技术相结合，IP 承载网络能够自动地识别出各类业务，并按照预先定义好的规则将之分别放进不同的"管道"，这也成为保障业务 QoS 的关键性一环。

（3）流量智能化

现阶段的 IP 网络，特别是 Internet 网络，处于一种流量爆炸的阶段，其网络流量以每年 1 倍以上的速度在增长，但实际上仔细研究后可以发现，这主要是由目前流量管理模式的缺陷造成的。一方面，目前网络上 80%的流量为 P2P 流量，这些占据了大量带宽的应用并未给网络建设者带来任何额外的收益，但却极大地影响了其他用户的使用，降低了网络稳定性；另一方面，一些高带宽的视频类、下载类应用由于分发模式的不合理，多个用户同时使用下的带宽重复占用情况非常严重。这些都是造成目前流量爆炸式增加的重要因素。

因此我们必需使流量也"智能化"，流量智能化的目标是业务提供全局化、控制集中化、存储边缘化、交换本地化。将基于路由寻址的 IP 报文转发赋予四层到七层智能应用级路由寻址的能力，将被动集中式访问的互联网内容通过智能算法缓存本地，并借助网络高效分发。

（4）安全、可靠

目前的 IP 网络缺乏安全性和可靠性是一个公认的问题，这种观念的转变需要时间。但如果要用 IP 网络来承载相对重要的业务，首先必须要把 IP 网络本身建成一张安全、可靠的网络。

4. IP 网建设中的一些新技术的应用

（1）路由器矩阵

未来网络核心层的发展趋势是网络扁平化，减少网络层次，这就对核心路由器的性能及扩展能力提出了更高的要求。

路由器矩阵（cluster/matrix）就是解决容量扩展性的有效方案，又称路由集群或多机箱组合，可实现更大的交换容量。简单来说就是通过路由交换矩阵将多台单机框的路由器组合起来，从来实现容量及端口的成倍提升。

目前主流的路由器制造商均推出了相应的产品，如 Cisco 的 CRS、Juniper 的 TX、华为的 NE5000E。

（2）40Gbit/s 链路

由于网络流量的快速增长，造成了中继电路的持续增加。目前骨干网络大部分采用 10Gbit/s 链路，但由于网络流量过大，同一方向上往往存在 4 条或更多的 10Gbit/s 链路，但同一个方向上过多的链路数会有以下问题：路由 ECMP 均衡困难、链路连接复杂化、增加运维的管理难度。

由于一些路由协议方面的缺陷，单方向超过 8 条链路就会有问题。而如果单条链路的带宽不加提升的话，很快就会面临着单方向链路超过 8 条的问题。这时，引入更高容量的链路就成了必须考虑的问题。

各厂家也纷纷推出了自己的解决办法。

① 白色光口

Cisco 和 Juniper 的高端路由器上均支持这种技术。

这种方式比较依赖于 40Gbit/s 传输系统的发展，目前尚未有成熟商用的 40Gbit/s 传输系统出现，还处于测试阶段。

② 彩色光口

Cisco 特有技术，通过优化的复用技术能够在传统的 10Gbit/s 波分传输上实现 40Gbit/s 的数据容量，是一种最"廉价"的解决方式，并且已经在美国的 Comcast 有成功商用案例。

但这种方式的缺点也比较明显，就是链路两端都必须是 Cisco 设备，应用范围有局限性。

③ 4 × 10Gbit/s 捆绑端口

Juniper 推出的技术，1 条 40Gbit/s 的链路需要占用 4 条 10Gbit/s 的波分传输通道，但这种方式也仅限于 Juniper 设备之间的互连。

鉴于上述问题，还是建议等待 40Gbit/s 传输系统成熟后再大规范进行 40Gbit/s 链路的商用。

（3）IP 监控技术

发展 IP 监控技术存在以下必要性：

① P2P 持续大量的带宽消耗给网络扩容带来了巨大的压力；

② 一拖 N 和非法 VoIP 严重影响正常业务的开展；

③ 利用 IP 监控，挖掘出有价值的流量统计数据和用户行为数据等，为优化网络和针对性营销等提供重要依据。

IP 监控技术的主要实现方式为利用分光方式对主要链路的流量进行复制，然后通过专门的应用系统对其进行深度的分析和监测，并将分析结果提交给运营人员以便采用相应的措施。

6.3.4　核心网

1. 固定网络的建设和调整策略

我国 PSTN 的资源非常丰富，而且 PSTN 业务收入现阶段仍然是固网运营商的主要收入来源，故 PSTN 向软交换网络继而向 IMS 网络的演进将是一个漫长的过程，三者在网上将会长期共存。共存期间应考虑最大程度地利用好现有的 PSTN 资源，因此全业务期间网络的建设和调整首先要进行的就是核心网 IP 化改造。

目前我国固网运营商已经分别在省级长途、省内长途以及本地网建设了软交换网络，一部分业务已经由软交换网络承载，因此在现阶段主要是如何协调好 PSTN 和软交换网络的发展，并将基于 TDM 技术的电路交换网络转为基于 IP 技术的分组交换网上。

在省际长途层面，目前省际软交换网与传统 DC1 长途交换网构成了叠加网，共同疏通省际长途业务。在省内层面，软交换扁平组网，逐步实现软交换机之间的网状网相联。待条件具备时，全网逐步向一级网络结构过渡。

固网全面停止建设 TDM 交换机，省内 DC2 电路长途交换容量不能满足新增话务需求时，可通过省内软交换网络分流解决；远期可以采用省软交换网络间直接疏通省际话务；省内软交换信令通过省际软交换转接实现省内软交换设备间信令互通；省内中继媒体网关（TG）间媒体直接通过 IP 网互通。

固网运营商在现阶段应积极推进省内软交换网络进行省内长途业务的分流，形成省内 DC2 电路长途交换和软交换的叠加网结构，积极稳妥地建成全省软交换网络体系架构，实现 PSTN 向下一代网络的演进。

PSTN 向软交换网络继而向 IMS 网络演进的网络架构如图 6-9 所示。

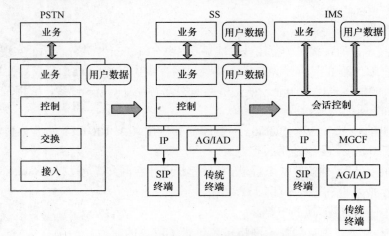

图 6-9　PSTN 向 IMS 网络演进的网络架构

对于本地网，逐步实施软交换方式改造，在现有 TDM 汇接局容量不够或设备到达使用年限时引入软交换；在端局和新建接入点建设软交换接入网关解决业务需求。

原 TDM 交换机继续使用，到达使用年限后自然退网。

2. IMS 的发展和应用

PSTN 与软交换将融合为未来 IMS 架构的一个组成部分：PSTN 将发展为 IMS 构架中的窄带语音接入网；软交换网将发展为 IMS 构架中的 PSTN 仿真子系统（PES, PSTN Emulation Subsystem）。软交换是向下一代网络演进中的过渡阶段，PSTN 可以直接向 IMS 演进，故待 IMS 具备商用条件时，积极部署尽早引入 IMS，可减少在软交换上的重复投资。

电信和互联网融合业务及高级网络协议（TISPAN，Telecommunications and Internet Converged Services and Protocols for Advanced Networking）定义的 IMS 的体系架构如图 6-10 所示。

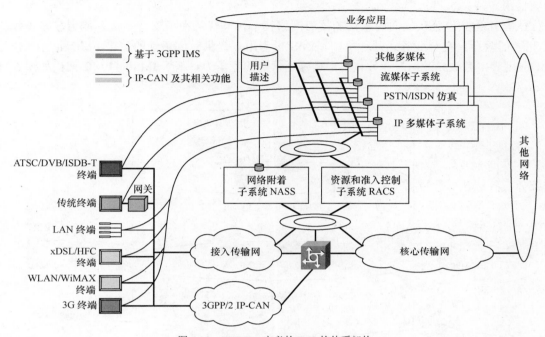

图 6-10   TISPAN 定义的 IMS 的体系架构

随着 IMS 的日益成熟，固网运营商应以 IMS 技术为核心，积极推进固网、软交换网、移动网向 IMS 的演进，并待条件具备时积极推进 FMC。

IMS 的引入应循序渐进，初期应定位在满足多媒体新业务的需求，构筑叠加的 IMS 核心网。以需要满足的特定业务为切入点，小规模部署 IMS 核心网网元以及特定业务平台，并打通 IMS 系统与 BOSS 系统的操作流程关系。

原软交换设备向 IMS 的演进，在初期多媒体用户和多媒体业务引入阶段，可以采用 SS 升级到 IMS 方式提供少量的多媒体业务。对于 HSS 网元，在初期可以通过升级现有的 SHLR 的方式，让 HSS 和 SHLR 共同存在于一个物理平台。

3．条件具备时积极推进固定、移动融合（FMC）

建设融合的 IMS 核心网，提供广泛的语音和多媒体融合业务，融合的网络应是固定和移动统一的核心网。由于固网运营商的网络基础是固网，用户基础是固定电话用户和宽带用户，因此未来全网络全业务发展中应以固网为基础，依托固网发展带动和促进移动网的成长。移动网及其新业务的开发需建立在固网基础之上，并产生特色业务，这种特色业务并不仅仅是固网和移动业务简单的组合嫁接，而是两网经过融合后生成的新业务。固网发展助力移动网，移动网受益于固网发展，这应该是固网运营商全业务经营的优势和发展的方向。

在未来的全业务运营网络中，核心网居于承上启下的核心位置，因此核心网必须具备灵活、开放的网络构架，支持 All-Over-IP 融合业务能力，低成本建网，快速部署业务，以满足用户不断增长的业务需求；在物理形态上，也必然要求节能、环保，降低整个生命周期的能耗。以 All-Over-IP、融合、宽带、绿色为主要特性的新一代核心网，正是迎合了全业务运营的新需求。

　　IMS 作为业界公认的面向未来的核心网络架构，其优势在于支持多接入能力、多媒体、IT 和通信融合。在全业务运营环境中，IMS 可为用户提供有创新性的宽带 FMC 业务、企业 ICT 应用等，有效提升用户业务体验，增强运营商的竞争力。基于 IMS 的 FMC 架构如图 6-11 所示。

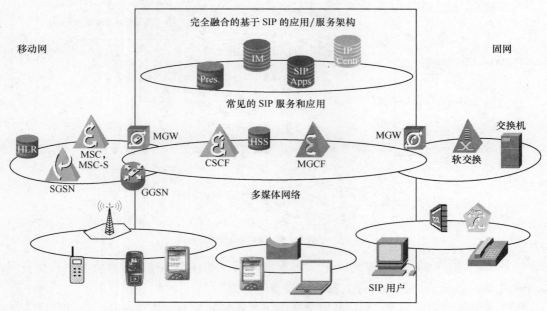

图 6-11　基于 IMS 的 FMC 架构

　　固定移动的融合，在固网运营商的全业务经营的初期，窄带的语音业务还是很大的收入来源，宽带数据业务则呈现快速上升的趋势。固定网络和移动网络，都通过网络智能化和软交换的部署进行电路域网络向 IP 承载的改造和升级，同时宽带和分组域网络不断引入新的增值业务。对固定网络来说有视频监控、IPTV 等，移动网络则是彩信、移动视频、网络浏览等移动增值业务，因此这是一个网络整合的时期，工作的重点是统一运营支撑的建设，固定和移动的业务和网络分开发展，而承载统一规划，全面向 IP 承载过渡。

　　随着固定宽带网络和移动分组域带宽和速率不断提高，用户规模不断扩大，固定和移动的业务网络建设可以进行多方面的融合。这是一个网络优化发展的时期，业务层面上通过引入 IMS，为固定和移动的宽带用户提供增值业务，HSS 数据库的建设进行通盘的规划。

　　随着 IMS 的不断发展扩大，可以考虑用 IMS 提供基础通信业务，原窄带电路域随着使用年限的达到自然退网，网络演进为基于 IP 的宽带全分组网络，这是网络的全面融合时期。业务平台在 IP 技术的基础上得以整合，提供集语音、数据、视频和流媒体为一体的融合业务，最终实现核心网的融合。这是 FMC 的网络目标，也是全业务运营的目标。

6.3.5 支撑网

1. 全业务运营对增强支撑网的相关要求

（1）提高实时计费能力

早期移动用户的欠费问题相当严重，一方面是因为对用户开户信息的审核不够严格，另一方面是实时计费系统不够完善。固网运营商开放移动业务后，一个很重要的工作就是完善计费系统对实时计费的支持。

（2）提高内容计费能力

新的移动增值业务已经不仅仅满足于传统的时长、流量等简单的计费方式。为了对种类繁多的移动增值业务提供更准确的计费，还需要增强计费系统的能力，使之能够根据服务内容进行计费。

（3）加强电子渠道的建设

移动业务要求为用户提供以消费者为主导，消费者不受时间和地点的限制自由选择个性化商品的电子化服务，使得电子渠道的兴起成为不可逆转的潮流。目前固网运营商一般只有互动式语音应答（IVR，Interactive Voice Response）、网上客服、短信客服等客户自服务渠道，其功能相对比较简单，不能很好地替代人工服务，而且各系统之间相对独立，不能给客户很好的感知。

（4）丰富的充值与支付方式

作为提升客户体验的重要措施之一，提供全网、全业务的充值服务，将会在较大程度上增加客户黏性，同时，充值业务本身也将会有较大的提升。

开展统一支付业务，可以发挥运营商的信用优势，提升传统网络的附加价值，占领宝贵的渠道客户资源，增加客户黏性；还可以拓展金融类行业、中小企业等应用，促进企业转型；可以通过创新的商业赢利模式，增加非语音业务收入。

2. 全业务环境下支撑网建设思路

（1）整合 MSS 类系统

移动业务的漫游特性，要求将为数众多的 IT 系统进一步整合成全国集中系统。而现有IT 系统分支独立，分散杂乱，存在有一个需求就建一套系统的情况，带来投资浪费、管理分散、系统林立等问题。

建议对于各部门 IT 需求进行统筹管理，全部纳入 IT 部建设管理，将需求进一步整合，减少独立 MSS 类系统的建设，节约硬件、数据库软件、中间件软件等投资。对于 MSS 类系统，进一步建设集中存储、集中备份系统。统一中间件、中间表等，规范系统间接口，降低工程造价。

（2）加强计费系统的建设

在线计费系统（OCS，Online Charging System）是具有开放性和通用性的实时计费系统框架，支持基于承载、会话和内容事件的统一计费。这一框架将设备的话务控制功能与计费功能相分离，并建立了计费体制与会话/服务控制的直接交互，使计费完全参与到服务的使用过程中。在这样的体系下，既可以利用独立计费系统的强大能力以提供接近于准实时计费系统的灵活性，又可以利用参与使用过程的实时特性，将欠费成本降到最低。

固网运营商应尽快在全国范围内推广 OCS，对于短期内不具备 OCS 上线条件的省份，可暂时用智能网或具有准实时计费能力的 HotBilling 系统过渡。

未来种类繁多的移动增值业务要求的计费方式已经不限于传统的时长、流量等条件，新的内容计费网关（CCG，Content Charging Gateway）需要具备三层到七层协议解析能力，能够根据源目的 IP 地址、端口、URL、协议类型等各种不同条件的组合进行计费。

作为移动业务的新进入者，固网运营商必须认识到计费能力的提升对于今后的竞争至关重要。积极准备 OCS 和 CCG 的建设，将在今后的融合计费领域占有一定的领先优势。

（3）加强电子渠道的建设

如何提高客户感知，更好地为客户提供服务，成了全业务时代各运营商关注的重点。在全业务时代，数据类业务占据了越来越重要的位置，如何能使客户方便、快捷地完成各类产品的咨询、订购、查询、自服务呢？电信产品的特点决定了其完全可以通过信号传递，自动完成订单处理、产品传递、产品消费核算等工作，将网上客服中心、WAP、短信、语音、非结构化补充数据业务（USSD，Unstructured Supplementary Service Data）为代表的电子渠道融入到电信产品的整个营销流程中。这样不仅方便了用户，也大大降低了运营商在客户服务方面的成本。

根据移动业务的特点，在传统的 IVR、短信、Web 等客服方式上增加 WAP 和 USSD 两种接入方式。

以网上客服为主，渐渐融合其他业务门户，形成统一的客户自服务门户（比如互联星空业务订制、彩铃定制等）。除统一认证、单点登录外，还需要保持各页面布局及风格的一致性，使用户感觉不到后台的系统切换。门户是各业务支撑系统面向外网的统一接入平台，是客户以互联网接入方式与固网运营商进行服务、营销活动交互的主要途径，是面向客户提供服务营销的主要的电子渠道之一，是与实体渠道和其他电子渠道进行渠道间协同的重要部分。

统一客户接触管理，由 CRM 系统的统一客户接触管理模块来整体协调各个自服务渠道与客户的接触记录，记录客户在各个渠道上的交互历史以及服务状态，使得客户可以随时随地以自己最方便的接入方式享受服务。

（4）加快统一支付平台的建设

结合固网、移动及"号码百事通"等支付业务的发展需求，尽快完成统一支付平台建设，满足多种资金源、多种支付手段、多种支付内容的业务需求，为支付业务的发展提供平台基础。

统一平台建设遵循开放的设计原则，实施核心能力平台、接入系统、应用系统的松耦合。采用能力账户模型一致化、支付接入标准化、支付接口开放化的建设原则。

统一支付平台统一接入到银行，包括网银网关、银行后台专线网关，原有各种通道型支付产品不再单独接入到银行。固网 POS、移动、语音等终端与接入部分，分别作为统一支付平台的接入组成部分。

（5）加快统一充值平台的建设

全业务时代客户对充值平台有着如下需求。

① 统一用户体验：统一的身份识别与充值支付流程。

② 支持资金来源广：银行卡、现金、充值卡、统一支付账户、积分等。

③ 支付渠道多：多种终端、多种接入方式。

④ 支付范围广：电信全业务、合作商户产品、行业应用。

为实现以上业务需求，有必要建设统一充值平台，能够支持移动、小灵通、宽带、固话业务的统一充值需求。

统一充值平台的建设目标是：满足全网范围内的预付业务充值及后付业务的预存；支持话音、Web、短信等接入方式；提供客户统一的充值卡品牌、统一的语音接入号、统一的网上客服中心等，给予统一的客户体验。实现充值及消费积分，提供用户各类充值优惠规则。

6.3.6 业务平台

随着我国电信运营商本轮重组的完成，各固网运营商均获得了移动运营牌照，业务平台的发展也因此将重点转向固定移动融合的方向，其发展主要有如下趋势。

1. 加强综合业务管理平台的建设

随着移动业务的开展，用户对业务的订购关系、业务的配置数据也更加复杂。如果继续在各个独立的管理平台上进行分离配置，一方面导致接口的非标准化，另一方面也将对各种跨平台的组合业务的开发带来巨大的困难。为此，近几年，各固网运营商对业务管理平台做了大量研究，开始了综合业务管理平台的建设，并逐步将各种业务转移到综合业务管理平台上来。

综合业务管理平台为运营商提供了一个信息和服务的集中发布环境，为不同种类的最终用户提供单一的、个性化的服务访问入口。这种以个性化服务为中心，以电子商务和信息化为基础的集成平台不仅适应未来电信数据业务的发展需求，而且通过与网管、ERP、CRM 等系统的集成对企业业务提供支撑和决策。架构由承载网络、业务引擎、ISMP 管理平台和终端几部分组成。其中综合业务管理平台（ISMP，Integrated Services Management Platform）分为统一接入、管理功能集合、内容表现和核心监控 4 个功能视图。综合业务管理平台主要包含以下两个部分。

（1）平台

用户管理：用户信息、用户伪码、用户信用度、用户状态和群组管理等。

门户管理：用户 Web、用户 SMS、用户 WAP、用户 IVR、SP 信用门户、OP 运营门户等。

系统管理：资源管理、日志管理、权限管理、操作维护管理、工单管理等。

计费结算：计费策略管理、计费记录收集、业务批价、预付费管理、SP 结算等。

认证鉴权：用户认证、CP/SP 认证、业务认证、用户鉴权、CP/SP 鉴权等。

SP 管理：签约管理、合同管理、CP/SP 资料管理、CP/SP 状态管理、编码管理、信用管理等。

业务管理：业务生成管理、业务资料管理、业务状态管理、业务发布、内容管理、业务订购等。

数据分析：数据报表、数据挖掘、运营分析、行为分析、运营决策支持等。

终端管理：终端信息管理、终端信息借口、终端适配等。

（2）接口

接口体系设计的原则同时兼顾了有效性和经济性，满足 3GPP 定义的协议标准，满足行业定义的协议标准，最大程度支持业务应用的多样性、复杂性，最大地提高系统处理性能、减少交互次数，满足平台运营功能的要求，符合实际业务流程需要。ISMP 的接口体系主要由 4 方面构成：

① 平台内部各个功能模块间的数据传输控制接口；

② 平台与业务引擎间的协议适配接口；

③ 平台与 SP 间的应用接口；

④ 平台与外部系统间（网管、BOSS、预付费系统等）的业务接口。

2. 整合固定网、移动网相关业务平台

固定网、移动网有多种功能类似的业务平台，包括彩铃、短信中心、门户网站、流媒体等。业务平台的重复设置会带来如下问题。

（1）重复投资

以彩铃平台为例，固定网和移动网独立设置彩铃平台，将需要分别根据用户需求投资建设相应的业务控制中心、IVR、信令接口单元等设备，并分别做较多的预留。而如果合并建设的话，其预留资源可根据建设规模的不同做相应的减少，从而节约建设投资。

（2）用户业务体验不一致

以彩铃平台为例，固定网和移动网独立设置彩铃平台，用户可能需要单独对业务进行申请和授权，两个平台间的放音设置包括时长、音量等也可能不一致，甚至同一个编号的铃音也可能代表不同的歌曲，这些都将给用户带来困扰。

（3）数据同步

即使试图通过数据同步来解决这些问题，也会有很多技术上、管理上的困难。其中包括数据格式问题，固网、移动网管理部门是否相同，平台是否相同，以及平台数量可能会较多而导致同步工作量较大等问题。

基于以上种种原因，建议今后几年对各种功能和结构较为接近的固定网和移动网业务平台进行整合，包括彩铃、声讯、门户、视频、消息类应用、业务管理、统一充值和支付等平台。

3. 大力发展统一通信业务

IMS 技术的出现，使得所有相关的业务都可以构建在 IP 技术之上来实现，特别是用户标识和认证模式都趋向统一，这就使得核心网络在向用户提供业务时，对于用户所采用的接入技术越来越不敏感。基于 IMS 的网络融合描绘了一个美好的网络发展前景；FMC 已成为通信行业的未来发展趋势之一，因此受到了业界的广泛关注。

在传统固网上，已经有多个运营商开展了统一通信业务。主要针对各类企事业单位用户，业务功能如下。

（1）通讯录功能

提供通讯录功能，可分为单位通讯录和个人通讯录。在通讯录页面上勾选联系人电话号码，也可直接发起点击拨号、发送传真、发送短信、即时语音会议等功能。

（2）点击拨号

用户在统一通信页面上通过鼠标点击，即可发起电话呼叫。通话使用的主叫终端可以是用户指定的固定电话、PHS 或手机，被叫终端可以是固定电话、PHS 或手机，或者自动转接的"总机+分机号码"的企业分机。

（3）网络传真

用户可以通过统一遍信页面接收传真。可以为每个员工用户分配一个"单位传真总机+分机号码"形式的网络传真号码，也可分配 E.164 格式的 8 位直拨传真号码。对于传真分机方式，对方发送传真时先拨打传真总机，然后根据语音提示拨打分机号码，并执行发送操作。系统接收到传真后，可以通过电子邮件、短信等方式通知用户。用户可通过传真收件箱 Web 页面，浏览收件箱中的传真件（信息包括发送者号码、接收时间、传真图像附件），并进行传真图像内容的查看或下载。

（4）语音会议

用户可以通过统一通信 Web 页面申请召开即时语音会议。召开会议的用户为主持人，可以点击通讯录或进入会议页面后，点击会议再选择与会者的电话号码。

（5）IP Centrex

IP Centrex 业务能够将单位内部的 IP 终端共同组成一个虚拟的内部通信网络。在 Centrex 内部，用户可通过短号码互相通话，并实现 Centrex 用户的一些基本业务功能，如呼叫转移、呼叫前转、话务员等。

（6）即时消息及状态呈现

即时消息业务是指用户可以将包含文本或图片、音频及视频等一种或多种媒体类型的消息近乎实时地发送给一个或多个用户。近乎实时是指当网络正常并且接收方用户可以接收消息时，消息立刻传送给接收方；如果接收方暂时不能接收时，消息也可以等到稍后用户可以接收时传送。

呈现（Presence）业务是一种辅助通信手段，通过呈现业务，一方面用户可以使自己的状态被选定的联系对象所知道，另一方面用户也可以知道自己的联系对象的状态，从而选择合适的通信手段以及时段与对方通信。

以上功能主要基于 IMS 及 IP 网络实现。基于这些网络条件，还可以很容易地实现邮件收发、视频点播等功能。

可以看出，统一通信可以充分发挥 FMC 融合的优势，整合多种现有业务（话音、视频、数据、短信、彩铃），真正帮助用户 Any Time、Any Where 地进行多媒体通信。

6.4 小　结

运营商获得全业务牌照后，在固定、移动和融合三个方面同时发展、相互配合，必将为他们的业务带来很多机遇，也带来网络建设的挑战。但不管网络各个层面如何演进和发展，支持全业务的融合的网络架构终将是必然之选，网络的演进将会是殊途同归。

第 7 章　移动运营商全业务战略选择

7.1　全业务运营前的战略目标定位

自从移动通信刚一出现在中国通信业市场，移动运营商就将做精做强移动通信业务作为了发展的主要战略目标，并以移动通信业务方便快捷的使用体验赢得了大量客户。而随着电信市场、电信技术的发展，特别是互联网、固定宽带业务的发展和手机媒介化的推进，促使用户对信息服务的需求越来越强烈。而移动运营商也顺应了这一发展趋势，将自身的战略目标调整为为用户提供基于移动通信网的多种信息服务，从单纯的移动通信运营商转型为全面的信息服务提供商。特别是中国移动，不仅成功地创立了有针对性的业务品牌，积极创新增值业务，更积极主动地调整内部管理思路，以适应市场的变化。

移动运营商的这些战略定位，准确地把握了市场和技术发展的脉搏，为其在激烈的市场竞争中占据一席之地做出了重要的贡献，自从电信业打破垄断、鼓励竞争以来，移动运营商更获得了发展的良机。伴随着市场和技术的发展，移动通信对传统固网通信取代的趋势越来越明显。

在激烈的市场竞争中，借助移动通信技术的发展和灵活的市场策略，移动通信业得到了异常迅速发展，其在市场上的主导力量也不断增强。随着移动通信的不断壮大，用户对通信手段的使用习惯也渐渐发生了转变，移动通信灵活便利的特点赢得了越来越多用户的青睐，而相比之下，固定电话使用率却呈现出逐年下降的趋势。来自中国电信广州研究院的数据显示，2002—2005 年移动通信业务量的平均复合增长率接近 50%，而固定电话业务量的同期平均复合增长率仅为 9%。另据原信息产业部统计，近年来移动通信运营商在增量收入市场中的占比呈直线上升势头，2002—2005 年，移动通信运营商在增量收入中的占比从 20%直线上升到 75%，移动通信发展的势头锐不可当。

移动通信对固网的替代趋势，是由于移动通信技术的发展推动了移动通信资费的降低，与固话之前的差距减小，对用户的吸引力更大。由于我国仍实行分业经营政策，依然视主要的固网运营商为电信市场主导运营商而实行非对称管制，再加上移动资费的全面固网化，使得我国移动通信对固定通信的替代速度与替代程度大大超过发达国家，超过电信业现阶段所能承受的程度。

经过电信业的再次改革重组，全业务竞争时代已经来临。针对全业务竞争，特别是固网运营商获得了移动经营权，具备了开展移动业务的能力，必将会对移动运营商带来不小的挑战。移动运营商需要把握市场发展的趋势，再次调整自己的战略定位，争取在全业务运营的市场中仍旧立于领先地位。

在 3G 市场的大环境下，全球移动业务呈现出以下发展趋势：

（1）移动语音业务仍然是主要业务，但同时数据业务的发展势头更加强劲；

（2）移动业务娱乐化趋势明显；

（3）移动宽带发展前景看好。

面对全业务时代的来临，移动运营商除了提高自身网络质量，为用户提供更多更好的服务之外，在客户和业务发展上，也应有新的定位。近年来，移动运营商语音业务相对发展缓慢，资费的降低虽然带来了客户的普及，但利润率也随之下降。为此移动运营商开始开拓新的市场，而目标就落在了政企行业客户上。移动运营商不但为企业提供了多种资费方案，更为企业量身定做了具有行业特点的行业解决方案，通过优质的服务，提高了移动运营商在政企行业里的形象。从目前的市场发展看，移动运营商在某些行业领域已经取得了优异的成绩，但移动运营商仍然需要进一步提高自己的产品水准，开发有针对性的、贴切的行业服务，而不是简单地将自己的业务和资费打包推送给行业客户。在未来的发展中，移动运营商所能提供的产品也将越来越符合行业市场发展的特点，移动运营商要充分利用其能力和资源，打造最优化的服务体系。

此外，3G时代为移动运营商发展移动宽带业务提供了可能。目前我国移动互联网的发展现状十分明朗，而且正迎来非常难得的发展机遇。移动互联网的发展首先得益于互联网的大发展，目前我国网民已经达到了2.98亿，而目前我国手机用户达到了6.5亿，通过手机上网的比例超过30%。这为移动运营商发展移动互联网提供了强大的用户基础。

7.2　全业务运营前移动运营商的发展状况

在全业务运营前，全国电信业仍然保持着固话语音收入下降、移动业务收入持续增长的局面。固定电话用户数的负增长和移动用户的飞速发展导致移动、固定电话用户数的差距日益增大。无论是在市场份额还是在发展势头上，移动运营商在中国通信市场上都占有绝对的优势。以中国移动为例，2008年上半年，中国移动净利润548.49亿元，同比增长44.7%。其用户数保持了12.2%的高速增长速度，占新增用户总数的97%。同样，原中国联通在2008年上半年的业绩也较为突出，实现净利润44.2亿元，比上年同期增长103%。

根据工业和信息化部2008年电信业统计公报显示，2008年，全国移动电话用户净增9 392.4万户，达到64 123.0万户。2008年是移动电话用户增长最多的一年，其中2月份净增移动电话用户945.8万户，刷新单月增长记录。移动电话普及率达到48.5部/百人，比上年底提高6.9部/百人，如图7-1所示。

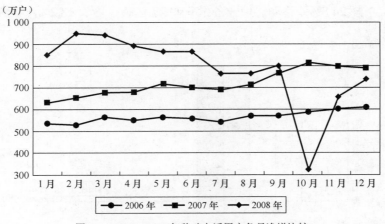

图 7-1　2006—2008年移动电话用户各月净增比较

移动电话用户中，移动分组数据用户净增 9 478.0 万户，达到 25 392.5 万户。移动分组数据业务的渗透率从 2007 年年底的 29.1%进一步上升到 39.6%，如图 7-2 所示。

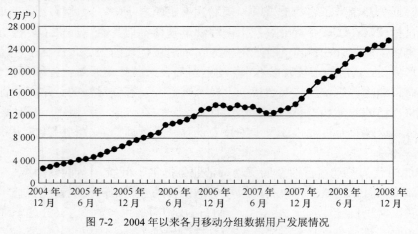

图 7-2　2004 年以来各月移动分组数据用户发展情况

2008 年，移动本地电话通话时长累计达到 27 461.8 亿分钟，同比增长 27.8%，如图 7-3 所示。

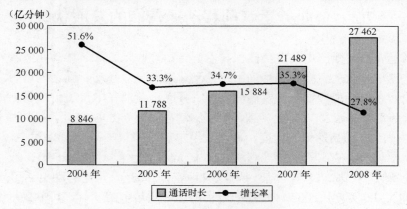

图 7-3　2004—2008 年移动本地电话通话时长

2008 年，各类短信发送量达到 7 230.8 亿条，同比增长 16.0%。其中无线市话短信业务量 234.1 亿条，下降 24.8%；移动短信业务量 6 996.7 亿条，增长 18.2%，如图 7-4 所示。

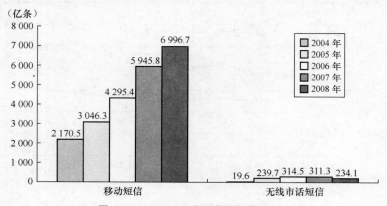

图 7-4　2004—2008 年短信业务发展情况

和固网运营商不同的是，移动运营商主要面对的是以个人用户为主的客户群。对移动运营商来说，目前高端客户资源的潜力业已挖尽，而低端客户还有更多的开发空间，这意味着移动用户的 ARPU 值将有所下降。

以中国移动为例，2008 年上半年其增值业务总收入达到 529.96 亿元，比上年同期增长 44.2%，占总运营收入的 27%；2008 年下半年，中国移动继续积极拓展新客户、新业务、新话务，取得新成效。截至 2008 年底，中国移动固定电话用户达到 1 779 万户，移动电话用户达到 4.72 亿户，互联网宽带接入用户达到 549 万户。移动电话用户平均每月净增 700 万户以上，农村市场持续成为新的增长点。移动通信资费调整稳步推进，话务量得到激发。中国移动 2008 年年报显示，中国移动 2008 年营业额达 4 123 亿元，同比增长 15.5%，净利润 1 128 亿元，同比增长 29.6%，总用户数超过 4.75 亿户，同比增长 23.8%。而在用户 ARPU 值方面，中国移动去年每月每户平均收入 ARPU 值为 83 元人民币，下跌 7%，原因在于新增用户是以低端用户为主。而在中国移动公司的新增用户中，还有许多是 1 人拥有多张卡号，这也导致了 ARPU 值的下降。

而原中国联通上半年 GSM 增值业务收入则达到 80.5 亿元，同比增长 21.5%，占 GSM 服务收入的比重由去年同期的 20.9% 升至 24.2%。生产经营实现稳步发展。截至 2008 年底，原中国联通固定电话用户达到 1.095 亿户，移动电话用户达到 1.33 亿户，互联网宽带接入用户达到 3 069.3 万户。2008 年原中国联通财报数据显示，原中国联通 2008 年的总收入为 1 712.4 亿元，净利润为 339.1 亿元，同比增长 58.2%。据财报数据显示，原中国联通的 GSM 移动电话业务收入为 652.5 亿元，同比增长 4.3%。其中，服务收入为 647 亿元，同比增长 3.4%；用户数达到 1.333 65 亿户，较 2007 年年底净增 1 280.1 万户，平均每户每月收入（ARPU）由 2007 年的 45.7 元下降至 42.3 元。其中，GSM 的增值服务收入为 162.6 亿元，同比增长 20.2%，占 GSM 服务收入比重由 2007 年的 21.6% 上升至 25.1%。2008 年，GSM 业务网间结算的收入为 68.6 亿元，同比增长 17.2%。在固网业务方面，2008 年固网收入 827.7 亿元 ARPU 值为 34.8 元。2008 年，剔除初装费递延收入，原中国联通固网收入为 827.7 亿元，其中服务收入为 816.6 亿元，同比下降 4.7%。随着移动业务收费"双改单"的全面实施以及资费水平不断降低，移动对固网业务的替代性加剧。原中国联通固网本地电话用户流失较为严重，收入下滑明显。原中国联通全年本地电话用户减少 1 067.4 万户，截至 2008 年年底，原中国联通的固定电话用户数量为 1.001 46 亿户，本地电话业务 ARPU 值从 2007 年的 38.1 元下降为 34.8 元。2008 年，原中国联通宽带服务收入为 181.1 亿元，同比增长 26.9%，占固网服务收入比重由 2007 年的 16.7% 上升至 22.2%，成为稳定固网收入的主要动力。2008 年，原中国联通净增宽带用户 564.8 万户，累计达到 2 541.6 万户，宽带业务 ARPU 值由 2007 年的 69.5 元降至 65.2 元。

很明显，移动运营商虽然在语音业务方面仍旧保持着移动话务量迅速增长的势头，然而移动资费的不断下调和用户 ARPU 值下降的情况，不得不迫使移动运营商开始寻找新的业务增长点，开发新的客户群，而集团客户市场、增值和数据业务就成了拉动收入的重要来源。

目前新的移动增值业务层出不穷，移动即时通信、手机游戏、手机音乐、手机电视、手机导航、移动搜索、手机营销、手机炒股、移动支付等一经推出，市场规模飞速扩大，发展潜力巨大，多元化格局成为未来发展方向。以手机搜索为例，移动搜索总体来看，还处于发展的初级阶段，但是中国移动搜索市场很可能因为 3G 的部署、GPS 手机的普及而达到繁荣，随着 3G 时代的到来，移动互联网的丰富和用户习惯的形成，移动搜索市场将快速增长，成为运营商和 SP、CP 新的收入来源。

在基础电信运营商和移动信息服务运营商的共同努力下，从手机音乐、掌上股市，到无线搜索、手机即时通信，从手机电视、手机邮箱，到手机二维码和各种移动行业应用，各种移动增值业务均获得了长足发展。总体来看，国内移动增值业务已经进入了较快的增长期。

移动增值业务以其移动性强、业务更新快的特点，最适合与娱乐业务进行融合。中国移动首先开发了彩铃业务，其后，以彩铃、无线音乐下载为代表的无线音乐业务已然成为了无线娱乐业务领域的亮点。而移动 QQ、手机电视等业务也出现了蓬勃发展的势头。以中国移动为例，不仅构建了 12530 中国移动音乐门户，还成立了 M.Music "无线音乐俱乐部"，手机音乐业务发展步伐全面加快。中国移动还与上海文广新闻传媒集团宣布联手主办 "中国移动无线音乐排行榜"，手机音乐发展已渐入佳境。

近两年移动行业应用的推广进程中，移动运营企业发现，受定制成本高、不易复制推广和难与企业集团用户的 IT 系统融合等因素的制约，现有的移动行业应用产品尚难以完全满足所有企业用户特别是中小企业的信息化需求。为加快服务企业信息化，中国移动在北京等全国一些大城市开展了移动信息化行业应用普及风暴和产品推广活动，并全面加大了手机邮箱、移动进销存、黑莓、无线网站、移动办公等面向中小企业用户信息化产品的市场推广力度，取得了显著成效。

原中国联通的增值业务既包括了已经成为基础业务的短信，还包括了如手机报、手机音乐下载、飞信等一些增长迅速的新兴业务。特别的，不同的用户群体对增值和数据业务的偏好也有所区别，高端客户更偏向于 WAP 和短信业务，中低端用户则更倾向于使用点对点短信、彩铃等业务。

在客户品牌方面，移动运营商最为用户耳熟能详的品牌都是针对个人客户的。这些品牌按用户的层次分为了几大类。如对低端客户群体，中国移动有 "神州行" 而原中国联通有 "如意通"；针对年轻客户群，中国移动有 "动感地带"，而原中国联通有 "联通新势力"；对高端用户，中国移动和原中国联通则分别推出了 "全球通" 和 "世界风"。这些品牌定位清晰，目标用户明确，通过套餐、捆绑等多种丰富的优惠手段吸引目标客户，则一推出就形成了强大的市场号召力和社会影响力。

相比传统的固定电话运营商，移动运营商在营销策略上则更加灵活。在产品开发上，通过细分客户群体推出针对性的客户品牌，同时注重产品创新，开发新兴市场；在服务方面，移动运营商更注重客户的服务体验，提供了方便周到的充值、缴费、查询和多元化的便民服务；此外为了赢得客户的信赖、提高客户的黏性，移动运营商还率先提出了积分奖励计划，在提高服务质量和优化服务设施的同时获得了客户忠诚度。在营销传播上，移动运营商的宣传方式则更加多样化，除了以大客户经理和终端营业员为代表的个人营销传播和各种媒体的广泛宣传之外，还借助重大节日和社会公益活动，树立健康的品牌形象，提升企业的影响力、认知度和美誉度。

从目前中国电信市场的发展状态可以发现，移动运营商借助其新业务的技术优势和灵活的营销策略赢得了电信市场的大部分份额，其发展已经对固定电话运营商带来了强烈的冲击。这种冲击是移动业务对固网业务的冲击，是新兴业务对传统业务的冲击。这样的 "同一市场不同技术之间" 的异质竞争是随着通信技术的发展在单一业务运营商之间出现的不可避免的现象。异质竞争在一定程度上能够促使电信市场的快速发展。而移动运营商由于其主营移动业务满足了当今用户方便快捷和个性化的通信需求而远远超越了传统固网运营商的发展，特别是中国移动，无论是在用户数还是业务收入上，都已经呈现出一家独大的局面。如若在这样发展严重不平衡的局面下继续异质竞争的状况，将很容易导致垄断的形成，而不利于整个电信市场的健康发展。在这种情况下，电信运营商的全业务运营势在必行。

7.3　移动运营商全业务竞争力分析

7.3.1　优势

2008 年中国电信业的第三次重组，结束了固定、移动分业经营的历史，开创了全业务运营的局面。对固网运营商来说，全业务运营的优势在于其基础坚实的固网资源，而面对全业务，移动运营商的优势又体现在哪里呢？

全业务运营对于移动运营商而言，最大的意义在于业务领域的拓展和延伸。这是因为移动业务无论是过去、现在，还是将来，都是全业务运营商核心竞争力之一。而移动运营商在全业务运营中的优势，最大的体现就是在新业务的开发和拓展上。

移动化是全业务运营时代最重要的发展方向。在传统的话音服务领域，移动替代固定将继续加剧。在崭新的信息服务领域，伴随着移动通信宽带化的步伐，越来越丰富的数据业务开始通过移动方式提供，互联网、广电网的业务和应用也在加速向移动网络迁移。从总体上来看，移动化正在从先前简单的话音服务向全方位的信息服务扩展，并不断向纵深发展，新的市场需求也在不断涌现。因此，在重组之后的全业务运营时代，移动业务市场仍将是最重要、最激烈的竞争领域。尤其对于固网运营商而言，发展移动业务更是其扭转市场不利局面的最重要契机。而移动运营商本身就具备了充分的移动网络资源、成熟的移动业务体系，在全业务时代依靠移动资源大力发展新业务，正是移动运营商在全业务时代最突出的竞争力之一，是移动运营商的竞争之本。

在全业务运营时代，移动运营商参与竞争，必须立足于过去因专注"移动"而积累的绝对优势，坚定不移地发展移动宽带，尤其是移动互联网，这是其在未来全业务竞争中扬长避短的有效途径。

移动互联网是运营商在 3G 全业务时代发展的重点之一，而对于移动运营商来说，在移动互联网领域拥有先天的优势。移动运营商必须抓住这个优势，通过加快互联网业务向移动网的移植，为用户提供移动娱乐、移动商务、移动生活等丰富多彩的信息应用，带来了全新的移动生活方式。在业务方面，移动运营商可以依托现有的增值业务资源，开发针对用户娱乐、生活、办公等多方面的移动互联网业务。

移动化并不是全业务运营的全部，但却是最重要的发展方向之一和核心竞争力所在。因此，面向全业务的移动运营商，首先是要扬长避短，继承并巩固在移动领域的传统优势和地位，大力发展移动宽带、移动互联网；其次才是弥补相对存在的固网"短板"。

此外，移动运营商在全国各地营业厅数量（尤其是合作营业厅）明显高于固网运营商，服务质量更专业，服务种类更多，服务内容更具体，更容易吸引用户。

重组后运营商的竞争格局变化，在一定程度上弱化了移动运营商的绝对竞争优势。然而移动运营商原有的优势也很难被动摇，目前中国电话渗透率已经很高，增量市场空间越来越小，而移动运营商占据几乎所有的移动电话市场，高端用户保有量高，移动运营商近几年建立起来的资本优势，正不断转化为其他优势。非对称管制也好，资源共享也好，后来的原固网运营商也好，在今后几年都很难撼动这一优势。

7.3.2　劣势

和前固网运营商相比，移动运营商在固定宽带资源上的劣势明显。重组前，移动运营商的业务范围仅限于移动业务，基于全业务的新业务发展空间受到抑制。固网接入资源上的不足，意味着移动运营商将被竞争对手固话、宽带和移动捆绑政策分流大批客户。

单向网间漫游政策抹平了运营商之间网络质量的差距。在全业务竞争环境下，移动运营商网络质量高、通话质量好的优势将明显降低甚至不复存在。比如单向网间漫游，就是竞争对手的用户可以在没有其信号覆盖的地方，使用移动的网络。移动必须向竞争对手开放网络，竞争对手向移动支付一定的网间结算费用，也就是漫游费。但在没有移动网络覆盖的地方，移动运营商不可以使用竞争对手已有的网络，这将使运营商之间网络质量的差距趋于零。

在客户关系方面，固网运营商作为传统通信运营商，与企业客户的关系比移动运营商要强得多，以前是因为没有提供移动电话服务的能力，所以这些政企客户基本被移动运营商所垄断。而电信业重组之后，原固网运营商都能提供移动服务，必将对移动运营商原有的客户造成冲击。而这一部分高价值、稳定性较低的客户群却正是中国移动最重要的客户资源。

从长远角度看，电信领域未来市场需求的核心必将是宽带，包括固定宽带和无线宽带。而传统的话音服务将逐步被 VoIP 所替代，成为廉价的电信业务。互联网和移动互联网将成为企业协同工作、提高管理效率的主要方式，同时也是人们生活、社交和娱乐的主导方式，运营商需要充足的宽带资源，从而发展丰富的数据业务和内容服务，获得主要的盈利来源。因此，谁拥有充足的传输网络资源、宽带接入网资源和无线宽带资源，谁就将成为未来的电信赢家。而移动运营商在固定和宽带资源上都较固网运营商处于劣势地位，因此移动运营商在无线宽带资源方面将在较长的时间内处于不利的发展境地。

7.4　全业务的战略新定位

7.4.1　市场竞争环境变化带来的多方冲击

不仅仅是因为要打破非平衡的电信市场竞争格局，全业务运营更是电信技术发展的必然结果，是电信市场有效竞争的必然选择。全业务经营能够使电信运营商免于单一业务衰退时带来的风险，当某一类业务出现衰退时，全业务运营商可以将其经营重心转移至其他业务，创造新的利润增长点，从而保证企业长期稳定发展。同时，全业务经营也可以消除市场竞争中的不公平。这种以异质竞争为大背景的全业务经营方式可以让各运营商的实力相互融合，使它们有序地展开竞争。

中国电信业的重组正是顺应了这一趋势而产生的。它不仅可以改变目前国内电信市场严重失衡的竞争局面，更给全业务运营创造了可能。随着原中国铁通和原中国网通分别和中国移动以及原中国联通合并，中国移动和原中国联通这两大原移动运营商也拥有了自己的固定网络，具备了展开全业务运营的条件。行业重组在一定程度上均衡了新运营商之间的实力，改变了电信业的竞争局势。电信产业价值链正逐渐向以消费者为核心的价值网转变，整个产业呈现出电信、互联网、广电融合的大趋势。在这样的环境下，移动运营商所面临的竞争形势相较重组前变得更加复杂和多变，移动运营商不仅将受到已经在前期转型中为全业务运营做好充分准备的固网运营商的挑战，同时也将面对来自广电行业、互联网行业，甚至设备与终端厂商的挑战。

1. 移动运营商的竞争对手

在诸多竞争对手中，中国电信以其强大的基础网络资源和客户渠道优势毫无疑问地成为了移动运营商最强有力的竞争者。中国电信拥有强大的骨干网络，以及规模庞大的固定电话用户，并且拥有丰富的转型经验。尤其是在企业和家庭客户方面，中国电信的"商务领航"和"我的e家"品牌已经初具规模。早在全业务运营前，中国电信就已经提出了"建设现代综合信息服务提供商"的战略转型方针，开始关注非话业务，对客户和品牌进行聚焦，全面推进了ICT的开发，为全业务运营奠定了基础。与新移动运营商相比，中国电信在全业务运营市场上的优势主要体现在以下3点。

（1）基础网络资源

中国电信拥有覆盖全国的固定电话网络以及全面的宽带网络资源。相对于移动电话的无线接入，固网业务具有传输速度快、可靠性高、保密性好、技术成熟等特点，是政府、金融等相当一部分行业的集团客户以及大部分家庭客户进行话音和数据通信的第一选择。充足稳定的网络资源是运营商开展全业务运营的前提条件，而这正是中国电信在全业务运营中核心竞争力的体现。相比之下，虽然合并了固网运营商，新移动运营商的固网资源规模还远远不能和电信相提并论，同时移动运营商也缺乏丰富的固网运营维护经验，在固网及融合业务上缺乏竞争力。

（2）较为成熟的家庭、集团客户品牌和渠道优势

在转型前期，中国电信就针对家庭与政企客户分别推出了"我的e家"与"商务领航"两大客户品牌。这两项业务的特点都是多重绑定，同时削减基本费用。在原移动运营商的用户中，有绝大多数也在同时使用电信家庭品牌业务。电信全业务运营后，必将从这一部分用户入手争夺移动用户，通过开发针对家庭客户需求的移动类产品挖掘家庭客户中的个人客户资源。同时将移动产品纳入到"我的e家"等固网产品的套餐中进行捆绑、融合销售。这对尚未形成家庭品牌的移动运营商来说无疑是个挑战。

在政企客户方面，中国电信作为老牌电信运营商，社会认可度高，政府公关能力强，同时拥有广泛的政企客户资源和良好的社会渠道。在市政设施建设规划时，开通固网运营商的有线接入往往是同通水、通电和通邮政并列。而这种优势在电信运营商中是独一无二的。

电信开展移动业务后，很有可能会动摇移动原有政企客户的忠诚度，造成用户的大规模离网。而电信在借助其自身的固网优势和前期转型的积累，已经在融合业务和全业务运营上走在了前列，这都是移动运营商所必须关注的。

（3）综合信息应用业务和互联网应用

转型前期中国电信还积极着手发展了信息通信技术ICT业务，中国电信通过发展ICT业务、推动"中小企业信息化联盟"的建设，整合了应用提供商、设备提供商、系统集成商等社会资源。它的系统集成公司成立以来，通过研发个性化产品为"商务领航"品牌提供了多

元化的填充产品，起到了政企客户业务支撑的作用。经过几年的发展，中国电信以其政企客户资源和网络资源作为其发展 ICT 业务的基础保证，已经在 ICT 业务的发展上走在了前列。而移动运营商在行业领域、专业能力、集成研发能力上都不足以与电信相抗衡。

2. 其他行业给移动运营商带来的冲击

电信业发展将面临新的融合格局，即通信、互联网、媒体和娱乐业的大融合。 TIME 不仅仅指的是各种行业的融合，更意味着行业之间的竞争。TIME 时代的来临给移动运营商带来了更多的竞争和挑战。现在，移动运营商不仅仅要面对其他同类运营商的竞争，还要接受来自互联网、广电、设备制造商，甚至娱乐产业的挑战。下文将具体分析这些行业给移动运营商带来的挑战。

（1）来自互联网业的挑战

随着 TIME 融合的发展，电信业与互联网业的竞争将会走向实质性阶段，互联网业将会在语音和数据这两个主要业务方面向移动运营商发起冲击。

在移动运营商的基础业务——语音业务上，来自即时通信的冲击不可小觑。即时通信软件的优势主要体现在价格上。用户只要接入互联网络，登录即时通信软件，就可以与其他用户通话。除了支付互联网络接入费用之外，几乎无需其他额外的费用。目前国内大多数即时通信软件还没有开通 PC 与电话之间的通话功能，一旦这个壁垒被打破，即时通信软件将对传统的语音业务带来更大的冲击。

电信业务发展的另一个趋势是语音业务渐渐衰退，而数据业务将取而代之成为主流的业务之一，成为语音业务衰退时主要的收入贡献者。而固定数据业务将会成为未来数据通信业务的主流。但移动运营商在数据业务方面受到了传输速度和网络资源等诸多限制，相比之下，互联网业务具有价格低、门槛低、更加开放和自由的特点，更容易吸引用户。如何创新模式，满足客户需求，凸显自身优势，是移动运营商面对互联网企业挑战时所需要考虑的。

（2）来自广电企业的挑战

随着数字化的推进，新型广播电视业务层出不穷，如交互电视、视频点播、海量信息服务、车载移动电视、手持终端多媒体广播等。广电部门在广播电视数字化的道路上走出了一条有中国特色的整体转换的模式，使城市家家户户的电视机变成了多媒体信息终端，使单一的广播电视的服务变成了城市现代服务业的重要支撑平台。广电企业在传统的广告收益、收视维护费外，还拓展了付费电视、网络增值业务等新的收入增长点，产业空间不断扩展。

广电移动多媒体广播的发展无疑对移动运营商的全业务运营带来了强大的压力。和移动运营商相比，广电在移动多媒体广播上的优势很多。广电拥有广泛的有线/数字电视网络和基础用户资源，媒体广播、视频资源相当的充足。而由于版权等原因，移动运营商却很难顺利地获得如广电那么丰富的内容。

（3）来自设备制造商的挑战

在融合的大背景下，ICT 的概念逐渐建立并日趋清晰。对移动运营商而言，集团客户和广大中小企业客户成为其向综合信息服务业转变的关键，通过政企客户渗透到政府和企业中的个人用户，也是运营商发挥优势资源的必然之选。在移动运营商着手通过企业信息化和行业解决方案来稳定和挖掘集团客户的同时，一部分大型设备生产商和系统集成商也将目标客户锁定在了有此类需求的集团用户上。对这些电信设备制造商来说，ICT 带来的是多媒体的新发展空间和电信基础网络再一次升级的新机遇。相对于发展多年的 IT 服务业，移动运营商并未在 ICT 业务中确立主导地位，面对巨大的 ICT 业务市场，运营商、设备制造商、IT 方案提供商将展开新一轮激烈争夺。

（4）来自终端厂商的挑战

电信产业融合后，原有的单一产业链条转变成为以消费者为核心的价值网。这意味着终端制造商和内容提供商可以直接面对客户，开展迂回攻击，给运营商带来冲击。

在移动宽带时代，掌控了移动终端就意味着掌控了市场，若移动运营商忽视掌控移动终端，那么在今后的市场中则很有可能处于不利的地位。

随着电信业重组的完成，国内电信运营商已经走向了全业务运营的时代，各电信运营商都具备了全业务运营的资源与实力，摩拳擦掌准备大干一番。然而伴随着全业务运营一同到来的，是通信、互联网、媒体、娱乐业的大融合（TIME）。TIME 时代改变了电信运营商原本单纯的单一产业链的竞争模式，而将它们投入到一个复杂的、多元化、多行业的产业网中去。电信运营商不仅要面对来自同行业竞争对手的挑战，还要接受来自互联网、媒体业甚至娱乐业对其市场带来的冲击。特别是对移动运营商，全业务运营后其原本的优势地位受到了原固网运营商的冲击，对原有的收入来源构成了挑战，而移动运营商在宽带接入资源上本身就存在着短板，在全业务竞争中，面对拥有强大网络资源的前固网运营商，移动运营商存在着一定的竞争劣势；另外，运营商的竞争者还将拓展到互联网和广电企业，而这些行业的竞争手段也日益多样化，致使移动运营商不但在语音业务上将受到冲击，在数据等业务上也将面临更多的挑战；除了互联网企业和广电企业，移动运营商的竞争对手还拓展到了设备制造商和内容提供商领域，产业大融合后，终端设备制造商和内容提供商获得了更多绕过运营商直接接触客户的机会，在整个产业价值链的各个环节都给移动运营商带来了竞争的压力。

很明显，全业务运营展开之后，移动运营商在整个市场上的竞争优势被大幅度地削弱。因此移动运营商必须结合自身优势，重新制定新环境下的发展策略，走好迈向全业务运营的第一步。

7.4.2　移动运营商的战略定位的调整

1. 产业趋势

融合，已经成为电信业发展的主要内容，现在电信业融合的大趋势表现为从 ICT 单一产业链结构，逐步向 TIME 型复杂生态系统转变。

在 TIME 融合之前，电信运营商就已经开始着手在 IT 产业和通信产业上逐步实现全方位融合（即 ICT）。对电信运营商而言，ICT 的发展可以实现由传统运营业向信息服务业的转变，ICT 打破了原有业务的领域，进入了更广阔的信息沟通新世界。

电信业进入 TIME 时代后，将从以下两个方面演进。

一是移动互联网领域，以移动互联网业务为代表。随着移动通信技术的发展和用户终端的演进，手机已经成为继报纸、广播、电视、互联网之外的第五大新兴媒体。用户通过手机可以尽知天下事。手机更是多功能的娱乐终端，不仅能够提供音乐影视功能，还具有游戏功能。从 2.5G 开始，移动通信网的行业应用已经开始得到运营商的重视。而随着手机操作系统和移动通信技术的进一步发展，手机逐渐成为了可移动的智能计算机平台，而无处不在的网络接入则更便于移动用户通过手机接入互联网，完成原本需要使用计算机才能够完成的操作。移动互联网以其在移动性、集成性、融合性、个性化和通信网络能力上的优势获得了用户的认可，促使运营商增强业务创新能力和研发能力，同时依靠用户信息及网络优势，创造更丰富的融合业务，具有强大的市场潜力。

二是固定通信领域，以基于宽带互联网的数据业务为代表。宽带将在家庭中普及，促使家庭走向数字化和信息化，以家庭信息化为标志的新一轮宽带服务将极大地促进我国信息产业的发展。随着计算机及各种家庭信息终端的普及，宽带会变得更有用武之地。数字化家庭将成为下一轮推动整个信息产业发展的最主要的动力。

在新的产业融合大环境下，宽带市场的发展不可替代，但对于移动运营商来说，因种种原因而导致固定接入困难重重，移动运营商只有选择移动互联网这一条发展道路。但这并非无奈之举。作为移动通信专家，移动运营商拥有覆盖全面的移动通信网络，以及规模庞大的移动用户群体，网络基础和用户基础是其在发展移动互联网业务上优于固网运营商以及其他行业竞争对手的独特优势。在产业融合和全业务运营大趋势下的今天，移动语音业务必将逐渐萎缩，其优势地位将被互联网和数据业务所取代。移动运营商面临着传统运营商和互联网企业、内容提供商等新兴竞争者的多重夹击。在这种情况下，移动运营商仅仅做好通信业务是远远不够的，互联网和数据业务的发展将会给移动运营商带来巨大的冲击，移动运营商必须着手进行信息化改造，而移动互联网正是移动运营商进行信息化转型的最佳手段。

2. 自身资源

移动运营商作为移动通信专家，其在移动网络资源上优势非常明显。移动网络的优势主要体现在单一、集中化的高质量网络。通常移动网络架构明晰，集中化程度高。基于移动网络、接入、终端等技术融合的业务，有更多的性能和成本优势。此外，客户对移动运营商提供的语音业务都表示了一定程度上的认可。但移动运营商在固网资源上的劣势十分明显，特别是缺乏全国性的骨干网，由于进入骨干网的门槛较高，又受到资金投入过大和监管限制等因素，移动运营商很难投资建设属于自己的骨干网。在缺乏充分的固网资源的情况下，移动运营商要做到提供全面信息化方案将比较困难。

面对全业务竞争，移动运营商已经能够在企业的组织结构上做到灵活部署，并且初步建立了以客户价值为导向的组织架构，根据客户群划分市场部门的组织职能。然而由于客户分群的局限性，现有的组织结构并未能够实现对所有群体的服务，如固网运营商关注的家庭客户，将成为移动运营商在竞争中的薄弱环节。此外，移动运营商的组织结构应从以业务导向转变为以客户为导向，然而移动运营商的新业务研发与运营同在一个部门，不利于实现对客户需求的快速反应。在人力资源管理方面，由于 3G 业务的开展，移动运营商已在积极地招聘熟悉 3G 网络的人员。同时，移动运营商也在做稳定员工的工作，确保公司的稳定发展。对现有的员工，移动运营商通过劳动合同捆绑，适当地延长优秀、核心人才的合同期限，体现公司对员工能力的认同。另外，移动运营商还采用长期激励协议的方式，与员工签订 3 年或以上的长期激励书面协议，鼓励员工安心工作，积极创新，做出业绩。在福利政策上，移动运营商也积极地通过各类保险、专业技术补贴、各类节日礼品的发放等方式提升员工的满意度和好感度。当然，全业务的运营和移动信息专家的转型也在呼唤新型综合性人才。在全业务运营阶段此类综合性人才必将是各大运营商争夺的重点。目前移动运营商也在积极地通过高岗位、专业技术岗位来吸引此类人才。移动运营商已经意识到，仅仅拥有大量的人才储备是远远不能够满足建设现代化综合信息企业的要求的，因此移动运营商也开始着手构建科学的人才管理体系，以确保公司在恰当的时间拥有适合的、足够的组织能力，以提升核心竞争力，实现企业的发展策略。

3. 移动运营商新的战略定位

现阶段，国际电信业的大环境呈现出互联网和移动通信网迅速发展、先进丰富的通信应用终端不断涌现、行业融合持续增强的趋势。而在国内，国民经济持续高速增长，基础设施建设方面也已经具备了国际一流水平的电信硬件基础设施，社会对信息化产品的需求更是呈现出前所未有的强烈趋势。胡锦涛总书记在党的十七大上所做的政府工作报告中就已经明确地表明了推进国家信息化建设进程的决心。报告首次提出了信息化与工业化融合的崭新命题和国家信息化战略的概念，可见国家对信息化建设的重视程度。

国家信息化战略为移动运营商发展提供了大好的契机，移动运营商应该把握住这个机会，发挥强有力的引导作用，以"建设移动为主的综合信息服务提供商"为总体战略定位，走出一条向现代信息服务专家发展的转型之路。

要向现代信息服务专家转型，移动运营商首先要把握业务定位。在全业务开展初期，移动运营商应坚持以移动通信服务作为核心，同时加快全业务运营的发展。面对未来激烈的全业务竞争的要求，移动运营商必须积极地拓展家庭信息化产品和服务。家庭客户是移动运营商在全业务运营前未能涉足的一块区域，而在这一领域原固网运营商已经有了长足的发展，移动运营商必须加快开发家庭服务产品和解决方案。同时，在集团客户方面，移动运营商也必须做到能够提供全业务的信息化产品和一体化的解决方案。

在价值链定位上，近期移动运营商应关注移动通信服务，控制客户资源以及与客户体验有关的价值链关键环节。未来，移动运营商作为移动信息专家，要将业务触角逐步渗透到与内容相关的价值链领域，同时积极地构建合作共赢的产业链，向价值链的主导者地位转变。

在区域市场定位上，移动运营商要加大市场营销力度，巩固其在话音市场上的领先优势，同时不放松建设家庭客户与集团客户品牌。做到既保持优势，又有新的业务突破点。此外，本着建设综合信息服务提供商的原则，还应该加强提供移动信息化产品和服务的能力，积极开拓新的业务空间，继续保持移动运营商在市场中的领先地位。

在转型的道路上，移动运营商可以分解发展目标，有计划分步骤地实施发展策略，并在过程中不断地摸索，寻求最佳的解决方案和发展道路。在初期，可以有效应对重组后的市场竞争为目标，做到"一点突进、两翼配合"，即以话音优势作为切入口，打破对手捆绑链条，以移动的规模优势冲击捆绑的范围优势。同时通过价格优惠、提升网络质量等手段，提高用户的感知度和好感度，拉大与对手的差距。远期，移动运营商应以实现信息服务专家为最终目标，做到"协同演进、有效支撑"。深入分析和细化用户需求，加大信息化产品的开发力度，着重开发个人信息化、家庭信息化和企业信息化市场，实现三个信息化市场的协同演进。在发展业务开拓市场的同时也不忘提高企业的组织管理能力，从文化、激励、人才、组织入手强化运营商内部管理，以适应转型的需要，做到对市场发展的有效支撑。同时强化对产业链的掌控，加大与设备制造商、终端制造商、CP/SP 的合作力度，通过合作共赢提升信息化产品的提供能力。

7.4.3 全业务环境下移动运营商的竞争策略

1. 全业务环境下移动运营商的个人客户竞争策略

移动运营商作为电信业务的提供者也是服务的提供者。与传统有形产品的提供不同的是，电信业务（产品）和服务的提供与消费是同时发生的。客户满意是客户服务的最终目标，但衡量客户服务优劣的指标很大程度上并不取决于客服本身，而是取决于所推出产品的市场认可程度和后续完善程度。从辩证角度上说客户服务策略同业务品牌策略、广告宣传策略是环环相扣、相辅相成的。品牌是基础，广告宣传彰显品牌，客户服务体现品牌、吻合广告宣传。移动运营商之前的客户服务策略都是先建立品牌认可度，再开始大力推广客户服务。如"心机"是中国移动根据客户需求，提出外观、开关机界面、专用键、菜单呈现及通用要求等五方面的定制标准，这些手机是国内首次由运营商联合手机制造商、渠道合作商、服务提供商等多方为客户量身定制预设品牌专属服务的手机。随之中国移动又为"心机"这个产品，推出了"MO"上网服务业务内容。由此也说明了客户服务的先决条件是所推出的产品内容得到了市场认可，而后才是在此基础上建立以体现客户最重要需求的客服内容，特别是针对个人客户，并不是以简单的微笑服务、上门拜访等来体现客户服务策略。

对移动运营商来说，个人移动市场已经进入了发展成熟期，潜在客户发展空间缩小，但仍然有一定发展空间。通话质量、资费和服务是客户选择运营商的重要标准，移动运营商可以在这几个方面下功夫，通过网络与服务的质量的提高、优惠的价格政策和捆绑销售等手段，争取在未来竞争中立于不败之地。

全业务运营后，固网运营商也获得了移动牌照，开始进入移动通信领域。为了进入这个陌生的市场，固网运营商很可能会通过低资费、业务捆绑和大规模的全员营销来争取用户。然而由于固网运营商的移动网络门槛较低，全业务发展初期，其可能会对移动运营商造成的威胁应主要集中在低端用户群，如农村用户和打工人群，而远期则会对移动运营商的中高端用户群产生威胁。为此，移动运营商应该分析各层次用户群的消费特征，制定出相应的解决方案。

在全业务环境下，移动运营商在个人客户市场发展的战略核心仍是拓展用户规模和提高新业务的领先度。拓展用户规模策略包括通过预存赠送、话费打折、积分捆绑、终端捆绑、服务捆绑等综合措施，维系捆绑好存量客户，还包括积极开拓农村、校园、外来务工人员等新增市场来激发增量用户。

对处于中高端的管理人员来说，这类用户对号码的依赖性较强、话务量大、ARPU 值高，通话的主要目的是为了工作和生意需要。针对此类人群，移动运营商应强化质量优势，展开针对商务内容的宣传和促销活动。

对占用户比重较大的公司职员类用户，由于他们对通话质量要求高、资费敏感性低，并且对号码有一定的依赖性，因此可以通过设计亲情号码套餐等方式增强用户的黏性。

而另一块占比较大的用户群——打工人群，他们对话务量的需求也相对较大，通话类型主要是长途电话，但此类用户对移动资费比较敏感。针对此类用户，移动运营商应该强化网络质量的优势，设计优惠的乡情套餐和长话套餐。

此外，对于学生用户，移动运营商可以通过推出优惠的交友套餐，以及不断更新的包括了新业务与话音结合的套餐，以满足此类用户对新业务新产品的多样化需求。

对于占用户比重比较小的农村用户等类型用户，移动运营商也不能放弃，同样也可以通过设计短时通话套餐、长话套餐、强化网络质量等方式抓牢这一部分用户。

此外对于个人客户，移动运营商可以采用个人客户集团化的营销方式，起到竞争区域和用户区域隔离的作用，放置集团优惠的扩大影响到个人客户市场。通过集团化管理，移动运营商可以针对不同的消费群体提供不同的差异化服务，其主要手段包括加深个人客户和所属集团的关系、建立虚拟网以及和办公固定电话的优惠政策相结合。增加客户的凝聚力；配备集团客户经理，提高服务档次；加强信息交流、分析。整合内部的客户服务力量，及时提供针对性的客户服务；建立集团客户管理与分析系统；加强集团产品的开发和实施能力。充分利用外部力量。积极构建完善的产业链；加强集团客户的关系维护和集团业务推广。由于集团客户的需求差异性较大，很难有标准化的产品，需要在企业内部建立各个部门间的工作流程，强化及时的内部沟通。

此外移动运营商还应针对个人客户开发新业务。移动运营商可以在继续深入挖掘短信、彩铃等成熟业务市场潜力的同时，完善产品功能和商务模式，积极培育新的收入增长点；做大音乐、手机报、飞信、12580、手机游戏等业务的规模；积极开发基于3G的业务应用，同时探索移动互联网业务的运营发展模式。

2. 全业务环境下移动运营商的家庭客户竞争策略

早在移动运营商着手发展家庭客户之前，固网运营商就已经推出了家庭客户品牌，并且具备了一定的市场影响力。在移动运营商的个人客户中，已经有一半以上的用户在使用固网运营商提供的固话和宽带业务。家庭市场的发展有利于捆绑个人用户，固网运营商展开全业务运营后，必然会借助其在全业务运营上的优势与移动运营商争夺家庭用户中潜在的个人客户。

因此，全业务运营初期，移动运营商应将家庭市场定位于"稳定个人市场收入，保留低端用户"。由于优惠的资费可以保证用户的黏性，相比不使用优惠资费的家庭，享受到优惠的家庭客户会更加满意他们所使用的移动通信服务。因此可以通过推出优惠资费业务作为进入家庭市场的切入点，设计家庭优惠资费套餐来挽留客户，稳定 ARPU 值。

此外移动运营商还要加强产品的开发，推出家庭短号和群内呼叫功能，以家庭信息机作为进攻手段，争夺固网用户，同时以增值服务作为深化推进手段，推出定位服务、家庭账本等业务，进一步深化捆绑家庭客户。此外，移动运营商应加快推出家庭客户品牌，统一家庭业务产品，针对目标家庭用户加大品牌宣传力度，以提高在家庭客户中的影响力。

在家庭业务开发上，国内的移动运营商可以参考国外其他运营商的成功经验，比如日本的 DoCoMo 公司，以家庭成员间的话音资费优惠为切入点，同时向家庭成员提供优惠的手机邮件服务、位置服务、可视电话服务等多种移动增值业务。这种以增值业务捆绑用户的家庭市场发展思路值得借鉴。

在营销方式上，移动运营商也要注意改变原本单一的坐商模式，做到从"坐商"向"行商"的转变，建立针对家庭用户的社区经理团队，同与家庭相关的社会渠道进行合作，深入社区，主动向家庭用户提供一对一的上门服务。

在网络建设上，除了不断提高网络质量外，移动运营商要及早制定基于家庭方案的规划指导投资方向。同时加大 WLAN 的部署和覆盖，在重点小区进行热点覆盖。

移动运营商的发展趋势就是成为综合信息通信服务商，因此在全业务发展的中后期，在家庭用户规模区域稳定的情况下，移动运营商可以着手向家庭用户提供有家庭特色的多种信息化服务，从而提升家庭用户的价值。家庭信息化的发展离不开产业链的配合，产业链上的各个环节都是家庭信息化发展的关键。因此，移动运营商应打通与产业链上各环节的关系，充分调动各方资源优势，结合 CP/SP、设备制造商、终端制造商等各方力量，为自身的家庭信息化发展打下基础。在这方面，SKT 公司的"通过构建数码家庭无处不在的网络结构，向家庭用户提供自动化、娱乐、安全等方位的服务"的思路可以作为远期发展的参考。

在家庭客户业务开发上，可以重点考虑宽带接入业务。由于不同的小区在规模、楼宇布局、建设状态、物业管理、业主环保意识等方面差距较大。因此，小区家庭客户宽带接入模式也最为复杂和困难。按照建设状态，可把小区分为已建和在建两种。

移动运营商若在已建小区内考虑，需要调查与判断现有用户的宽带需求、未来竞争影响力以及投资回收周期后，再考虑是否建设。对于规模不大的已建小区，可以考虑利用小区基站增加 WLAN 增强性天线实施宽带覆盖。对于确实有很大需求且实现了宽带接入的已建小区，可以租用或购置广电等单位的小区管道，或者采用墙壁吊线到楼宇、五类线布放到用户门口与 WLAN 混合组网的方式。但这种方式投资大、利用率低、维护成本高、施工协调难度大，故对于用户需求一般的小区不考虑采用。

新建小区则可以考虑直接将管道修建到楼宇单元口，同时将五类线布放到用户室内，也可以根据设计需求，同时布放室内综合覆盖所需要的线路。这样既有利于未来宽带业务的发展和室内信号的优化，也为未来三网融合奠定了基础。新建小区住户基本上都会把计算机作为日常家用电器考虑配备，随之而来的上网需求也不断增加，且由于小区住户互相交往程度不高，私接共用的现象也极少，这就意味着新建小区宽带有很大的利润潜力。由于与小区楼宇同步建设的管道和五类线已摊入小区管线铺设成本，因此，新建小区应考虑一次性把光纤和综合布线辐射到用户室内。

小区宽带接入应依据"先新小区后旧小区、先大小区后小小区、先竞争小区后非竞争小区、先高档小区后普通小区"的原则，结合新区有线、旧区无线的方式实施宽带接入。

3. 全业务环境下移动运营商的集团客户竞争策略

全业务运营环境预示着集团信息化时代的到来，因此集团客户必将成为每个运营商都希望争夺的重点发展对象。移动运营商想要在集团市场立于不败之地，首先必须稳固自己的集团客户市场。在客户挖掘方面，移动运营商可以深化 VPMN 手段，强化和完善集团客户分级锁定模式，积极地在县、农村、中小集团市场开展集团营销，提高集团客户群体规模，同时寻找新成立的大型集团客户，作为发展的目标。为了应对固网运营商的竞争，移动运营商必须有针对性地加强集团客户关系维护，提升集团客户服务质量，加强统一支付、集团积分和集团预缴的力度，通过集团捆绑个人，提高集团用户的专网成本、降低客户离网率。在稳定客源的情况下，还要深入挖掘集团内部客户的价值，通过开展集团客户关系营销，利用集团领导、重要客户和关键联系人的影响力，大力发展集团网内客户。

移动运营商早在全业务运营前就开展了集团客户的发展。目前客户对集团语音业务还是表示认可的，但还未充分成为重要的收入来源。企业信息化服务有助于提高客户的黏性，进入全业务运营后，移动运营商应把发展重点放在信息化服务上。在全业务竞争初期，移动运营商可以绕过自身在宽带接入上的劣势，充分利用在话音市场上已经建立起来的竞争优势和用户对号码的依赖性，加大营销力度，稳定集团用户基础，为后续的发展做保证。在全业务竞争的中后期，则应该重点开发信息化产品，利用捆绑等手段，满足不同行业不同企业信息化服务的需求。

在发展集团信息化业务的过程中，应找准定位，分析集团客户的类型，筛选出需要和不太需要发展移动信息化的领域，采取差异化的竞争手段。对不适合发展移动信息化的领域，可以顺势将其作为移动信息化的重要后备市场，采取扬长避短的对待方式，将传统的语音业务作为客户黏度的保证，同时采用收入共享的方式，加强与内容提供商的合作。

在那些非常适合发展移动信息化业务的行业，移动运营商可以积极开发相关领域的业务。这些领域在未来必定是移动运营商收入增长的重要来源。就目前发展的情况来看，政府、交通运输、金融和教育行业可以作为移动运营商集团信息化行业拓展的切入口。通过帮助企业提高经营效率和效益为中心，集中资源，形成各行业商业过程实现环节的移动信息化解决方案，提高用户的黏性，形成一定的收入规模。在这些重点行业有所发展后，移动运营商可以将信息化的触角伸得更远一些，农林渔牧、批发零售等行业都可以作为重点关注。这些行业都具有挖掘潜力，移动运营商可以推出农林渔牧类移动信息化产品，向价值链的上下游延伸。对于这些专业性比较强的行业，运营商应该密切关注它们的行业动向，了解它们的行业需求，形成解决方案。最后，运营商应积极关注制造、信息、电力这样的技术含量较高、对信息化需求也较高的企业。通过一步步的发展将企业信息化的触角延伸到整个社会市场的方方面面。

在集团移动信息化业务产品的构建上，可以按照"以技术产品为基础，应用产品化为过渡，应用功能模块做支撑，行业解决方案实现整合，最终形成完整的移动集团业务体系"的过程，通过对各行业运作规律的深入剖析，提炼出各行业的移动业务需求点。

（1）制造业。由于其比较关注生产环节的管理和控制，因此可以以生产过程控制作为切入点，推出 RFID 应用和无线视频监控业务。

（2）物流业。对运作成本敏感度高的物流行业，而由于其所服务行业的多样性，企业不可能在物流中投入大量资金和人力、物力建立整套的信息化管理体系和反馈机构，因此在运营的各个环节，相对低成本的移动信息化应用成为有效的解决手段。这样，移动运营商可以有针对性地给物流行业提供如"移动理货"、"货物追踪"等一些成本低、方便使用、易于管理的移动信息化业务。

（3）金融业。改善公众服务能力是金融行业持续追求的目标和竞争手段。针对金融业不同行业的需求，移动运营商可以向银行、证券、保险业提供如无线 ATM、移动 POS、故障监控等生产/监控类应用，也可以推出如移动银行、手机钱包、移动证券、保险和股票短信服务平台这类营销服务类应用。

（4）信息/高新技术行业。这类行业具有技术含量高、生产自动化程度高等特征。因此，移动运营商可以生产环境监控和产品防伪作为企业移动信息化的切入点，提供对生产点的无线监控，短信防伪、二维码防伪等一系列具备移动特征的信息化产品。

（5）电力行业。电力行业作为关系到国计民生的重要行业，其信息化需求也非常多。其需求主要体现在电力系统的监测管理、移动办公和客户服务这三大方面。而远程数据采集、远程用户用电管理、设备运行监控、路灯自动控制、移动办公、移动客户服务则能够满足电力行业众多的信息化需求。

（6）批发零售业。批发零售业的移动信息化需求主要集中在卖场管理、营销服务和政府信息的获取上。移动营销平台、移动 POS、小区广播、库存短信通知和 RFID 应用则是最适合零售业的移动信息化解决方案。

（7）教育行业。教育行业也是移动运营商重点关注的行业客户之一，其在教育资源、图书馆资源、学生群体资源上对移动运营商都有着很大的潜在市场挖掘价值。移动运营商可以通过推广无线上网、无线监控、移动图书馆、远程教育等业务为学校提供全面的一体化的数字校园移动信息解决方案。

（8）农林渔牧业。农林渔牧业的需求大部分都集中在对农业信息的获取上。因此移动运营商可以重点推出农业信息推送服务，推送的内容包括：电子报价、产品质量发布、农业气象服务和农业政策即时通等。此外，农产品移动交易平台也是发展的大趋势。

（9）政府机关。政府机关相比其他的行业，其涉及的行业种类更加广泛和复杂。移动运营商应对政府机关类型进行细分，推出有针对性的移动信息化业务，而不能一概而论。如对税务机关，可以从缴税监督与纳税服务上作为业务切入点；而对如公安机关这样一类社会公共管理机构，则可以提供无线视频监控、移动警务等一类服务。

4. 全业务环境下移动运营商的移动互联网竞争策略

实际上，移动互联网是移动信息化的最佳手段之一，移动运营商在这一方面具有独特的优势，并且可以把这种优势延伸至行业信息化上去。总的来说，移动运营商在移动互联网服务上有四大优势，即庞大的移动用户基础、上规模的移动通信网络和大量夜间富余带宽、独一无二的移动网络优势和终端优势。移动互联网服务能够给移动运营商带来的收益更是超越了原来的业务收入，拓展至了广告和数据业务的收益领域。

移动互联网的发展可能促使传统互联网发生巨大的变迁：随着 3G 时代的到来，传统互联网上的资讯、游戏、电子商务等服务都可以顺利地延拓到移动互联网上，并且因此可能发生巨大的变迁。在未来，移动互联网将在媒体传播、广告业上大显身手。移动互联网的移动特性是其他类型媒体所无法比拟的，可以确定，以移动互联网为基础的移动媒体和移动广告将成为未来最重要的媒体和广告形式。此外，移动互联网还将极大地推动机器到机器（M2M，Machine to Machine）的发展，推动手机与其他设备的连接，同时设备之间的连接也将增加，促进数字家庭、楼宇信息化、各行业的 IT 化的发展。

推广移动互联网发展时，移动运营商可以通过建立定制终端标准和入网设备标准、绑定销售承诺等手段控制终端，通过控制终端，最终控制设备制造商、控制内容提供商、控制分销商、培养客户消费习惯，打造价值链。此外，移动运营商可建立半开放平台，控制好价值链的各环节：一方面发布标准的移动互联网浏览器，便于推广应用；另一方面卡住移动互联网的入口，减弱传统互联网服务提供商对用户资源的控制，占据价值链的领导地位。

在控制价值链的过程中，移动运营商更要注重产品的开发，具体的移动互联网业务发展策略可以从下面六点展开。

（1）在保证自身核心竞争力的前提下，采取更多灵活多样的合作方式，包括类似虚拟运营的方式，推动互联网的发展。所谓虚拟运营指的是虚拟运营商从网络运营商处购买业务，并打上自己的标签向用户提供电信业务。虚拟移动运营商充分利用了网络资源，提高了网络效益，并且推动了电信增值业务的发展。在移动虚拟网络运营市场上，已经有了英国维京（Virgin）集团等成功案例。虚拟移动运营商对拥有实际网络资源的移动运营商来说既是竞争对手又是合作伙伴。移动运营商应该抓住与虚拟移动运营商合作的机会，利用自身丰富的网络资源，与零售业、娱乐业等行业积极展开合作，开发出移动互联网业务的新可能，实现互利共赢。

（2）在移动互联网的基础上，结合时尚设计、数字内容、消费电子、通信服务，尝试创建新的商业模式，如手机网上商城、手机网上书城、手机网上音乐等。移动运营商可以通过开发定制终端，使得用户通过特定的终端以及运营商提供的网络获得想要的应用与信息，这种"内容+应用+终端+软件"的模式在苹果公司的"iPod+iTunes"模式上已经获得了成功。移动运营商可以通过与终端厂家合作，定制相应终端，在拓展终端内涵的外延的同时拓展自己的业务面。

（3）利用移动互联网的特点和自身规模优势，发展网络信用相关的业务。移动网络有别于固定互联网的一大优点就在于其天生具备诸多的用户特征信息，如身份、注册信息、IP地址、呼叫行为、终端类型等。利用网络日志里提供的用户位置信息，移动运营商可以判断出用户经常出没的地点，分析用户行为。这不但可被用于向用户推送相关广告信息，也可以被用来作为公安机关定位犯罪分子的重要工具。另外，由于移动互联网中用户的身份真实性远远高于各种身份证件和用户在固定网络中留下的信息，移动互联网对维护一个可信、安全的网络环境大有帮助，同时这种影响也会带到固定互联网中去，用户在移动互联网中的身份标识同样适用于固定互联网。可信的网络环境有利于资源的共享和知识的共同创造。基于可信的网络环境，我们国家的最大、最好的百科全书很快就会诞生于网络之上。

（4）建立移动互联网发展的整体策略，推动移动互联网和行业信息化两者的结合和相互促进。目前来看，从手机接入移动互联网的用户的数量已成规模，通过手机寻找信息及沟通、游戏、商务交易的新体系正在逐步形成，一旦用户形成了潜在的消费习惯和行为模式，企业踏进移动互联网的时机就成熟了，同时这也正是大多数企业实现信息化的关键切入点。关注移动互联网用户的感受和心理，以及他们活动的方式和可接纳的服务，将帮助企业通过移动互联网建立新的品牌竞争力，与消费者进行精准定向的沟通。企业的这种移动信息化业务的需求也会刺激移动互联网络的发展。移动互联网络未来将从用户需求出发，提升用户的体验和感受，最大限度地给消费者带来便利。

（5）建立移动互联网特色站点，获取足够多的大众用户，形成规模效应，进而吸引行业用户。移动互联网站是移动运营商宣传自己的最佳阵地。移动运营商若做好移动互联网站，为用户提供丰富多彩的移动业务，必将产生一定的社会效应和广告效应，吸引行业用户的兴趣，从而为打开行业用户市场打下基础。

（6）大力发展基于行业产品的移动广告和移动媒体业务。和平面媒体、电视媒体、固定互联网媒体相比，移动互联网独一无二的优势就在于它的移动性、即时性和可随身携带。移动运营商应该充分利用其在用户和网络资源上的优势，在开展传统语音、数据业务的同时拓展自己的业务面，将触角伸向媒体和广告业。

5. 全业务环境下移动运营商组织结构发展策略

在全业务运营环境下，移动运营商的组织结构模型也需要做适当的调整，以适应全业务运营后复杂的市场竞争环境。大部分的国际大型电信公司在从垄断到竞争的变革中，运营模式均经历了从职能型到地域型，再到细分市场的转型过程，其运营模式可归结为大客户主导型、前后端型和产品主导型3种。

大客户主导型运营模式根据不同的客户群展开，每个客户部门都可以拥有并支配自己的资源。该模式的优点在于更加注重客户的需求，有利于发掘不同客户群的潜力，加快市场响应速度，缺点在于体系、人员及基础结构方面的重复建设可能导致资源利用率的降低。

前后端运营模式指的是划分为客户端和服务端的一种运营模式。其中客户端作为前端，服务端为后端。运营商市场营销的职能主要集中在前端，面对客户采用统一界面，并根据市场导向统一调度后端资源。而网络建设与管理的职能集中在后端，通过流程化的管理模式支持前端业务。前后端运营的优点在于业务发展与业务支撑分工明确，有利于提高部门内部决策的效率。近年很多国际电信运营商做了前后端型的运营模式和组织结构再造，日本电信于2000年、芬兰电信于2002年都成功地从产品主导型的运营模式转变为前后端型运营模式。

产品主导型运营根据不同的产品线展开，如总经理之下设固网部、移动部等，每个产品部门都可以拥有并支配自己的资产。产品主导型运营更关注市场对产品的响应速度，有利于快速发展新业务。但其缺点在于客户界面的不统一，容易形成"多头对外"，很难为购买多类产品的客户提供整体解决方案。

在3种运营模式中，以客户为导向的前后端型组织架构更适合于国内的移动运营商。一方面因为大客户管理的意识与方法还刚起步，此时不利于提升资源利用率；另一方面因为产品主导型运营还存在诸多缺陷且操作复杂。而前后端型运营的业务发展与业务支撑分工明确，有利于提高部门内部决策效率。对移动运营商来说，它操作较简单，也符合中国通信市场的发展需要。

全业务运营、信息化服务对移动人才的能力也提出了新的要求，具备创新能力的复合型人才是企业顺利实现转型的保障；在业务融合创新的背景下，移动运营商要建立内部开放、充分交流的沟通文化，为企业发展、市场开拓打下基础。

首先移动运营商要营造能够促进创新型复合人才涌现的激励与培养机制。通过建立系统的培训和人员培养机制，加大培训力度，促使内部员工能力的提升；制定长期性激励措施，稳定现有队伍，使创新型复合人才能够安心工作，为企业持续创造价值。

其次移动运营商要积极参与对行业优秀人才的争夺，积极引进符合要求的新型人才。加强招聘流程的管理，确保优秀人才的引入，对这些人才给予高岗位、提供专业技术岗位的晋升通道，更重要的是要对这些人才赋予更高的责任，明确高标准的工作要求，做到人尽其用。

此外，移动运营商还要深入分析，明确新型文化的理念体系；强化激励，推动新型文化的落地生根。以开放、创新的文化要求对现有企业文化进行评估，实现企业目标与中国移动企业文化理念的对接与融合。通过相应的组织变革，建立矩阵式的组织结构，消除部门沟通障碍，同时建立能够激发企业内部创新的激励机制，引导员工参与企业创新。在企业文化方面，要建立开放、创新的企业文化设计体系，实现企业新型文化与移动管理系统的完全融合。加强对新型企业文化建设与管理工作有效性的考核评估，推动新型文化在组织内部生根。

7.5 小　结

　　伴随着电信业结构的调整，全业务运营也迎来了属于它的崭新的时代。非平衡的市场格局被打破，各运营商都具备了开展全业务经营的能力。对全业务运营前占尽市场先机的移动运营商来说，全新的市场格局带来的更多是挑战和强大的竞争对手。特别是接手了 CDMA 网络的中国电信，不仅具备了开展移动业务的所有条件，其强大的固网资源更为开展固网移动融合业务、推进全业务运营创造了有力条件。同时中国电信拥有成熟的家庭品牌和政企品牌，着重强调综合信息应用服务和互联网应用。面对强大的竞争对手，移动运营商必须看准形势，积极做出相应的战略调整，针对不同的客户群采用不同的应对策略，如对传统的个人移动市场，在客户发展几近饱和的情况下，可以考虑提高网络与服务质量，采用优惠价格政策稳定客户群；对于家庭和政企客户，在发展客户的同时，应以开发具备吸引力的业务为主，同时改变营销模式，通过积极的行商方式推动两大客户群的发展。此外，为应对其他运营商在宽带互联网上带来的竞争，移动运营商可以另辟蹊径，充分借助自身在移动通信技术上的优势，大力推广移动互联网业务的发展。此外，移动运营商也不可小视企业组织结构对全业务运营发展的重要性，采用以客户为导向的前后端型组织结构，适应市场和发展的需求，同时注重对创新型人才的培养，为可持续发展打下坚实的基础。

第 8 章　移动运营商网络发展策略

8.1　全业务运营前网络情况分析

8.1.1　移动接入网

电信重组之后，运营商面临更为激烈的竞争，这种竞争是全方位的，其中移动网络资源将举足轻重。提升网络质量的根本途径是加大资本支出，因此各运营商纷纷着力于网络扩容和升级，拉开了全方位竞争的帷幕。

中国的移动通信运营商目前主要采用 GSM 与 CDMA 技术。在接下来的 3G 建设中，TD-SCDMA、cdma2000 1xEV-DO 以及 WCDMA 技术将逐步商用。

1. GSM 接入网

GSM 是目前产业化最成功的移动通信系统。全球 GSM 用户数超过 20 亿，占全部移动用户数的 82.6%，213 个国家和地区的 690 家移动通信网络运营商采用 GSM 技术。在国内，中国移动、原中国联通两大运营商建设有 GSM 网。

1991 年在欧洲开通了第一个 GSM 系统，第一个 GPRS 网络于 1993 年在欧洲开通。目前中国移动全网已升级至 GPRS，原中国联通也已进行了建设。

GSM 在中国的发展历程如下。

1994 年：GSM 在中国建设试验网。

1995 年：原中国联通开通中国第一个商用 GSM 系统，邮电部随后也开通 GSM 网络（中国移动 GSM 网的前身）。

1996 年：GSM 系统实现全国漫游。

2001 年：中国模拟制手机退网，900M 频段全部划归 GSM 系统使用。中国 GSM 用户突破 1 亿户。

2002 年：中国移动 GPRS 网络投入商用。

2003 年：中国移动电话用户数超过固定电话用户数。

2006 年：中国移动市值超过沃达丰，成为全球市值最大的移动运营商。

截至 2008 年，中国两大移动运营商建有 GSM 基站近 50 万个，覆盖全国 99% 的区域，在网 GSM 用户数超过 6 亿。

为提供数据业务接入能力，中国的两张 GSM 移动接入网先后升级至 GPRS 阶段，网络升级首先在城区进行，并逐渐向郊区、农村拓展。但 GPRS 网络的业务发展较慢，实际下载速率在 30～40kbit/s。为进一步提升数据接入能力，2005 年，部分网络开始进行 EDGE 试点。

（1）中国移动 GSM 网

中国移动 GSM900 工作频段如下。

上行：890～909MHz。

下行：935～954MHz。

该频段共 19MHz×2，可用频点为 95 个。

DCS1800 工作频段如下。

上行：1 710～1 725MHz。

下行：1 805～1 820MHz。

中国移动的 GSM 网是全球最大的移动通信网络，目前，其网络扩展主要面向两个领域，一是农村覆盖，二是深度覆盖。

2007 年，由于 EDGE 网络的升级计划，以及持续进行的村村通工程和各项准单项收费措施导致的 GSM 网话务量增加因素的存在，中国移动在 GSM 网络的 CAPEX 投资较 2006 年有超过 15%的增幅。2008 年，中国移动宣布拟继续投资 1 000 亿元用来建设 2G 网络，将 GSM 网络载频增加一倍，一方面扫清城市死角，另一方面开拓农村市场。中国移动将因此获得用户增长带来的好处，进一步巩固在 2G 市场上的优势地位。

农村市场的持续拓展，将使更多用户向中国移动集中。目前城市移动用户普及率很高，农村地区用户将成为运营商争夺的重点领域。中国移动的接入网在农村市场有覆盖优势，其占有率达到 80%。农村市场移动电话替代固网的趋势明显，已开始成为重要的新增市场和新的收入增长点，近半数新增用户都来自农村市场。

目前，移动网络向 All-Over-IP 演进的步伐正在加快，其中接入网络 IP 化意在承接多样化用户带宽和质量需求，为多种业务提供更高的带宽，全面降低成本。中国移动有超过一半的话务量采用 IP 网络承载，基于 IP 的移动软交换已经发展成熟。在建设了全球最大规模的基于 IP 承载网的软交换汇接网络之后，中国移动提出了移动网络全 IP 化的战略，包括 GSM 无线接入网的 IP 化，准备将世界上最大的移动网络转换成全 IP 网络。移动网络 IP 化中要注意三个问题：第一，要保证网络是可运营、可管理、可控制的；第二，要保证网络 IP 化后的 QoS；第三，要平衡考虑可靠性和技术成本。

（2）原中国联通 GSM 网

原中国联通 GSM900 工作频段如下。

上行：909～915MHz。

下行：954～960MHz。

该频段共 6MHz × 2，除去 1 个隔离频点，实际可用频点为 29 个。

DCS1800 工作频段如下。

上行：1 745～1 755MHz。

下行：1 840～1 850MHz。

原中国联通 GSM 网络是中国建设的第一张 GSM 商用网络，截至 2008 年 6 月份，共建设 GSM 基站 15 万个，在网用户 1.27 亿户。

自 2006 年起，原中国联通逐渐加大对 GSM 网络的投资。为做好向 WCDMA 网络演进的准备，2007 年原中国联通加速完成了全国 31 个省区市共计 342 个地市的 GPRS 升级。

电信重组后，中国联通将集中财力和物力，致力于完善网络覆盖，首先是重点区域先行一步。所谓重点区域，就是中高端用户聚集的话务密集地区、经济活跃地区、旅游热点地区。

提升这些重点区域的覆盖质量，可以让中高端用户群最先受益、最先感受，使品牌得以最快提升，从而发展优质用户并带动大众用户消费。

室内覆盖也是建设的重点。在特大城市，大楼室内以及地下公共设施，可以采用传统室内分布系统、直放站等技术手段，也可以采用小功率基站与基站控制一体化的超微型基站。此外，由于室内也是移动数据业务的多发区，提高室内覆盖的质量也有助于提升用户业务体验。

2. CDMA 接入网

20 世纪 80 年代，高通公司（Qualcomm）开始研究 CDMA 技术。1989 年 11 月，Qualcomm 进行了首次 CDMA 试验，CDMA 很快成为全球的热门课题。90 年代中后期 CDMA 研究、开发热潮正式来临。1995 年，第一个 CDMA 商用系统运行之后，CDMA 技术理论上的诸多优势在实践中得到了检验，从而在北美、南美和亚洲等地得到了迅速推广和应用。

IS-95 是 CDMA One 系列标准中最先发布的标准，真正在全球得到广泛应用的第一个 CDMA 标准是 IS-95A。中国 2001 年建设的 CDMA 一期工程选用了 IS-95A 增强型标准。在 IS-95A 的基础上，采用了机卡分离的终端，网络规模为 1 581 万户。

2001 年 10 月，CDMA 网络一期工程正式建成。一期工程在全国建设 15 000 个 CDMA 基站，覆盖了我国除西藏、青海两省部分地市外的 330 个地市，整个网络容量达到 1 500 多万用户。摩托罗拉、中兴通讯、三星电子、朗讯、北电、爱立信是原联通 CDMA 网络建设初期的主要网络设备供应商。

2002 年下半年，大规模建设 cdma2000 1xEV-DO 网络的二期工程全面展开。CDMA 二期工程主要包括两个方面的内容：一是在一期建设的基础上，加大和完善 CDMA 网络的覆盖范围；二是在七省市成功完成 cdma2000 1xEV-DO 商用试验的基础上，全面扩大 cdma2000 1xEV-DO 商用试验，将一些大中城市的 CDMA 网升级到 cdma2000 1xEV-DO。二期工程建成后，全网无线容量达到 3 500 万户，开通的 1x 数据业务最高支持 153.6kbit/s，形成了一定的竞争优势。

三期工程完工后，CDMA 的建设转变向以小规模调整、优化为主，大规模的扩容建设不再出现。截至 2008 年电信重组时，CDMA 无线接入网拥有 8.5 万个基站，用户数达 4 000 余万。

我国的 CDMA 网目前使用频率如下。

上行：825～835MHz。

下行：870～880MHz。

该频段能容纳 7 个 CDMA 载波。目前全网使用的主载波为 283 号频点（上行 833.49MHz，下行 878.49MHz），在市区根据容量需求的大小采用双载波或三载波予以覆盖，另两个频点为 201 频点（上行 831.03MHz，下行 876.03MHz）与 242 频点（上行 832.26MHz，下行 877.26MHz）。

电信重组后，CDMA 网络建设迎来新一轮高峰。中兴、华为、阿尔卡特—朗讯、摩托罗拉、北电等成为主要的无线网设备供应商。

3. 3G 接入网

2002 年，原信息产业部公布我国的 3G 频谱分配，具有中国自主知识产权的 TD-SCDMA 获得 155MHz 的带宽，TD-SCDMA 在中国的发展拉开帷幕。

2006 年，由原信息产业部牵头部署，中国移动、中国电信和原中国网通 3 家运营商分别在厦门、保定、青岛建设 TD-SCDMA 规模试验网，完成 TD-SCDMA 商用前的测试。测试分为 3 个阶段：2～6 月为网络建设阶段，6～10 月为测试验证阶段，11 月份以后主要为友好用户的发放阶段。该测试的重点是无线网络性能、可运行维护、互联互通和异网漫游。在各大运营商和制造商的协同配合下，每个城市都基本上部署了 100 多个基站。

从 2007 年 3 月开始，TD-SCDMA 开始了商用试验网测试，测试城市在原来青岛、保定、厦门三座城市的基础上，新增了北京、上海、天津、沈阳和秦皇岛五座城市，此外还有广州和深圳两个移动通信发展迅速的城市，TD-SCDMA 将在这十大城市全面铺开。中国移动作为主要承建运营商，截至 2008 年 8 月份共建设 TD-SCDMA 基站 14 000 多个，覆盖 10 个城市的一期 TD-SCDMA 试验网用户达 17.5 万户。

二期 TD-SCDMA 网络建设将在原来 10 个城市的基础上，增加 28 个城市，即直辖市和其余省会级城市及大连、宁波、青岛、厦门、深圳、秦皇岛和保定。

TD-SCDMA 一期、二期网络使用频段为 2 010～2 025MHz，随着用户容量的增长，将逐步启用 1 880～1 920MHz 频段。

2008 年 5 月，中国电信业经历了又一次重大变革，即电信业的第三次重组。经过重组的大手术，中国移动、中国联通、中国电信均成为全业务运营商，同时，三家运营商的 3G 建设目标也均已明确。运营格局的变更，促进了通信产业链的融合。

2009 年 1 月 7 日，工业和信息化部正式发出 3G 牌照，批准中国移动通信集团公司增加基于 TD-SCDMA 技术制式的第三代移动通信（3G）业务经营许可，中国电信集团公司增加基于 cdma2000 技术制式的 3G 业务经营许可，中国联合网络通信集团公司增加基于 WCDMA 技术制式的 3G 业务经营许可。

在 3G 频率资源的分配中，中国电信获得的频段是 1 920～1 935MHz 和 2 110～2 125MHz，中国联通获得的频段是 1 940～1 955MHz 和 2 130～2 145MHz，两者均获得了 30MHz 频率。中国移动获得的频段是 1 880～1 900MHz 和 2 010～2 025MHz，共 35MHz 频率资源。

8.1.2 传输网

1. 长途传输网现状

相对于固网运营商，移动运营商的网络建设较晚，其传输网络建设采用较先进的技术，以使自己处于有利的竞争地位。在网络拓扑上与固网运营商有着显著不同，采用"自愈环+DXC4/1"策略，即采用复用段保护环来组建全国性的骨干传输网。在欧洲和北美的网络中，尤其是新运营商也大多使用环网结构组建国家骨干网，如北美 Qwest 使用复用段保护环技术组建了覆盖美国的长途传输网。

SDH 网络是面向连接性 TDM 业务优化的传送网络，并不适应突发性数据业务的传送。为了满足 IP 电路的需求，同时结合近几年波分技术的快速商用化进程，大容量波分系统得到更广泛的应用，充分释放长途光纤资源的能量。

在供应商的选择上，移动运营商吸取了固网运营商传输网设备选型"七国八制"的教训。已经注意把供货商限制在二三家以内，既有利于开展竞争，不至于在设备价格上被供应商左右，另一方面也尽力保持设备的统一性，有利于建立统一的网络管理系统。

2. 本地传输网现状

本地传输网主要是覆盖城市市区、郊区以及其所辖的所有县市和地区，为本地网内的多业务提供综合传送平台的网络。按照目前移动运营商本地传输网承载的各种业务网络的组织情况来分，可以划分为移动基站到中心节点之间的基站传输电路和中心节点之间的中继传输电路及调度传输电路。由于当前各本地网内基站数量都较为庞大，因此大部分基站不可能在传输上直接连接到其所属业务节点，只能通过在某些节点的汇聚之后，再连接到所属业务节点。因此，自移动运营商本地网开始了自有本地传输网的建设以来，经过几年的建设各本地传输网的建设已形成了清晰的三层组网结构，搭建了较为合理的架构体系，其三层结构主要分为骨干层、汇聚层以及接入层，如图 8-1 所示。

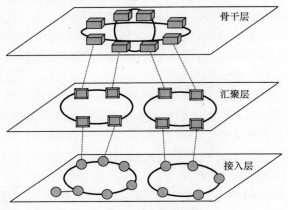

图 8-1　网络结构示意图

骨干层节点主要由交换局、关口局、长途汇接局或移动数据中心节点等组成，骨干传送层主要用于连接各骨干节点，承载各骨干节点间局间中继业务以及负责接入层电路到归属业务节点的分发和调度转接。目前移动运营商本地传输网骨干层主要采用 SDH 10Gbit/s 或 SDH 2.5Gbit/s 速率的多业务传送节点设备（MSTP）或 ASON 设备（不加载智能软件），其中 SDH 10Gbit/s 设备和 ASON 设备通过扩展子架或外挂 2.5Gbit/s ADM 设备的方式来实现大量 2Mbit/s 电路的上下和疏导。一类、二类地市以 SDH 10Gbit/s、SDH 2.5Gbit/s 设备为主，还有部分大交叉容量的 MSTP 设备，网络拓扑结构均为自愈环网；三类地市以 SDH 2.5Gbit/s 设备为主，以环网的形式组网。

汇聚层主要是负责基站及 IP 数据接入等业务的收敛和疏通，并向各自归属的骨干节点传送电路。目前移动运营商本地传输网汇聚层主要采用 SDH 2.5Gbit/s 设备组网，绝大部分 SDH 2.5Gbit/s 设备均具备 MSTP 功能，可以通过增加板件的方式实现数据业务的接入。各地组网方式均采用环网的方式。

接入层作为各地区传输网的末端，为无线 BTS/Node B 至 BSC/RNC 提供传输通道。接入层采用的设备基本以集成型的 SDH 155/622Mbit/s 设备为主，还有少量的无线设备、PDH 光端设备等。组网形式以 SDH 155/622Mbit/s 自愈环网为主，辅以少量的支链构筑接入层传送平台。

8.1.3　数据网

国内早期建设的 IP 网络只是承载了简单的互联网浏览和电子邮件等几个简单的应用，其接入速率很慢、数据流量不大，不存在对多业务承载的需要，因此整体结构比较简单，采用的设备为具有分布结构和一定转发能力的路由器。

随着互联网应用的日益丰富，用户数目迅猛增加，网络流量特别是核心网络的流量以指数级数增长，运营商对已经建设的互联网做了进一步改进。主要是采用了全硬件结构的、更高性能的路由设备，并尝试在网络中增加了专有的安全保护机制以及局部的服务质量保证措施。

这些改进只是部分解决互联网应用的需要，但对利用 IP 网络来承载各类电信业务，尤其是作为未来综合电信业务的承载网而言存在很大不足。运营商重新考虑了 IP 网络的定位并开始采用面向业务需求而设计的新设备，以及业务管理、MPLS、VPN、可控组播和流量工程等新技术。为减小投资规模，实现差异化经营的目标，运营商采用了在保证现有互联网正常运营的基础上，针对未来综合电信业务开展的需要重新建设第二张 IP 专用网络的方式。

中国移动的第二张承载网——IP 专网从 2004 年中旬开始建设，其定位是作为中国移动下一代能够同时支持语音、数据、视频、企业互联等多种业务的核心承载平台。目前已经将中国移动 GSM 省间长途话路中继、NGN、MPLS VPN 等业务割接到这张新网上。

中国移动的城域网采用一张网的形式，能够完成不同业务逻辑上的分离。由于骨干层面存在 CMNET 和 IP 专业承载网两个平面，为了疏通业务，城域网配备两套上联机制，一个连接承载互联网业务的 CMNET，另一个则与新的 IP 专网连接，使互联网和电信业务区分传送。

目前，CMNET 总体业务定位为：移动数据业务互联网接入、固定互联网接入、VPN、移动梦网的信息服务业务（ISMG、WAP GW、MMSC、DSMP、EMAIL 等系统）、移动数据中心、GPRS 承载、VoIP 的承载业务等。

中国移动 IP 专用承载网所承载的业务系统要求具有封闭或半封闭的特性，同时这些业务系统对服务质量或安全可靠性有较高的要求。IP 专用承载网业务承载主要包括如下内容。

（1）2G 软交换网业务：指基于 IP 方式承载的长途和软交换端局话音和信令业务。

（2）2G GPRS 核心网 Gn 接口。

（3）3G 电路域核心网：指 3G R4 的 CS 话音、可视电话等业务。

（4）3G 分组域核心网：指 3G R4 PS GGSN/SGSN Gn 接口数据业务等。

（5）自有业务系统互联等业务的承载，例如流媒体等。

（6）省际及省内地市间内部支撑系统联网：包括业务支撑、网管及企业信息化等 IT 支撑系统。

8.1.4　核心网

移动运营商经历了十多年的发展，无论是网络还是用户都具备了相当的规模。但是随着新技术、新网络的不断涌现，2G 核心网的一些弊端也慢慢暴露出来。目前 2G 核心网主要分为本地网和汇接网，网元包括 MSC、HLR、GMSC、TMSC、LSTP 等。其中 MSC 数量最大，占比重最高。这种网络结构复杂，运营成本较高，新业务提供缓慢，与下一代网络融合较困难。

从网络的业务能力来看，主要提供话音、短信等窄带业务，以及彩信、WAP 浏览等非实时移动数据业务。但它欠缺宽带多媒体业务和固定接入业务的支持能力，且业务开放性不足。

从网络结构结构来看，虽然正在向 IP 化演进，但 TDM 承载仍与 IP 软交换并存。网络规模庞大，网元种类和处理环节多，运营维护复杂。

此外，对移动运营商的 GSM 网络来说，一方面由于现有的 2G 核心网设备，尤其是 2G-MSC，大部分已在网时间都已近 10 年，亟待技术更新；另一方面 3G 核心网设备随着全球商用的步伐加快而不断成熟，因此国内运营商也已开始考虑陆续引入具备 3G 能力的核心网设备，一方面满足 2G 核心网的扩容需求，另一方面完成更新换代。

当前，移动核心网全面进入"IP"时代，IP、融合、宽带、智能、容灾和绿色环保是其主要特征。从电路域看，移动软交换已经全面从 TDM 的传输电路转向 IP；从分组域看，宽带化、智能化是其主要特征；从用户数据看，新的 HLR 被广泛接受，逐步向未来的融合数据中心演进。另外，运营商纷纷将容灾和绿色环保提到战略的高度；移动网络在未来发展和演进上殊途同归，在 4G 时代，GSM 和 CDMA 两大阵营将走向共同的"IMS+SAE+LTE"架构。

3G 核心网不仅要满足大容量、组网简单的要求，更要提供各种丰富的业务，目前的网络情况很显然不能满足上述要求。电信网络的发展趋势是移动化、多媒体化、个性化，IP 技术是实现这一目标的基础。IP 技术使得传统电信网络的组网模式面临着很大的挑战，分离的多业务网络向单一的宽带多业务网络演进，垂直的网络向分层的网络演进，分层的 TDM 网络向扁平的 IP 网络演进。

从 2007 年开始，移动运营商启动了 IP 化战略，对软交换系统的 IP 能力、资源共享和容灾能力、绿色环保、演进等方面提出了更高的要求，TDM 式的软交换已经不能满足业务发展的要求，全 IP 的软交换得到了广泛应用。

全 IP 软交换具备以下优势。

（1）电信级 IP 能力：在全 IP 网络下，对 IP 网络的 QoS、可靠性、故障检测和故障恢复能力、灵活组网能力都要求达到电信级，比如 IP 主备路由故障检测和倒换时间小于 30ms。

（2）资源共享和容灾能力：支持 MSC Server 组成资源池（MSC POOL），池区资源共享，负荷均衡，可以节省 30% 的网络容量，同时支持异地实时容灾备份，统一平台能力。

（3）支持在 GSM/WCDMA/CDMA 等不同制式下共平台，绿色环保能力：通过提升系统集成度、CPU 自动降频和采用低功耗器件（比如多核 CPU，Flash 硬盘等）减少 50% 耗电，减少单位用户能耗和温室气体排放。

（4）平滑演进能力：支持向未来 4G 和统一的核心控制层 IMS 平滑演进，保护投资。

在向全 IP 网络转型过程中，呈现出几个主要问题，一是全网的 TDM 老交换设备数量多、容量小、位置分散、维护成本高；二是 2G、3G 电路交换网络是独立建设的网络，网络结构和维护复杂；三是网络容灾能力不足。

移动软交换的引入也带来了维护体制的变革。下一代网络的发展方向为 NGN，它采用分层的网络结构。作为 NGN 核心控制层的软交换，有利于实现"集中控制、集中维护"。NGN 的出现使得传统电信网络这种分散的运营模式面临着严重的挑战，"集中控制、集中维护"的运营模式将会更加体现电信网络"可运营、可维护、可管理"的理念。

总而言之，当前核心网面临着如下的挑战。

（1）移动运营商目前已建成庞大的 2G 网络，网络结构稳定，同时网络正向 3G 演进，如何整合网络资源，融合两张网络，真正实现 2G/3G 一张网。

（2）随着用户数和话务量的增长，信令网负荷增大，单纯的扩容已不能满足业务发展需求。IP 化信令网是否引入，如何引入。

（3）随着网络 IP 化和集中化趋势的发展，核心网故障的影响面越来越大，核心网容灾和资源共享的需求越来越大。

（4）GPRS 业务发展迅速，GPRS 附着用户和每用户数据业务量快速增长，核心网如何适应信息化的发展需求，如何为用户提供更高质量的数据业务。

（5）现有网络不足以支撑全业务。现有网络欠缺多媒体和固定业务能力，IMS 是否引入。

（6）传统的 HLR 难以满足网络发展对于用户数据的超大容量，以及高可靠、高性能、一体化管理要求。

8.1.5 支撑网

移动运营商 IT 支撑系统主要分为集团、省公司和市公司 3 个层面，其中大部分系统为集团或省公司统一建设，部分系统为地市公司建设，其中专业网管系统中部分为省公司建设，部分市公司根据本地需求进行补充建设。

省级 IT 支撑系统划分为网管支撑系统、业务支撑系统和管理支撑系统，如图 8-2 所示。其中全业务运营状态下，需要进行建设、调整的主要为网管支撑系统和业务支撑系统，而管理支撑系统主要为企业办公、综合管理以及 IT 基础服务等内容起到支撑作用，与全业务运营关联性较小，在本书中不做重点分析。

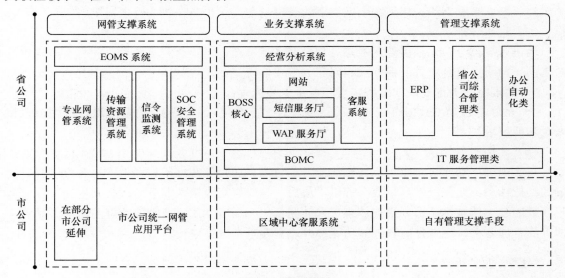

图 8-2　系统组成图

1. 业务支撑体系差距

（1）CRM

以中国移动为例，CRM 功能基本融合在 BOSS 架构中，随着 NGBOSS 建设的推进，CRM 系统正在逐步从 BOSS 系统中脱离出来。在全业务运营要求下，由于客户、市场、业务等均发生了很大变化，中国移动有必要进一步加强 CRM 系统的建设。

（2）计费体系

从固网运营商的实践来看，宽带数据业务极少采用流量计费方式，基本均采用包月、包时计费模式，对于超时部分则采用时间计费模式，因此对于新增的宽带数据业务计费较移动目前其他业务计费并不复杂。但融合计费、新业务采集等能力还不能满足全业务开展需要。

（3）全业务开通

目前，中国移动的业务开通流程是 BOSS 功能域中一个重要流程。根据对固网及数据业务运营商的开通过程分析，相对移动业务的开通，固网宽带数据业务开通过程中会增加大量的资源配置工作，并且开通流程所涉及的环节也会大量增加（包括移动业务开通过程中一般不涉及的人工处理环节），网络激活也需要针对多个不同的网元/平台发送指令。特别对于捆绑业务，开通过程中需要完成大量的订单拆分等工作，并且在开通过程中，拆分出来的工单执行状态对整个的开通结果会造成不同的影响，这些也是现有开通系统中不具备的。

由于中国移动现有的服务开通、激活过程较为简单，因此对于全业务开通，还需要分析特性业务的开通场景，梳理开通流程，进行全业务开通功能的进一步完善。

2. 网络管理支撑体系差距

（1）专业网管

由于宽带数据业务是中国移动未曾开展的新业务，宽带数据网络也属于新建网络，宽带数据网络网管系统属于缺失的功能系统部分，因此需要建设新的宽带数据网管系统。

（2）资源管理

对于新建数据网络，需要提供网络资源管理功能，这也是缺失的管理范围。

（3）运维管理

运维管理部分，主要需要对故障处理及服务保障流程进行新业务梳理，同时也需要重点考虑同一网络上组合业务的保障流程问题，主要体现在：

① 梳理宽带数据业务的业务实现和运维保障流程；

② 充分考虑宽带数据有线接入的特点，对于末梢接入部分的保障能力进行流程梳理和系统功能要求。

（4）末梢服务体系

对于中国移动而言，由于以往移动业务的特点，决定了在维护体系中，没有直接客户接触的维护体系，而在引入宽带数据等以"最后一公里"有线接入业务后，必须增加直接与客户接触的维护体系，这部分维护体系带来体制变化、调度工作以及绩效管理的需求。对于这部分的管理要求，也是目前缺失的功能部分，需要重点进行建设。

8.1.6 业务平台

目前，中国移动的业务平台网络由语音增值业务网、数据增值业务网、集团客户业务网和数据业务管理平台组成。

（1）语音增值业务网：智能网、彩铃、来电提醒等。

（2）数据增值业务网：短信中心、短信网关、WAP GW、多媒体信息服务（MMS，Multimedia Messaging Service）等。

（3）集团客户业务网：行业网关、集团客户信息化统一应用平台、应用数据中心（ADC，Application Data Center）管理平台等。

（4）数据业务管理平台：数据业务管理平台（DSMP，Data Service Management Platform）、自营数据业务管理平台等。

业务平台存在如下一些问题。

（1）由于业务网的出现和建设是随时间逐步展开的，平台建设有先有后，系统数量越来越多，不同系统的接口标准不够规范，业务融合的趋势越来越明显，业务网对融合业务的支撑能力不足。

（2）部分业务平台，业务提供与业务管理功能合设，这样给自有业务的管理带来了不便，同时不同的业务平台具有不同的门户，用户体验不一致。

（3）随着业务平台的增多，垂直式的建设架构越来越不利于新业务的开发和快速推出。

（4）网络的安全性需进一步增强，相关网络平台的备份、冗灾建设需逐步启动。

8.2　移动运营商面向全业务运营的目标网络架构及相应的技术选择

8.2.1　无线网的目标架构及相应的技术选择

全业务运营初期，2G 网络仍是移动运营商承载语音业务的主体，多数用户和语音业务量保留在 2G 网络中。数据业务承载则以 2.5G/2.75G 网络技术为主，可部分提供接近 3G 的数据业务能力。这段时期内须保持 2G 网络的业务疏通能力和服务质量，适时进行 2.75G 网络建设及扩容，及时推出新业务与市场策略，满足全业务运营的需求。在保持 2G 网络平稳发展的前提下，移动网络架构沿着 3G/3.5G～3.75G 方向演进，逐步实现宽带加移动的目标。

全球移动用户数和数据传输速率的持续攀升，移动网的容量在不断扩大，扩容效率最高的手段是不断缩小小区半径，从而达到更高频率复用的目的。在这一思路下，移动基站不断演进：从宏蜂窝到微蜂窝，再到微微蜂窝，乃至演进到毫微微蜂窝或飞蜂窝。

8.2.2　核心网的目标架构及相应的技术选择

在获得全业务运营牌照前，移动运营商的核心网无论是在网络规模、网络架构以及新技术的引入方面均较为成熟。但从另一个角度看，一张建设良好的移动核心网却无法满足全业务运营的需求，最直接的问题便是难以开展固定语音业务，这便是移动运营商在全业务运营方面面临的核心网难题。解决这一难题，可从当前的核心网技术中选择答案：建设固网软交换、采用 IP 前置机、采用移动固话方案、引入 IMS 开展宽带话音（VoBB，Voice over Broadband）业务等。从网络架构演进的角度而言，引入 IMS 无疑是今后固网移动融合核心网的必然选择，但 IMS 技术的成熟度以及商用情况使移动运营商在对其进行选择时小心翼翼。从核心网的目标架构来看，最终统一到 IMS 的架构下，同时 R4 软交换和 IMS 将会在很长一段时间内共存，这是当前业界对核心网演进路径的共识。

8.2.3　数据网的目标架构及相应的技术选择

数据网包括骨干网和城域网。数据网骨干层负责进行大带宽、高速率的数据包转发，支持粗粒度的 QoS 策略。骨干网目标架构已经基本形成，包括核心节点、汇聚节点和接入节点。今后需要进一步扩容中继容量和进行网络扁平化改造。为了减少背靠背路由器设置带来的投资和路由跳数增加，建议城域网核心路由器和骨干网汇聚节点路由器直连。

移动城域网目标架构总体上分为核心层、业务控制层和二层汇聚/接入层。每个城域网设置一对核心路由器，同时兼做城域网出口路由器和汇聚路由器。根据不同的业务类型，设置普通 MSER、视频 MSER 和集团 MSER，简化业务设置，方便运维管理。城域网主要提供 4 类业务：互联网业务、VoIP 电话、视频业务（直播和点播业务）和 VPN 专线业务。通过综合使用端到端的 QoS、基于 PPPoE/DHCP+用户认证、用户和业务的精确标识、MPLS VPN、可控组播、家庭网关等技术来实现上述业务。

8.2.4 传输网的目标架构及相应的技术选择

移动运营商近期保持省际、省内和本地三层网络结构，在技术上省际/省内光层面以大容量 WDM 为主，在核心节点进行 ROADM 试验，在电层面进一步扩大基于 SDH 的 ASON 的覆盖范围，满足增量趋缓的 TDM 业务电路需求；在本地光层面以 OTN 为主，满足 IP 业务发展的需求，在电层面进一步扩大 MSTP 覆盖范围，满足全业务发展的需求，同时积极跟踪传输网新技术的发展，研究新技术的引入策略，提升传输网对 IP 业务的支撑能力，增强网络灵活调度能力，提高端到端的服务质量。

8.2.5 IT 系统的目标架构及相应的技术选择

IT 支撑系统分为三大部分：业务支撑系统、管理支撑系统、网管支撑系统，每部分统一基础平台（如流程平台、技术架构），体现大平台原则。技术架构参考 TMF 提出的 NGOSS 技术要求。受到软件产业的组件技术和组件开发方法的启示，NGOSS 提出了基于组件（构件）的面向对象的分布式 BSS/OSS 解决方案。系统建设采用组件（构件）化模式，对于大型支撑系统域，构件化可以使功能的实现及调用标准化，结合 SOA，实现从技术架构到业务架构的灵活应用，不仅可以提高系统构建的效率，更重要的是可以在 IT 领域（逐步）实现标准化。

将 IT 支撑系统中的业务过程流从组件中剥离出来，使每个组件成为一个功能实体，从而使得对单独组件的开发要求转变为对过程控制的业务逻辑要求，即业务过程和业务功能（逻辑）分离。在改变业务过程流时，组件只需完成公共协议中定义的接口功能，可以通过简单的流程定义来改变业务过程流，而无需修改应用组件。

通过公共总线使原有的各个应用系统（如网管系统、客户服务系统、业务支撑系统等）间实现信息交换。通过引入公共总线结构，达到各个组件相对独立、整个平台稳定可靠、系统具有可扩展性和灵活性的目的，从而使 NGOSS 能够高效整合数据和业务流程并适用于各种应用和异构硬件环境。

8.3 移动运营商网络建设及调整策略

8.3.1 接入网

1. 有线接入

有线接入技术主要有铜线接入技术和光纤接入技术。当前的铜线接入技术主要有 xDSL、LAN、PLC、CM 等，光纤接入技术主要有 P2P、PON、光纤综合接入等。

（1）铜线接入技术

① xDSL 技术

数字用户线（DSL）是基于普通电话线的宽带接入技术，它在同一对铜线上分别传送数据和话音信号，数据信号并不通过电话交换设备，从而减轻了电话交换机的负担。xDSL 中的"x"代表各种数字用户线技术，如不对称数字用户线（ADSL）、高速数字用户线（HDSL）

和高速不对称数字用户线（VDSL）等。它们的主要区别在于上、下行链路的对称性以及传输速率和有效距离有所不同。

② LAN 技术

建立在五类线基础上的以太网接入方式，是通过一般的网络设备，例如交换机、集线器等将同一幢楼内的用户连成一个局域网，再与外界光纤主干网相连。这种接入方式承袭了 Internet 的连接方式，构架在天然的数字系统的基础上，基本不存在带宽速率的瓶颈问题，与将来三网合一的必然趋势、全 IP 网络紧密结合，具有很大的发展空间。但由于以太网本质上是一种局域网技术，其距离限制更严重，通常只能覆盖 100m，这就使得 LAN 的应用场合只能局限于用户集中地，当用于公用电信网的接入领域时，在认证计费和用户管理、用户和网络安全、服务质量控制、网络管理等方面需要发展和完善。

③ PLC 技术

电力线通信技术，英文简称 PLC，是指利用电力线传输数据和话音信号的一种通信方式。该技术是把载有信息的高频加载于电流，然后用电线传输，接收信息的调制解调器再把高频从电流中分离出来，并传送到计算机或电话上，以实现信息传递。该技术在不需要重新布线的基础上，在现有电线上实现数据、语音和视频等多业务的承载，也就是实现四网合一。终端用户只要插上电源插头，就可以实现因特网接入。优点是通过电力线进行传输数据不用增设更多的线路及其他设备，只需将一调制解调器插入电源插座就可以联线上网，用户使用简单，成本低；缺点是噪声干扰大、信号衰减、安全性低以及稳定性不足。这些问题的存在使得电力线上网的各种性能指标相对比较低。目前可达到的通信速率在 4.5～45Mbit/s 之间。

④ CM 技术

电缆调制解调器（CM，Cable Modem）是近几年发展起来的，主要用于有线电视网数据传输。CM 利用 64QAM 技术，可在单一的电视频道提供 30Mbit/s 的下行数据速率，亦可利用 256QAM 将速率提升至 40Mbit/s。从用户端的上行通道可以利用 QPSK 或 16QAM 调制技术提供 320kbit/s～10Mbit/s 的速率。上行和下行带宽由连接到缆线网络区段上的使用者共享。

（2）光纤接入技术

光纤通信具有通信容量大、质量高、性能稳定、防电磁干扰、保密性强等优点。它在干线通信方面已有广泛应用。在接入网中，光纤接入也已成为发展重点。

FTTx 的实现方式有两大类：P2P 的有源光网络和 P2MP 的无源光网络（PON），如图 8-3 所示，两者的比较如表 8-1 所示。

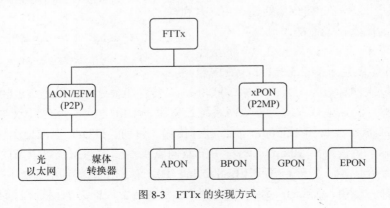

图 8-3　FTTx 的实现方式

表 8-1		P2P 和 PON 的比较	
		P2P	PON
技术比较	速率	百兆	1:32 分光，速率接近百兆
	设备兼容	能够多厂商设备共网	同厂家设备才能有最好效益
	网管	光纤收发器是网管盲点	网管完善
经济比较	线路成本	适中	节省配线光缆，但对成本降低不显著
	设备成本	适中	根据以往集采经验，其成本会有大幅下降

其中 xPON 根据光纤深入用户的程度，可分为 FTTO、FTTC、FTTB、FTTH 等。

FTTO 指光纤铺设到商务楼宇办公室。FTTC 指光纤铺设到路边。FTTB 指光纤铺设到用户小区楼宇。FTTH 指光纤铺设到每个家庭。

这些光纤接入方式主要以主干系统和配线系统的交界点——光网络单元（ONU）的位置来划分。从技术角度来看，FTTO、FTTB、FTTC 基本接近，没有实质性区别。从运营角度看，当前业务量最大、用户需求最迫切的是 FTTB，实现 FTTH 的成本相对较高，但随着 PON 设备及光缆的大幅度降价及铜缆价格持续攀升，FTTH 的成本也大幅下降。

① P2P

P2P 通常是指采用光信号的点到点传输方式，从局端或远端机房到每个用户都用一对或一根独立的光纤，局端和用户端各需要一个光纤收发器。P2P 分为两类：基于 MC 的 P2P 光纤以太网系统以及新的 P2P 光纤以太网技术。

传统的基于 P2P 的 FTTx 实现方式是采用"媒质转换器（MC，Media Converter）+传统以太网交换机"的组网方式，如图 8-4 所示，采用 MC 将电信号转换成光信号进行长距离传输。这种方案主要用于早期的 FTTx 小区接入和企业客户的专线接入，优点如下。

a．可支持 10km 以上的传输距离，如果增大发送光功率，还可以进一步扩展传输距离。

b．适合用户分布相对零散的场合，可以灵活布放；如用于大客户和高端商业客户接入或用于低密度小区用户接入。

c．上行的全部带宽可被一个终端所用，有利于带宽的扩展，便于在线监测。

为了提高以太网在"最后一公里"的应用，IEEE EFM 工作组制定了 802.3ah 标准，其中包括

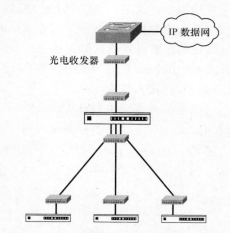

图 8-4 "MC+传统以太网交换机"的拓扑结构

新的点到点光以太网标准，定义了速率 100Mbit/s、传输距离 10km 和速率 1 000Mbit/s、传输距离 10km 两种点到点单纤双向光以太网系统。采用 WDM 方式实现单纤双向传输，上、下行分别使用 1 310nm 波长和 1 550nm 波长进行传输。目前，ITU-T 也推出了相关标准 G.985（速率 100Mbit/s、传输距离 10km）。这种单纤双向点到点以太网系统可以节约一半的光纤消耗，节约系统建设成本。另外，在 IEEE 802.3ah 中定义了用于链路监控和环回测试的 OAM 功能，可以改善传统 MC 方式的点到点光以太网没有网络管理能力的问题。目前，符合 802.3ah

标准的点到点光以太网产品已经出现。

不过这种方式缺乏相关的国际标准，不同厂家的设备很难做到互通。此外由于 MC 与以太网交换机是分离的两个设备，不利于维护，而且由于每个用户占用一个以太网端口和一个 MC，单位机框可以接入的用户数较低，在做小区接入时，必然采用多级汇聚的组网模式，这也相应地增加了故障点和维护难度，因此是一种过渡性的点对点 FTTx 技术。

② 点对多点（P2MP）无源光网络技术

PON 是指采用无源光分支器的光纤接入网，包括 OLT（光线路终端）、ODN（光分配网）和 ONU（光网络单元）三部分，其中，ODN 全部由无源光器件组成，一般采用树形——分支拓扑结构。采用 PON 技术可以节省 OLT 光接口，节省光纤，易于升级扩容，便于维护管理。

PON 作为一种新兴的覆盖最后一公里的宽带接入光纤技术，其在光分支点不需要节点设备，只需安装一个简单的光分支器即可，因此具有节省光缆资源、带宽资源共享、节省机房投资、设备安全性高、建网速度快、综合建网成本低等优点。

目前 PON 技术主要有 APON、BPON、EPON 和 GPON 等几种，另外还有 WPON 处于研发之中未投入应用，其中，EPON 属于以太网标准范畴，其最大的优点就是将成熟的局域网技术与光传输相结合，部署简单，成本相对较低，容易维护和扩展，而其弱点是对语音业务支持不够，容易产生 QoS 问题；GPON 是 ITU-T 的标准，它最大下行传输速率可高达 2.488Gbit/s，上行最大传输速率达 1.244Gbit/s，传输距离至少达 60km；GPON 采用通用成帧规程（GFP，Generic Framing Procedure）封装技术，既可以支持 TDM 业务也可以支持以太网业务，遵循 ITU-T G.984 标准。GPON 标准相当完善，可以灵活地提供多种对称和非对称上下行速率，在速率、灵活性、传输距离和分路比方面都比 EPON 有优势，但是其实现起来比较复杂，成本较高，产业化进展也慢于 EPON。

G/EPON 方便经济地解决了综合业务的传输、带宽扩展、远距离接入，高可靠，便于管理，具有广阔的和长远的应用前景。

（3）有线接入技术选择

根据业务带宽需求情况，结合各种宽带接入技术的特点分析，如图 8-5 所示。从图中分析可知：

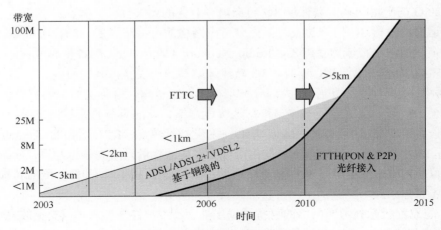

图 8-5　宽带接入技术的比较

① 为满足用户高带宽需求，目前的方法是缩短铜线长度；

② 采用铜线接入技术，为了满足带宽需求，需下移 DSLAM，导致运营维护费用增加；

③ "FTTx+DSL/LAN"等方式可以建设成一个高价值、低 OPEX 的网络。

根据移动运营商现有网络资源及后期宽带接入发展趋势，建议面向家庭宽带接入以"FTTx+DSL/LAN"方式为主，同时结合驻地网的建设策略，以"FTTx＋PLC/CM/WLAN"方式为辅；面向集团客户或中小企业，可以结合客户的具体要求，采用光纤综合接入方式（FTTx+DSL/LAN、MSTP、PDH、CE 等）。

2. 移动接入网

1987 年 11 月，中国广州开通了第一个模拟蜂窝移动通信系统。后来陆续建成了深圳、珠海、上海、北京、沈阳、秦皇岛和天津等城市的移动通信网。后来，随着 GSM 数字移动通信的崛起和迅猛发展，模拟移动通信网络规模一直呈萎缩趋势。2001 年 6 月份，中国移动通信集团公司宣布停止模拟移动通信网的运营。

模拟移动通信时代，虽然移动用户数年基本每年都翻倍，但基数还是比较少，到 1995 年用户数只有 363 万。

进入数字时代之后，中国的移动通信步入了发展的快车道，也进入了寻常百姓家。1996—2008 年，移动通信复合增长率仍然达到了 53%，2008 年年底移动通信用户数超过 6.3 亿。

随着移动通信业务的高速发展，移动对固定的替代作用日趋明显。近几年，我国移动语音业务在新增用户、业务量、业务收入等方面实现对固定业务的全面超越，其中移动长途业务发展强劲。

2008 年 5 月电信行业进行了新一轮的企业重组，国内大型全国性基础电信运营商由原来的 6 家变为 3 家。原移动运营商的重组主要在组织架构层面，网络融合及网络发展策略方面进行了适度的调整。

在全业务运营以及 3G 牌照发放的背景下，移动运营商在保障原有移动用户不流失或尽量少流失的前提下，应利用 3G 网络和业务吸引高端用户和时尚数据用户转网到 3G，巩固和扩大高端用户群；同时，继续发挥 2G 和 2.5G 网络业务成熟及品牌的优势，争夺每年增长的移动新用户，并在 3G 发展初期主要覆盖高密度用户区和数据业务集中区的前提下，实现 3G 与 2G 和 2.5G 的平滑切换，以保证 3G 用户语音业务的连续性。

移动运营商进行 3G 网络建设时要充分考虑网络的可持续发展，综合考虑 2G/3G 互操作要求，确定无线网络控制器（RNC，Radio Network Controller）的数量和位置，以避免后期 RNC 管辖范围的大规模调整。同时，3G 新建基站和设施要坚持共建原则。

3G 网络建设首期要实现全国大部分城市市辖区及所辖百强县县城的网络覆盖。基站设置方面，如果遇到基站机房面积不够、基站外市电容量、电池负荷紧张等情况时，优先考虑选用"基带处理单元（BBU，Base Band Unit）+射频拉远单元（RRU，Radio Remote Unit）"基站设备，同时也可以作为室内分布系统信源使用；基站容量采用规格化配置，分站型设置高、中、低配置；各省市应结合现网传输资源情况，明确提出 3G 基站和核心网对传输和 IP 承载的接口和带宽需求。

RNC 的设置应充分考虑网络的可持续发展性、易维护性等要求，根据无线网络容量、基站数量、扇区载频数、传输电路数量和 RNC 的能力，并综合考虑 2G/3G 互操作要求，确定

RNC 的设置数量，RNC 管辖基站数量原则上不应超过 260 个。要结合 2G 网络 BSC 的划分，设置 3G RNC 的管辖范围。在网络覆盖一步到位的区域要考虑后期扩容需求，避免后期 RNC 管辖范围大规模调整。

室内分布系统方面，在充分调查现有分布系统基本情况后，综合分析新建与改造的造价，决定是否进行改造。改造分布系统时，本着尽可能减少对现网的影响的原则，对无源器件进行改造，按照 3G 覆盖要求增加必要的天线点位。对需要 3G 无线覆盖但还未有 2G 分布系统的建筑物，可新建 3G 分布系统，新建的分布系统要同时满足接入 2G 信号源的需求，无源器件必须满足 2G、3G 及 Wi-Fi 频段。工程中尽可能避免采用无线直放站作为分布系统信源。

同时，3G 新建基站和设施坚持共建原则。新建基站的铁塔、杆路要与其他基础电信运营商友好协商，以共建为原则，其他基站设施和传输线路具备条件的也应实现共建共享，租用第三方设施时不签订排他性协议。在满足技术和服务指标的前提下优先选用能耗低、能效比高的产品，网络负荷较低时可采用关闭部分载频等部件的方式，加强无线网络日常监控、维护、优化工作，及时解决设备故障，减少能源浪费。

移动运营商在进行 3G 网络建设时，采用以下策略：

（1）向 2G 和 3G 混合铺成一张网方向发展；

（2）先城市后农村，建设规模逐渐铺开；

（3）考虑 Wi-Fi 与 3G 的协调建设；

（4）侧重对于上网卡业务的支持；

（5）注重室内分布系统等深度覆盖方式的建设。

8.3.2 传输网

随着市场竞争的加剧，要求运营商必须从网络资源的竞争转向业务和应用的竞争，单纯的依靠网络和带宽盈利的时代渐渐退去，取而代之的将是"内容至上"、"应用为王"的全新时代，运营商必须考虑在海量廉价带宽的基础上构建更丰富的业务和应用。

在上述情况下，传统语音业务一支独秀的局面不复存在，话音和数据业务相抗衡的局面初步形成。对于日渐丰富的通信业务，现有的传送网显得力不从心。因为现有的传输网络无论从网络容量还是网络特点来看，都是以满足语音业务为主，还没有考虑在全业务运营的背景下的传送能力和业务接入能力。因此，现有的传送网将不能适应未来多重业务发展模式的要求，具有综合业务支撑能力的"融合"传送网成为未来的发展方向。同时随着网络的 IP 化，现有以承载 TDM 为主的"刚性"传送网不能很好适应业务网络的 IP 化，因此需要构建一张"弹性"传送网，弹性网络旨在改变现有的刚性网络模式，建设一个灵活的面向未来的可持续发展的网络。针对现有的刚性网络，面向未来全业务运营的融合弹性传送网应该以高可靠性为基础，具备快速响应、快速覆盖、快速扩容、快速优化等四大特点。

（1）可靠性是基础，因为安全高效是传输网存在的基本理由，今后的本地传输网应提供比现有网络抗单点故障更高的可靠性。网络的可靠性由节点即设备的可靠性和网络的保护双方面提供，今后的网络建设需要选择可靠性设计完善的设备，并对现有的组网结构进行优化，在适当的时机引入智能化平台。针对不同的业务，网络应提供分等级的运营能力。

（2）快速响应是因为在技术和业务趋于同质化的情况下，在提供业务方面的响应速度越快，其竞争力也越强。从传送网的角度看，端到端资源的提供和调度能力是决定网络响应速度的关键，为快速响应业务需求，传送网要全方位匹配业务接口，采用统一网管，构筑无缝网络，提供业务端到端直接配置而非分段配置的能力。

（3）快速覆盖是因为网络的覆盖能力是决定网络质量的关键因素，而传送网的覆盖能力则是保证业务网覆盖能力的关键。可以快速增加末端业务接入点，实现与业务网的同步覆盖。此外，网络还应具备自动发现与更新功能，才能使弹性传送网根据业务网的要求实现快速传送能力的覆盖。

（4）快速扩容是因为业务的持续发展要求网络提供扩容能力，但是传送网的建设若是过度超前，会造成投资收益偏低。因此，传送网的网络架构应具备扩容弹性。整体网络线路速率的提升可以通过相关节点插板实现，而部分节点之间出现资源瓶颈，也可以通过区段插板实现扩容，不会引发现网业务调整。

（5）快速优化是因为持续发展与扩容的网络必然要求原有业务与新建网络之间具备最佳匹配性。弹性传送网具备在线业务平滑调整功能，可以根据业务网的调整随时调整业务路径，提高资源利用率和业务质量。同时，借助完善的网络评估或模拟，提前发现网络资源与安全瓶颈，通过双节点改造等结构调整等手段，实现网络的安全可靠性优化。

可靠性高、快速响应、快速覆盖、快速调度、快速扩容、快速优化的特点，在业务开通、业务调整以及提高资源利用率和业务质量方面具有显著优势，这样的优势会融入到整个通信网及企业运作考虑，最终反映到企业的成本、业务、服务、发展优势上。

1. 长途传输网

移动运营商长途传输网网络结构、网络功能等可参考 6.3.2 节，为了满足数据业务的快速发展，移动运营商须加大干线层面传输带宽的供给能力。

2. 本地传输网

本地传输网是各种电信业务公共的传送平台，随着全业务环境下网络建设，数据、多媒体、无线、专线、宽带业务等各类业务将得到快速发展，而各种网络的业务电路呈现宽带化、IP 化及电路的多样化，为了满足业务电路的需求，作为基础承载网的传送网，应随着业务的转型进行网络的建设。上述业务中，对现有传送网影响较大的是 2G/3G 基站、基站 IP 化、数据城域网及集团客户接入，对传输网各层总体需求如图 8-6 所示。

（1）建设方案研究

在全业务融合运营时代，建设一个具有快速覆盖、快速调度、快速扩容、快速优化、高效安全等特点的融合弹性传送网络，对于提高全业务运营的服务能力大有裨益。

全业务网络包括固定网络和移动网络，固定传送网络又细分为宽带业务网络和大客户专线网络。对于转型为全业务运营的移动运营商来说，这些独立建立起来的业务传送网络各具特色。

① 宽带业务

网络细分为公众级网络和集团客户级网络，并进行二/三层网络分离。在核心层，公众级宽带网络和集团客户宽带网络均采用三层路由器组网，通过不同的业务策略来保证两者对服务质量的要求。在接入层，公众级宽带网络（FTTx 为代表）侧重于成本，更多地采用二层设备自行组网，而集团客户级宽带网络则侧重于质量，更多地采用光纤综合接入方式。

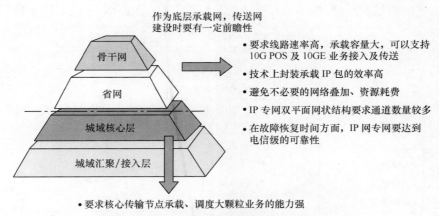

作为底层承载网，传送网建设时要有一定前瞻性

骨干网
- 要求线路速率高，承载容量大，可以支持 10G POS 及 10GE 业务接入及传送
- 技术上封装承载 IP 包的效率高
- 避免不必要的网络叠加、资源耗费

省网
- IP 专网双平面网状结构要求通道数量较多
- 在故障恢复时间方面，IP 网专网要达到电信级的可靠性

城域核心层

城域汇聚/接入层
- 要求核心传输节点承载、调度大颗粒业务的能力强
- 从带宽上，支持 IP 城域网后期阶段性的加载扩容
- 满足汇聚—核心层双归属模型所需的更多链路/通道数
- 降低建网成本
- 具有较高的可靠性
- 优化基站接入环结构，并能支持大颗粒数据业务的接入

图 8-6　传输网各层电路需求特点图

② 集团客户专线网络

集团客户专线网络的组网规模将急剧扩大。与宽带网络市场细分情况类似，集团客户专线业务可根据服务质量和技术实现细分为 MSTP 型和 IP 数据型。MSTP 型专线采用时隙隔离，专线专用，适合于对数据私密性以及 QoS 要求高的客户应用，如电子政务、金融行业和大中型企业；IP 数据型专线采用 MPLS 标签进行逻辑隔离，统计复用资源利用率高，适合于对 QoS 要求不高的低资费类客户，如网吧、宾馆或小企业上网。集团客户专线业务要求网络具备"接入节点—接入节点"端到端提供能力，有别于宽带、3G 业务网络"接入节点—核心节点（落地处理）—接入节点"的网络分层处理方式。

③ 3G 网络

3G 相对于 2G 的进步同样也体现在组网方面。3G 的 MGW/RNC 单设备处理能力高达百万用户，业务集中到少数几个 MGW/RNC 节点进行处理。从基础传送网的角度看，3G 核心网的组网范围相对缩小，而基站接入层网络的组网范围相对扩大，基站的业务接口以 $N×2M$ 为主，RNC/MGW 的接口以 GE/POS 为主。

毋庸置疑，全业务运营商必须将这些特征各异的业务传送网络整合为一个具有丰富弹性的基础传送网，才能灵活地实现话音与数据、有线与无线的融合传输，并最终实现电信网与 IT 网的融合。而分析传输网络的建设策略，必须先对业务网络进行剖析，如图 8-7 所示。

从上面对业务网络的分析及业务网络映射到传输网各层面的需求，面向全业务运营环境下构建融合的弹性传送网应具有如下特性。

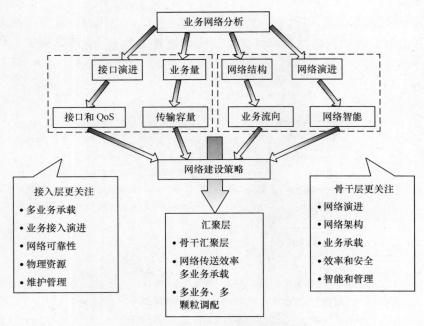

图 8-7　业务网络与传输网对应关系图

① 多业务统一传送

a. 2G/3G 时代 TDM/ATM 业务的透明传送——生存之本。

b. 3G 后期 IP/MPLS，Ethernet 业务的高效传送——网络演进。

c. 固定、移动数据业务的统一传送——业务拓展。

d. 适应网络演进、业务发展的要求，无缝满足各阶段多业务传送需求。

② 灵活的网络应用

a. 和 Node B/RNC/MSC/GSN 互联互通，适应 TDM、ATM、IP、MPLS 业务的建立和调整。

b. 支持当前 2G 及今后 3G TDM/ATM/IP 任意比例的混合业务的高效传送。

c. 全面支持未来"接入—汇聚—核心—汇聚—接入"端到端 IP 业务的高效传送。

d. 从接入到核心的强大的网络扩展能力。

③ 电信级传送质量

a. 面向连接的分组传送，业务质量的区分和保证。

b. 面向连接的 OAM 机制，端到端管理和故障定位。

c. 基于 SDH 的时钟同步，精确的 TDM 定时信息提取。

d. 完善的保护和恢复机制，面向业务的端到端保护倒换。

构筑融合的弹性传送网，就是在一个能适应多业务变化的网络模型下，通过各种"新模式"帮助运营商构建带宽和管道资源的差异化优势，通过新技术或技术组合为传送网提供可持续演进的技术保障。

建立弹性网络模型综合考虑三大业务网络的业务流向、站点设置、业务接口和带宽等因素，同时结合传送技术的发展，根据数据城域网、3G、宽带接入等业务的发展及业务网的 IP 化趋势，建立不同阶段面向全业务的融合弹性传送网网络模型。

（2）网络分层结构研究

经过几年的建设，目前移动运营商本地传输网的建设已形成了清晰的三层组网结构，搭建了较为合理的架构体系，其三层结构主要分为骨干层、汇聚层以及接入层，如图8-1所示。

考虑到后期业务网络的发展趋势及传送网的演进性，本地传输网短中期内将保持现有的三层网络结构，同时根据宽带等接入业务的发展，在接入层以下还有一层用户接入层。各层功能如下。

① 骨干层节点主要由交换局、关口局、长途汇接局或数据中心节点等组成，骨干传送层主要用于连接各骨干节点，承载各骨干节点间局间中继业务、城域数据网业务以及负责接入层电路到归属业务节点的分发和调度转接。

② 汇聚层主要是负责基站及IP数据接入等业务收敛和疏通，并向各自归属的骨干节点传送电路。

③ 接入层作为各地区传输网的末端，为无线BTS/Node B至BSC/RNC提供传输通道。

后期随着数据城域网的快速发展，传送网的环形及分层结构不能与IP网络的双归属模式进行匹配，如图8-8及图8-9所示。因此应结合传送网技术的发展及业务网络模型的发展趋势，组建扁平化及网格化的传送网络，网络的扁平化主要根据传送技术的发展，淡化骨干及汇聚层的分界；网格化主要提升传送网络的安全性及网络的效能，网格化的趋势是核心节点间尽量完全网格化，而汇聚点根据业务流向向不完全网格网演进，主要是提升网络的效能及网络的安全性。

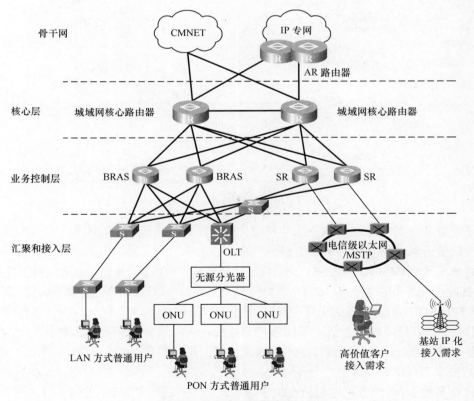

图8-8　城域数据网的目标架构图

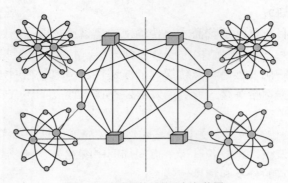

图 8-9　本地传输网的目标架构图

（3）网络模型研究

在全业务融合运营的新时期，运营的核心要素转向业务竞争。如何提高企业竞争力是全业务运营商的首要任务，包括基础传送网在内的网络建设也必须围绕这一中心，即通过健全部署模型，引入"新模式"、"新技术"，打造一个融合的弹性网络，最终提升企业价值。

① 第一阶段网络模型

根据网络发展的总体策略及业务发展重点，全业务运营启动期，对于本地传输网，侧重于解决集团客户接入及城域数据网业务电路，同时兼顾 2G 扩建及部分 3G 基站，而此阶段基站接口以 TDM 的 2Mbit/s 接口为主，可能有部分以太网接口。此阶段的网络模型如图 8-10 所示。

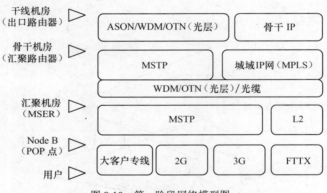

图 8-10　第一阶段网络模型图

为了保证业务的安全性、服务质量和综合成本，2G/3G 基站、集团客户级宽带业务和集团客户专线业务可并网承载到 MSTP 接入网络；在汇聚机房，集团客户级宽带业务从光纤综合接入系统落地到 MSER，MSER 之间通过 IP 城域网（MPLS）实现互连，而集团客户专线业务和 2G/3G 业务则由接入层 MSTP 网络转接到汇聚层 MSTP 网络；在骨干机房，2G/3G 业务由 MSTP/ASON（不启用智能引擎）网络落地到 RNC，RNC 与 MGW 之间采用 MSTP /ASON或 IP 城域网（MPLS）实现互连，集团客户专线业务由汇聚层 MSTP 转接到骨干层 MSTP 网络。随着带宽的增长以及管理难度的不断加大，在汇聚层和骨干层 MSTP/IP 网络下增加一层WDM/OTN 将非常必要。针对部分基站的以太网接口电路，可以采用 MSTP 设备扩容以太网单板进行业务的承载，或者根据相应 MSTP 设备上的 RPR 技术的成熟程度及以太网业务电路需求量，采用 MSTP 设备扩容 RPR 单板解决以太网业务的承载。

② 第二阶段网络模型

根据网络发展的总体策略及业务发展重点，全业务运营初期，对于本地传输网，侧重于解决集团客户接入及城域数据网业务电路，同时解决3G基站及部分扩建的2G基站，而此阶段基站接口以 TDM 的 2M 接口为主，有部分以太网接口。此阶段的网络模型如图 8-11 所示。

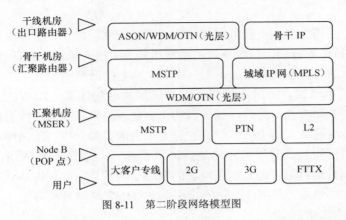

图 8-11　第二阶段网络模型图

随着基站 IP 化进程的推进及 PTN 技术的进一步成熟，传送网接入层逐渐引入 PTN，数据城域网中的汇聚及接入层部分引入 CE 设备，为后期规模使用积累维护经验；根据第二阶段的数据网业务需求情况及各地市骨干至汇聚层光缆的纤芯使用率，同时结合 OTN 电层技术的商用化条件，建议在部分 GE/FE 等以太网业务电路需求比较大的汇聚节点引入 OTN 光电层技术；为了便于维护、节省光纤资源及快速响应业务的开通，传送网的骨干层光层均采用 OTN 设备组建 WDM 平台，同时结合汇聚层 OTN 使用情况及骨干层业务电路的需求情况，部分节点启用 OTN 电层功能，满足 GE 等颗粒业务的灵活调度。

③ 第三阶段网络模型

此阶段传送网主要解决新建 3G 基站的业务电路需求，同时也要满足新增的集团客户接入及城域数据网业务电路需求，根据基站 IP 化进程，此阶段 3G 基站 IP 化到了规模使用阶段，传送网主要解决以太网接口的需要及带宽的动态性。此阶段的网络模型如图 8-12 所示。

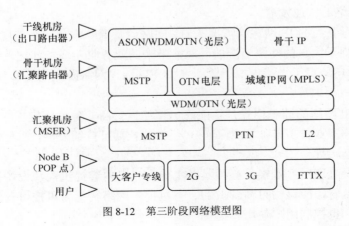

图 8-12　第三阶段网络模型图

此阶段主要特点是传送网的接入汇聚层与城域数据网的接入汇聚层进行融合建设，简化网络结构，提升网络效能。

（4）网络模型细化

为了进一步降低传送网的刚性，提升基础传送网络的竞争力，全业务运营商还必须将面向全业务的城域基础传送模型细化为具体的建网措施，引入"新模式"，提高传送网络的弹性能力。

所谓新模式，是指为了顺应业务网络的需求，采取网层之间无缝连接、网络扁平化、带宽/接口/节点无级扩展等有别于传统方式的建网模式。新模式虽然不像新技术那样引人注目，但它对网络竞争力的形成至关重要。下面列举两个典型的新建网模式。

无缝连接：简单地说，无缝连接模式就是取消数字配线架（DDF，Digital Distribution Frame），消除人工干预节点，打通端到端自动化的物理路径。技术进步促使业务网络端到端组网的范围相对传统网络（如 PSTN、2G）有了很大的扩展。以 3G 为例，业务流从基站进入传送网接入层、汇聚层到骨干节点落地，流经了 80% 以上的物理网络，消除汇聚层网络 DDF 架后，可端到端地打通光路，实现网管的全程全网管理，并可提高业务调度速度和网络的可靠性。如果在端到端光路网络上进一步引入 ASON、网络规划等技术，则将进一步全方位地增强基础传送网络的竞争力。

无级扩展：无级扩展模式的核心是搭大架子，建小网络，朝着"端口随手可得，带宽无处不在"的方向发展，走节俭型演进之路。虽然 3G、宽带和集团客户专线业务的长远前景良好，但短期内又具备一定的不确定性，采用无级扩展模式可以减少网络初期的资源储备，后期只需插板升级即可实现低成本快速扩容。以汇聚层为例，考虑到 3G、集团客户级宽带和集团客户专线业务的综合承载，初期可采用 10G 设备组建 2.5G 环网，虽然成本稍高些，但后期可随着业务增长逐步将网络升级为 10G 环，直至 10G Mesh，实现整体规划、分步实施策略。

8.3.3 数据网

IP 技术起源于美国国防部，从军用转为民用后，首先在科学研究和教育领域大量使用。国防和教育领域使用 IP 网络不以赢利为目的。因而 IP 网络在设计之初基本没有考虑可赢利的商业运营模式和相关的技术，是一个完全开放、弱管控的网络。正是由于这种开放性，促进了 IP 应用和网络的快速发展。

从目前固网运营商的 IP 网运营情况来看，固网运营商基本是一个二层、三层的管道运营商，IP 网络在消耗了大量的网络资源的同时，带来的业务收入增加却比较有限（主要是网络接入费用），同时还培育了大量虚拟运营商（如 Skype、网络游戏商等），进一步分流了自身的业务收入。

显然，现有 IP 网络的商务模式是不能满足移动运营商业务发展需求的，必须建立起一个合理的赢利模式和产业价值链，才能保证 IP 业务的长期可持续发展，而运营商应该是这一产业链中的纽带，起主导作用。

运营商要主导互联网产业链，必须具备主导客户、内容提供商和设备提供商的能力和手段。从网络的角度看，应该由目前开放的、不可控的网络转变为可控可管的网络，既控制内容提供商的应用，也控制用户使用和消费。

需要强调的是，要实现对网络和业务的控制和管理，既依赖于 IP 网技术的完善和发展，更依赖于政府产业政策的制订和大众对 IP 网运营和业务消费方式的再认识。

（1）业务和用户的精确标识能力

网络必须具备对不同用户、不同业务的感知和标识能力。其中对业务的感知包括两个层面：对自营业务的业务感知；对用户流量中各种业务应用（如 VoIP、P2P 等）的感知。对用户和业务进行精确标识是网络可控可管的基础条件，因为用户和业务是网络控制和管理的对象。

（2）差异化服务能力

差异化服务的基本策略是通过具备差异化服务能力的网络，提供差异化的服务获得差异化的收益。具体来说，就是根据不同的客户需求，开发差异化的宽带产品，提供不同等级的宽带服务，通过服务的差异化获取收益，同时提升客户感知价值和客户满意度。差异化服务可以改变用户对 IP 网使用方式的转变，IP 网不再是一个管道，而是能够满足用户不同需求的业务能力。

在网络方面，尽力而为的网络与可管可控的网络，两网逻辑上并存，在保持前者服务质量与竞争对手相当或略高的前提下，不断提升后者的网络和服务质量。

同时，这种差异化服务能力通过和第三方 CP/SP 的捆绑，可以增强这些 CP/SP 的业务质量，进而增强它们的竞争能力，从而可以更好地实现对这些 CP/SP 的管控。

（3）多样化的业务提供能力

当网络具备了业务/用户的精确标识能力和差异化服务能力时，在增加相应的业务平台之后，IP 网络就具备了提供多样化业务的能力。通过多样化的业务提供，运营商可以引入更多的商业模式（如传统电话的商业模式、有线电视的商业模式等），从而可以在此基础上构建出新的商业模式。同时多样化的业务也是实现业务捆绑的基础。

移动运营商开展宽带数据业务，面临的是一个由固网运营商绝对垄断的业务市场，同时固定宽带接入具有天然的垄断特性，导致市场进入难度很大。在这种情况下，只有具备差异化的竞争能力，才能确保今后市场顺利发展。

差异化的竞争能力从网络层面分析主要包括以下几个方面，如表 8-2 所示。

表 8-2 　　　　　　　　　　　　　　　　　　差异化竞争对网络支撑的需求

	网络层面的支撑落脚点
优惠的资费	降低 OPEX 和 CAPX
	通过合理的网络规划和新技术使用，降低建网成本，实现同等带宽情况下的低成本
	网络具备更强的扩展能力和低廉的扩容成本
	资源的高效利用能力
	合理的、具备良好扩展性的网络拓扑，减少网络的频繁调整
	高效的运维支撑能力，提高运维效率，降低运维成本
差异化的业务	具备多样化的业务承载能力
	强大的网络控制和管理计费能力
更好的用户感知	具备比竞争对手更好的网络可靠性
	更大的用户接入带宽
	个性化的业务定制能力

基于前面的讨论，移动城域网目标架构如图 8-8 所示，总体上分为核心层、业务控制层和二层汇聚/接入层。

（1）核心层

核心层由核心路由器组成，负责对业务接入控制点设备进行汇接，并提供 IP 城域网到骨干网的出口，双挂 CMNET 和 IP 专网，其中城域网核心路由器建议直接和 CMNET 省网汇聚设备直连。

（2）业务控制层

业务接入控制层由 MSER 设备组成，主要负责业务接入控制，根据 MSER 覆盖的用户，进一步可以分为普通 MSER、视频 MSER 和集团 MSER。普通 MSER 主要实现普通客户接入互联网网关、组播网关功能，也可实现 MPLS PE 功能；集团 MSER 主要实现大客户专线接入互联网网关、基站 IP 化接入网关、MPLS PE；视频 MSER 主要实现组播网关功能。

IP 化基站将通过电信级以太网/MSTP 等汇聚后接入基站 IP 化 MSER（单独设置），MSER 作为 CE 设备和 IP 专网的 AR 路由器互通，从而实现 IP 化基站接入。采用 MSER 作为 CE 设备，未来可以实现对基站流量的动态控制，从而可以满足不同时段基站流量的变化需要，并提高资源利用率。

（3）汇聚和接入层

接入汇聚层采用以太网作为基本组网技术，包括传统以太网（网络拓扑以树形为主）和电信级以太网（网络拓扑以环形为主），可以辅助以 MSTP 等其他技术作为电信级以太网成熟之前的备选手段。接入汇接层需要减少设备级联的层数。

在控制成本的前提下，采用 PON 技术来减少对主干光缆的需求，可以减少城域网建设初期对基础设施的需求。

电信级以太网主要满足需要具备电信级可靠性的业务，但现阶段以试点为主。以太网设备需要具备 Q-in-Q 用户业务识别、QoS、组播等功能。

在进行总体网络规划时，汇聚交换机可以按 5 000 普通客户/汇聚交换机、1 000 中小企业用户/汇聚交换机、100 集团客户每汇聚交换机进行配置。在具体建设中，需要根据用户分布，局点设置和行政区划等因素综合考虑。

（1）城域网骨干层建设策略

城域骨干网由核心路由器组成。核心路由器建议采用支持集群方式的路由器，在初期用户和业务量较少的情况下，可以设置单机柜。

为提高网络资源利用率，降低网络建设成本，同时保证一定的网络和服务质量，城域骨干网链路应保证正常情况下忙时（每天的 20：00～23：00）5min 平均带宽利用率不超过 60%。IP 城域网上连 CMNET 和 IP 专用承载网骨干节点的中继链路利用率不超过 60%。

核心路由器上联骨干层设备链路建议使用 10G POS 链路，核心路由器下联业务控制层设备（MSER）建议使用 10G POS 链路和（或）10 吉比特以太网/吉比特以太网链路。为减少扩容后的链路数量、降低路由的复杂性，可考虑在出口至骨干的同城链路上应用 40Gbit/s 技术。

在建设进度上，对于城域网骨干层设备应采用一步到位方式，从而方便全省统一开展宽带数据业务，中继端口配置按照满足第三年发展需求进行配置（主要考虑到移动数据业务发展处于起步阶段，业务量有存在大量增加的情况），从而避免频繁的网络调整和扩容，设备预留有未来进行板卡扩容的冗余空间。

（2）城域网业务控制层建设策略

城域网业务控制层设备应控制在 3 家以内，从而提高业务的互通性。作为实现城域网可控可管的重要设备，MSER 设备必须充分考虑设备对 MPLS、QoS、组播、网络管理、安全等功能的支持情况，提高城域网的可管理、可运营和可维护能力。

根据扩容需求及设备能力，充分考虑业务的可持续性发展，在业务和用户密集的区域可引入大容量 MSER 设备，其上可开启层次化的 QoS，提供差异化的质量保证。

根据不同的业务类型，设置普通 MSER、视频 MSER 和集团 MSER，这样可以简化业务设置，方便运维管理。如初期业务量较少，上述设备可以根据实际用户分布进行合设。

MSER 上联城域网核心路由器的链路建议使用 10 吉比特以太网链路或 GE 链路。MSER 下联二层汇聚设备建议采用 GE 链路。上联城域网核心路由器的峰值链路利用率不超过 60%。

在目前针对 HSI 业务的宽带网络中，BRAS 在执行 HSI 业务的边缘功能。当增加新的业务类型时，由于不同类型的业务在本质特点上的不同，对网络运营商来说在单一边缘设备（BARS）上低成本、高效率地提供不同类型的业务变得越来越困难，因此支持多种类型的业务边缘节点提供不同类型的业务对于宽带网络架构来说是非常重要的。所谓多种类型的业务边缘节点也就是分别设置普通 MSER、视频 MSER 和集团 MSER。

采用多种边缘设备的优点如下：

① 为实施和提供每种新的业务类型提供了最大的灵活性；

② 加速了新业务进入市场的进程，能够更快地部署新业务；

③ 避免了新业务的部署对现有业务造成影响；

④ 对于有冗余需求的业务，可以灵活地为其部署冗余的业务边缘节点。

部署 Video 和 Voice 业务需要另外专门优化的业务边缘节点以满足如下需求：

① 满足 Voice/Video 业务需求（延迟/抖动）的专门设计的平台；

② 灵活的硬件组成结构和价格组成，以利于更大范围地提供 Video 业务；

③ 带宽可扩展，能够满足每用户 20Mbit/s 及其以上的吞吐量；

④ 每业务节点支持非常高的带宽密度（200 个甚至更多的 GE 端口）；

⑤ 强大的业务扩展能力——在不影响业务的服务等级的条件下扩展具体的业务数量、Video 终端数量和带宽的能力。

因此，部署 Video 和 Voice 业务对业务边缘节点提出了更高的要求，而专为 HSI 业务而优化的 BRAS 设备无法低成本、高效率地达到这一要求，BRAS 设备具有如下特点：BRAS 的硬件架构是专为网络带宽的超额订购和相应每用户实际的低平均使用带宽（20～60kbit/s）而优化设计的；在任何时间段内，与配置的总用户数相比，在线的用户数只占相当低的比率；低接口密度和速率（例如，不提供 10Gbit/s 接口）。

基于上述考虑，可考虑分别设置普通 MSER、视频 MSER 和集团 MSER。

8.3.4　核心网

1. 核心网演进的总体目标

总体而言，应从以下几方面综合考虑未来核心网演进的目标。

（1）全方位的融合能力

为了面向用户的信息化需求提供一系列解决方案，应采用一体化的网络来融合固定和移动等多种接入手段，融合多媒体通信与互联网应用等多种业务形式。

（2）高度开放的网络体系

为了实现全方位的融合能力，网络体系应具备高度开放性。一方面将核心控制层和承载层分离以实现对承载和接入手段的开放性，另一方面将业务层和核心控制层相分离以实现对具体业务的开放性。

（3）强势的价值链服务能力

为了有效整合价值链各环节上的优势产业资源，成为引领信息化的龙头，移动运营商的网络需具备强势的价值链控制能力。为此，需掌控用户数据，并能够提供可靠的注册、会话、安全、计费、管理等基础功能。

（4）高品质、低成本

全面推进 IP 化，甄选、吸收新技术以改进网络；基于标准化创新新产品，降低设备生产、网络建设和运维等多方面的成本，为用户提供高品质的信息化服务。

2. 核心网的演进的 3 个发展阶段

未来核心网的电路域、分组域以及 IMS 域均有其各自的发展方向。

电路域：实现全 IP 化，TDM 资源仅存在于互连互通关口局。

分组域：2G/3G 核心网 PS 域引入 SAE 的部分功能，向 LTE 核心网演进。

CM-IMS 域：与 R4 软交换将长期共存并互通，逐渐吸收 CS 域话务，最终实现融合。

核心网实现其目标架构并非是一蹴而就的，从目前来看，将会经历 3 个主要的发展阶段，如图 8-13 所示。

图 8-13　核心网演进的 3 个阶段

（1）R4 软交换发展阶段

TDM 端局停止扩容，大量引入可升级以支持 3G 能力的 2G 软交换来满足 2G 扩容需求，从数量和规模上一举进入到 3G R4 引入的中期。本阶段进行 VoIP 的试点和商用，交换网逐步 IP 化。

（2）引入 CM-IMS

发放全业务牌照，在省际范围内集中建设 CM-IMS 网络，进行小规模试商用。建设 3G 分组网络，交换网继续 IP 化，IP 端局逐渐替代 TDM 端局。

（3）R4 和 CM-IMS 共存

接入网演进到 HSPA/LTE 时代，移动 VoIP 技术大规模商用，IMS 逐渐吸收 CS 域的话务，可能逐渐替代 CS 域，但 IMS 和 R4 软交换会在相当长的时间内共存。交换网在此阶段全部实现 IP 化，TDM 资源全部迁移到核心网边缘。核心网分组域向 SAE 架构演进。

8.3.5 支撑网

1. 全业务对支撑系统的影响

按照 eTOM 模型，目标框架中各管理功能层面和业务流程对从基础网络到产品服务各个层面均产生影响，简要分析如图 8-14 所示。

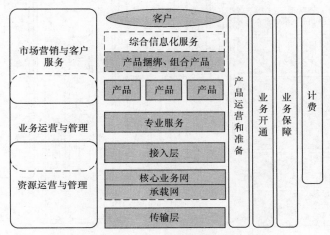

图 8-14 全业务对目标架构的影响

（1）产品运营与准备，包括市场经营及客户分析、业务运营分析、业务资源分析、合作伙伴分析，涉及所有服务提供层面。

（2）业务开通，包括渠道管理、订单受理、业务配置、网络资源管理、业务激活、S/P 服务配置与开通，也涉及所有服务提供层面。

（3）业务保障，包括渠道管理、客户分析、统一服务、质量分析、故障处理、专业监控，同样涉及所有服务提供层面。

（4）计费，包括计费、采集、结算功能，涉及基础网络层面之上的服务提供层面。

参照 IT 系统功能在 eTOM 模型中分布，由于全业务开展导致服务层面产生变化，受到影响的系统域分布如图 8-15 所示。

（1）产品运营准备

① 市场及客户分析

基于全业务的新产品推出、市场竞争格局变化会影响具体分析的策略，但从系统功能上看，现有分析内容与全业务运营的分析内容没有太大的不同，因此对系统本身影响较小。

② 网络资源及服务能力分析

主要体现当前网络所能够提供基础服务的能力，包括服务的内容、服务的容量、服务的性能等，新的业务和网络会带来分析内容的增加，需要针对全业务（特别是宽带数据业务）提供相应的网络资源及服务能力分析。

（2）开通

① 订单受理

订单受理主要为 CRM 系统所实现的功能，现有的中国移动 CRM 系统也基本具备组合/

捆绑业务受理的能力，因此系统架构不需要进行大规模调整，只需要在现有 CRM 系统上增加全业务的订单受理子功能。

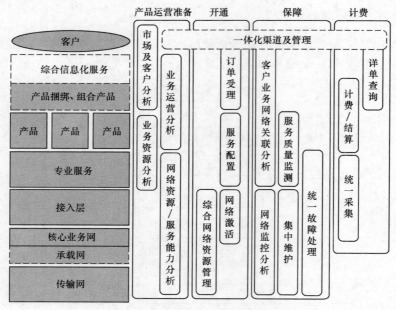

图 8-15　影响支撑系统功能域图

② 服务配置

对客户的订单按照基础服务内容进行拆分配置，基础网络服务能力的变化，会对服务配置过程产生影响。

③ 网络激活

针对网元或者业务平台，实现最终的业务/服务激活。新的网络引入会带来网络激活目标的数量和种类增加，因此需要对网络激活功能进行相应的功能完善和扩容。

④ 综合网络资源管理

由于全业务运营带来的新建网络，必然会影响综合网络资源管理系统所管理资源的范围。但从长期来看，逐步的全 IP 化网络演进，在一定程度上也在简化网络复杂度，也会逐步降低网络资源管理的复杂度。

（3）保障

① 网络监控分析

对专业网络实现基本网络监控功能，包括传输、IP 网络、业务及接入层面。新的网络引入，必然要求提供对新建网络的监控以及网络性能分析的能力。需要建设或者扩容现有的专业网管系统，包括传输网管、IP 网管、软交换承载网等。

② 集中维护

新网络的引入，会给网络集中维护带来变化。

③ 统一故障处理

"最后一公里"有线接入的特点，造成数据网、固定语音网故障类型和移动网络的巨大差异，根据相关数据统计，当用户数量超过一定值后，有线接入用户端线路故障所占比例将大大增加，故障处理也需要更多地考虑这部分的障碍。

（4）计费

① 计费/结算

现有的计费系统基本具备新业务的灵活计费能力，因此仅从新业务提供的功能角度考虑，计费系统改造量较小。

② 统一采集

新的网络会对统一采集带来影响，统一采集系统必须改造以具备对新网络的计费采集能力。

③ 详单查询

对于用户详单查询来说，全业务只是相当于增加了新的产品，而目前的查询基本具备这样的灵活度，影响度较小。

2. 网管支撑系统关键需求

（1）专业网管类

① 传输网管

对于为满足全业务需求而新建的传输网络，需要扩容现有传输网管系统，实现对新建网络的监控管理功能。

② 宽带数据网管

对于新建宽带数据网络，需要新建宽带数据网管系统，实现对网络的集中监控管理功能。

③ 接入网网管

这里的接入网网管并不是指传统意义上的接入网，而是指末端接入网元/设备，如宽带数据网的楼道交换机、固网软交换的 AG 或者 IAD，作为综合接入设备的家庭网关，甚至移动基站等。对于接入网的管理监控可以采取两种建设模式。

模式一：如果接入网元提供标准的北向管理接口，并且设备厂家随设备提供的核心网络管理平台具备对接入网元设备的管理能力，这种情况下接入网网管不需要单独建设，可以在核心业务网网管中统一建设，实现核心业务网络的统一管理。

模式二：如果设备厂家的网管平台不具备接入网网元的接入管理能力，则需要单独建设接入网网管系统。

（2）资源管理类

新的网络或者现有网络的扩容会带来资源管理范围或者容量的变化，从 eTOM 视图来看，该部分功能位于基础设施和产品域的资源开发与管理，要提供对新资源的支撑能力。

① 基础资源管理

需要对资源管理的范围进行扩展，对于宽带数据网络建设引入的大量资源信息进行全面管理。

② 资源管理模式

为了实现全业务运营，需要新建相应的传输、数据等基础网络，再加上已有的传输、核心交换等网络，这导致网络资源管理的复杂性增加。如何实现对资源进行有效的管理，同时能够实现资源服务应用的灵活是必须考虑的问题。采用简单的存量资源管理模式，需要在使用资源的系统中分别配制大量原子资源和基础服务的相互关系，不仅使资源管理界面不清晰，而且资源的服务功能无法体现。

因此在资源系统建设中，要充分考虑资源服务的概念。

③ EOMS

按照 eTOM 流程视图以及中国移动卓越运维中的 16 个核心流程（如图 8-16 所示），相应的网络变化、业务变化对流程的影响主要体现在以下两点。

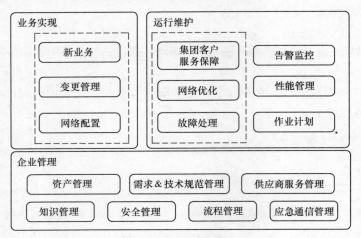

图 8-16　运维体系模型

a. 需要梳理宽带数据业务的业务实现和运维保障流程。

b. 需要充分考虑宽带数据有线接入的特点，对于末梢接入部分的保障能力进行流程梳理和系统功能建设。需要指出的是，这不仅涉及系统的变更，同时会导致保障体制的变化。

对于现有运维体系中的 6 个核心流程，包括集团客户服务保障、网络优化、故障处理 3 个核心流程，都需要进行宽带业务保障流程的梳理，并在统一流程平台基础上，实现保障流程。对于业务实现中的业务、网络配置流程，也需要进行针对宽带数据业务进行相应的流程梳理和建设。

3. 业务支撑系统关键需求

由于全业务运营带来的网络、产品、服务的变化，与现有的移动业务均有较大的差异，因此相应的业务支撑系统也需要进行完善和改造。

（1）客户关系管理（CRM）

加强 CRM 系统的建设，将经营分析与 CRM 系统紧密结合，充分分析客户的基本属性、利润价值、信用度、消费行为和倾向、资费水平、投诉记录等，对客户群进行分析分解，从而有针对性地提供不同的市场策略。从多角度深入了解业务经营状况，有针对性地提高业务量和网络利用效率，以更好的服务质量保留老客户同时吸引新客户，扩大市场份额。

（2）计费

在全业务运营中，统一账户、实时计费、信用控制、预付费与后付费的结合等还都是目前亟待解决的问题。充分考虑未来业务类型的变化，并结合全业务的多网络、多产品服务模式，提供客户统一服务界面。对于计费的统一采集功能，也需要补充对宽带数据业务的计费采集能力。

（3）服务开通

对多种网络提供的独立业务、捆绑业务、融合业务提供开通能力。

8.3.6 业务平台

1. 业务平台发展趋势

未来移动增值业务将趋于多样化，新业务层出不穷，能够全方位服务于人们的日常生活。随着 3G（cdma2000、WCDMA、TD-SCDMA）网络建设，更多原来基于互联网上的业务移植到移动网，具体体现在：

（1）更多的数据业务和多媒体业务，如视频类业务等；

（2）更多类型的业务出现，如实时业务、交互操作类型的业务；

（3）随着网络能力的不断提升，业务数量将高速增长，全业务/融合业务需求增加。

多样化的业务对于业务平台的架构提出了更高的要求。

（1）开发的标准化。未来的业务平台网络需要具备开放标准的体系架构，实现对业务能力的标准化和对第三方应用开发商的接口标准化。这样才能充分调动各方面的资源和力量来繁荣和发展增值业务，而不是仅仅依靠电信运营商本身，实践表明在增值业务产业链中，电信运营商不应该也很难做到面面俱到。

（2）具备平滑演进能力。目前，运营商已经投资建设了大量网络设备，这些网络设备带来了大量高利润的业务收入，在今后一段时间内是值得保护的重要资产。因此，业务平台需要具有网关功能，通过协议的适配，可以实现原有网络功能实体与业务平台之间的协议不变，从而保护原有的网络设备投资。

（3）垂直架构向水平架构的演进。水平化网络有利于提高业务的开发和提供速度，通过公共部件的统一建设来降低平台建设成本，因此在业务网架构上，将从目前的垂直化向水平化逐步演进。

（4）管理集中化和规范化。多样化的业务对于业务网的管理系统也提出了更高的要求，需要进行统一的业务管理和统一的数据管理，对于业务的鉴权等管理趋向于全网统一管理，对业务内容进行统一的分发和管理，并对用户数据进行统一的管理和分析。

2. 业务平台的建设策略

（1）垂直分割的业务平台向水平融合的业务平台演进

业务平台由垂直、封闭向水平、开放演进已经成为目前业界的一个共同认识。将业务平台逐步分为业务能力层、业务接入层、业务生成层、业务运营管理域 4 个主要部分和层次进行建设，适应新业务创新要求。同时，实现业务平台接口标准化，功能部件复用化，管理功能集中化、统一化。

但从实践上来看，这一过程还存在很多没有解决的问题，对于不同的系统需要采取不同的策略。对于现有系统宜采用循序渐进的实施策略，由于当前大多业务网是封闭和垂直的建设模式，接口的标准化需要逐步推进，以避免对现有系统产生重大影响。新的业务系统按目标架构要求建设，系统管理接口开放，管理功能纳入已有的管理系统，统一通过内容管理系统调用网关，避免出现一个系统、一个门户的现象。

（2）业务平台的 IP 化和 IT 化

随着移动 2G/3G 核心网 IP 化的推进，业务平台在承载方式和业务实现上也需要进行 IP 化改造，如采用信令方式承载的短信中心、彩铃平台、来电提醒等均需进行 IP 化的改造，通过 IP 化改造和建设可以满足更大业务量的需求，减少建设和运维成本。

采用电信级 IT 设备建设业务平台系统，避免使用专用设备，这也是电信运营商网络设备今后的一个总体发展趋势。随着业务网集中化的推进，可以考虑建设集中的业务网数据存储中心、数据备份中心，提高业务数据安全性，提高设备利用率，降低业务网建设成本。

（3）业务平台安全建设

随着业务平台给电信运营商的贡献越来越大，用户规模也达到了相当规模，业务平台已经不仅仅是一个补充性业务。因此需要对关键数据业务平台考虑进行容灾、备份系统建设，提高业务平台的安全可靠性。

8.4　小　　结

目前移动通信市场对运营商的要求已经从网络资源的竞争演变成了业务和应用的竞争，这对运营商的网络建设提出了更新更高的要求。为支撑日渐丰富的移动通信业务，现有的传输网络应该以高可靠性为基础，具备快速响应、快速覆盖、快速扩容、快速优化等四大特点。同时移动通信网络应尽快实现全面的 IP 化承载，提高带宽能力。此外，移动核心网应该朝着全方位融合、开放网络体系和增强价值链服务能力的方向发展，通过在电路域、分组域、CM-IMS 域上循序渐进的发展，实现目标架构。全业务的发展同时对移动支撑网和业务平台提出了要求，一个完整的移动支撑网必须能够在产品运营准备、业务开通、业务保障、计费和网管支撑上提供全面的保障，同时业务平台应在结构上由垂直向水平演进，推进 IP 化和 IT 化的进程。

第9章 总结与展望

回顾电信市场发展的历史，技术和市场的发展总是相互促进、相互影响的。电信技术的发展为电信业开拓新业务新市场创造了可能，而电信市场的需求则是推动电信技术进步的动力。电信业在中国诞生一百多年来，伴随着电信技术的革新的产业结构的调整，中国电信业格局已经发生了翻天覆地的变化，从最初的单一业务市场逐步迈进了全业务运营时代。

全业务运营是市场和技术发展的必然结果，它呈现出固定、移动网络融合，语音、数据、多媒体信息服务融合的特征，这样的改变是与电信技术的进步分不开的，同时全业务运营也对市场和技术提出了更新更高的要求。在市场方面，为了适应全业务运营的要求，运营商应将推进业务融合与创新、开拓新业务增长点、企业结构性调整、加快市场推广作为全业务时代的发展重心。而对于全业务运营前经营侧重点有所不同的固网运营商和移动运营商，他们的发展策略也有所不同。如固网运营商，应当充分利用自身资源优势发展固网移动融合业务、大力发展宽带市场；而移动运营商则可以扬长避短，在固定宽带接入之外的移动互联网市场开辟一片新的天空，并借助移动互联网进行信息化转型。

同样，面对全业务运营，固网运营商和移动运营商在技术发展的策略上也有所区别。固网运营商应将FTTx、WLAN 和 WiMAX 作为主要的接入技术，以满足用户高带宽的业务需求，弥补无线宽带业务发展的空白。全业务也对承载网提出了新的要求，如能够承载视频、多媒体、实时通信等多种业务，同时保证较低的成本，传统的 IP 网无法满足这样的要求，固网运营商应考虑建设智能化的 IP 网。在交换网方面，可以先充分利用 PSTN 资源，逐步向软交换和 IMS 发展，建设融合的 IMS 核心网，向用户提供广泛的语音和多媒体融合业务。同时支撑网也应跟进全业务运营的发展，加强综合业务管理平台的建设，整合与固定网移动网相关的业务平台，大力发展统一通信业务。对移动运营商而言，则应提高全方位的融合能力，提高网络体系的开放度，在电路域实现全 IP 化、在分组域向 LTE 核心网演进，同时逐步融合CS 与 IMS，建设能够承载多种业务的综合数据网络，满足移动通信 IP 化承载、固定 IP 语音业务、视频通信等多种业务和多种商业模式的需求，同时在支撑网方面提高 CRM（客户关系管理）、计费、业务开通上的准确性，推进业务网由垂直向水平演进和 IP 化进程，加强网络安全建设。

现在，中国电信业已经正式迈入了全业务运营时代，电信运营商正逐步向综合信息服务提供商的角色转变。全业务运营将惠及消费者，为他们带来更多、更新、更便捷的综合信息服务。各大电信运营商要充分理解并把握全业务运营的本质特征，根据实际情况，把握住自身核心竞争力，明确战略定位和目标，制定出相应的实施路径和策略，同时跟进网络建设和技术创新，才能尽快完成全业务运营能力的建设，共同推进全业务运营的发展。

参 考 文 献

[1] 王冀．解析德国电信全业务运营经验．通信产业报，2008-03-03.
[2] 李宏，张英冕．德国电信的复苏计划及发展战略．通信企业管理，2008-02-28.
[3] 中商情报网．2008 年德国电信行业全业务运营经验解析．http://www.chnci.com/freereports/2008-03/20083510023.html，2008-03.
[4] 和会娣．英国电信宽带业务发展启示．http://tech.sina.com.cn/t/2007-08-03/13471655799.shtml，2007-08-03.
[5] 法国电信垄断不失市场．中国经营报，2001-07.
[6] 马芳云．法国电信在竞争中求发展．市场报，2001-08-08.
[7] 刘衡萍．法国电信的融合与收购助战略转型．通信世界，2007-08.
[8] 刘楠，姬智敏．AT&T：全业务运营的先锋．通信世界，2008-08.
[9] 美国电信业．从激情变革到深刻反思．http://www.cnii.com.cn/20050801/ca321357.htm，2005-08.
[10] 曾娅．2008 美国运营商面临低迷经济考验．人民邮电报，2008-02-20.
[11] 廖鸿翔．AT&T 借整合崛起、引领电信业发展．通信信息报，2008-01-08.
[12] 亚洲通信业充满机会．计算机世界，2000-12-11.
[13] 陈凯．亚洲电信改革成功经验探讨．通信信息报，2008-06-23.
[14] 亚洲电信运营业发展现状及特点．http://www.ecdc.net.cn/newindex/chinese/page/sitemap/reports/IT_report/chinese/02/01.htm，2005-07.
[15] 韩海潮．日韩经验表明内容是移动增值业务核心．通信信息报，2008-08-28.
[16] 张珊珊．新加坡电信——以国际化战略带动利润增长．世界电信，2008-03-19.
[17] 吕成华，张一文．西班牙电信加速成为更强的全方位领导者．通信世界，2008-09.
[18] 顾莹，张九陆，王冀．电信业十年历程回顾．通信产业报，2005-12.
[19] 中国通信企业协会．2007 中国通信业发展分析报告．北京：人民邮电出版社，2008.
[20] 联通对未来判断与应对策略、发挥重组优势．通信产业报，2008-11-24.
[21] 马斌．移动互联网：运营商业务发展的战略重点．人民邮电报，2008-03-28.
[22] 孙浩茗，宋娟，马根．挖掘移动互联网"金矿"．通信企业管理，2008-03-03.
[23] 洪黎明．电信业开拓大企业信息化市场之三大对策．人民邮电报，2008-03.
[24] 周成国．固网运营商危机下转型，ICT 当为制胜法宝．通信世界，2006，(22).
[25] 吴康迪．日本开通 NGN，欲打翻身仗．通信世界周刊，2008-06-19.
[26] 月胧．解读全球 4 大运营商的 3G 成功之路．电信市场参考，2008，(13).
[27] 郑大永，郑宏剑．2007 年全球电信业发展解读．http://tech.c114.net/159/a204721.html，2007-07.
[28] 全业务时代融合才是硬道理．人民邮电报，2008-06-25.
[29] 电信运营开展全业务竞争宜早不宜迟．http://www.xici.net/u2356208/d8203948.htm，2002-12.

［30］ 陈运红．收购 CDMA 网络后中国电信更具综合竞争力．中国证券报，2008-02.

［31］ 熊雄．电信重组三大悬念．中国电信业，2008-07-15.

［32］ 续俊旗，廖小伟．电信重组后的有效竞争政策．中国信息产业网，2008-05-12.

［33］ 朱金周．三网融合步入快车道:新趋势新特征．通信世界网，2008-10-14.

［34］ 余祖江．中移动独占 70%移动用户市场考验重组后监管．通信信息报，2008-07-04.

［35］ 王纯．电信重组考验电信监管．通信信息报，2008-06-4.

［36］ 李正豪．重组需要什么样的电信监管．通信世界周刊，2008-06-11.

［37］ 叶天．全业务经营促进竞争格局改善．人民邮电报，2008-03-22.

［38］ 电信设施不对称共享六大挑战兼论运营商对策？——全业务竞争与集团蓝海思辨系列之非对称管制路径选择．http://labs.chinamobile.com/community/my_blog/2111/5574?page=1，2008-10.

［39］ 张云勇．MC 技术研究．电信技术，2007（6）.

［40］ 如何实现深度业务感知．http://hy.gzntax.gov.cn/k//2008-1/767644.html，2008.

［41］ MSCG 层次化 QoS 技术白皮书．华为技术有限公司．2007.

［42］ R Braden, D Clark and S Shenker. Integrated Services in the Internet Architecture: An Overview. RFC 1633, 1994.

［43］ Blake, D Black, M Carlson, E Davies, Z Wang. An Architecture for Differentiated Services. RFC2475, 1998.

［44］ 潘春华，刘寿强．墙芳躅．宽带城域网服务质量的设计与实现．中国数据通信，2002.

［45］ 陈磊．QoS 保证"差异化"服务能力．通信产业报，2007.

［46］ 徐建锋．新型城域网的技术选择．www.dahengsi.com/download/jszx/04/001 新型城域网的技术选择.pdf，2005.

［47］ Q-in-Q 技术白皮书．华为技术有限公司，2007.

［48］ MPLS VPN 技术白皮书．华为技术有限公司，2007.

［49］ E Rosen, Y Rekhter. BGP/MPLS IP Virtual Private Networks (VPNs). IETF RFC4364, 2006.

［50］ K Muthukrishnan, A Malis. A Core MPLS IP VPN Architecture. IETF RFC2917, 2000.

［51］ W Augustyn, Y Serbest, Ed. Service Requirements for Layer 2 Provider-Provisioned Virtual Private Networks. IETF RFC465, 2006.

［52］ K Kompella, Y Rekhter, Ed. Virtual Private LAN Service (VPLS) Using BGP for Auto-Discovery and Signaling. IETF RFC4761, 2007.

［53］ Using NGOSS to Transform Operations. http://www.cybercorlin.net/tmforum/TMFC3747%20Using_NGOSS_to_Transform_Operations_Final_With_Added_Slides.pdf, 2004.

［54］ 精通 Java Web 动态图表编程．http://book.csdn.net/bookfiles/201/ 1002019621.shtml，2006.

［55］ J2EE 简介——J2EE Java2 平台企业版．http://www.svn8.com/java/pz/20081201/1565.html，2008.

［56］ 工作流.http://whatis.ctocio.com.cn/searchwhatis/261/7352261.shtml，2007.

［57］ 简述什么是 Web 服务（Web Service）技术．http://blog.csdn.net/longweizhe/

archive/2008/06/25/2584051.aspx，2008.

[58] Web 服务. http://know.chinabyte.com/index.php/Web%E6%9C%8D%E5%8A%A1，2007.

[59] 矫新荣，陈天. 接入网建设中常见问题的解决方法. http://www.host01.com/article/InterNet/00100011/0542316322630380.htm，2005-04.

[60] 汪成义. 宽带接入网的综合化技术. 现代电信科技，2004，(10).

[61] 梁鸿生. 有线接入层网络的优化. 通信世界，2005，(10).

[62] 全业务网络演进殊途同归. 通信产业报，2008-10-20.

[63] 中国电信：NGN 网络建设两路并进. 中国电子报，2007-04-03.

[64] 梁雪梅. 电信软交换网络向 IMS 平滑演进的探讨. 广东通信技术，2007，(1).

[65] 王艳春，张曙. 基于 IMS 的网络安全性研究. 齐齐哈尔大学学报，2007-05.

[66] 聂时学，王刚. 融合—核心网新局面. http://www.huawei.com/cn/publications/view.do?id=3398&cid=5815&pid=88，2008.

[67] 2007 年电信业统计公报. 中华人民共和国工业和信息化部，2008.

[68] 第 23 次中国互联网络发展状况统计报告. 中国互联网络信息中心，2009-01.

[69] 中国电信股份有限公司年报，2007.

[70] 中国移动股份有限公司年报，2007.

[71] 中国互联网络发展状况统计报告. 中国互联网络信息中心，2008.

[72] 陈洪海，夏洪胜. 新兴固网运营企业新技术投资决策研究. 商场现代化，2006，(11).

[73] 郭英俊. 中国 FTTx 网络建设探讨. 中国通信网，2008.

[74] 陈烈辉，左建，任艳. FTTx 网络建设方案研究. 广东通信技术，2006，26 (9).

[75] 毛谦. FTTx 产业发展策略探讨. 通信世界周刊，2009.

[76] 新时期移动运营商面临的困境. http://blog.sina.com.cn/s/blog_4fb3748001009r6v. html，2008.

[77] 叶天. 全业务经营促进竞争格局改善. 人民邮电报，2008.

[78] 安勇龙. 电信重组开启全业务运营大幕. 中国电子报，2008.

[79] 徐勇. 迎接全业务时代的到来. 人民邮电报，2008.

[80] 郑大永，郑宏剑. 面对全业务，你准备好了吗？中国电信业，2008.

[81] 韦惠. 内嵌 RPR 技术分析及应用. 2008 全国信息化发展与新技术学术大会论文集，2008.

[82] 石晶林，丁炜. MPLS 宽带网络互联技术. 北京：人民邮电出版社，2001.

[83] 崔强，黄成. OTN 技术应用分析. 电信技术，2008，(12).

[84] 陈文雄. OTN 技术在城域光网络中的应用分析. 邮电设计技术，2008，(12).

[85] 马琳，荆瑞泉. PTN 技术在城域网中的需求和应用探讨. 电信科学，2008，(12).

[86] 张海懿. 光传送网技术发展和应用的思考. 电信网技术，2008，(11).

[87] 许利民. 40Gbit/s 波分技术发展及应用探讨. 电信科学，2009，(1).

[88] 王彬，刘彦鹏. 浅谈 ASON（自动交换光网络）技术在城域网中的应用前景. 科技信息：2008，(28).

[89] 张跃辉. 光通信技术向智能化和高速化发展。通信世界，2008，(38).

[90] M Leo, M Fontana, L Daans, C Pratt. 迈向新一代数据感知的传输网络. 网络电信，2006，(5).

[91] 移动网全面替代固网导致 8000 亿国资提前贬值. 通信信息报，2006-08-09.

［92］ 蒋水林. 业务体系和运营模式是移动互联网发展的关键——访北京邮电大学教授曾剑秋. 中国信息产业网，2009-03-06.

［93］ 2008 年电信业统计公报. http://www.miit.gov.cn/n11293472/n11295057/n11298508/11979497.html，2009.

［94］ 姚春鸽. 从专长到全能——移动运营商全业务运营之路简析. 人民邮电报，2008，(11).

［95］ 王海东，张玉中. 移动的全业务之路该怎么走. 通信企业管理，2008，(11).

［96］ 三座大山压累中国移动. http://www.xici.net/b17176/d78286810.htm，2008-10.

［97］ 张勇. 固网接入优势极具挖掘潜值. 中国电子报，2006-11-7.

［98］ 新时期，移动运营商面临的困境. http://blog.sina.com.cn/s/blog_4fb3748001009r6v.html，2008-5-19.

［99］ 李嘉.3G 力促移动增值业务百花齐放. 赛迪网，2008-08-11.

［100］叶天. 全业务经营促进竞争格局改善. 人民邮电报，2008-03-22.

［101］安勇龙. 电信重组开启全业务运营大幕. 中国电子报，2008-05-27.

［102］徐勇. 迎接全业务时代的到来. 人民邮电报，2008-06-03.

［103］全业务时代、融合才是硬道理. 人民邮电报，2008-06-25.

［104］三大运营商构筑全业务竞争优势. 全球 IP 通信联盟，2008-08-19.